中华传世藏书 【图文珍藏版】

孝经

[春秋]孔子等⊙原著

王书利⊙主编

第四册

綫装書局

第七章 《二十四孝》别录详解

寝门三朝

【原文】

［周］文王姬昌[①]，为世子时，朝于王季[②]日三。鸡初鸣而衣服，至于寝门外，问内竖[③]之御者曰："今日安否？"内竖曰："安。"文王乃喜。及日中又至，亦如之，及暮又至，亦如之。有不安，则内竖以告，文王色忧，行不能正履，王季复膳，然后如初。食上，必视寒暖之节，食下，问所以膳之状，然后退。

周文王

自听鸡鸣起，三番到寝门。

问安兼视膳，竭力奉晨昏。

【注释】

①周文王：商末周族首领，姓姬，名昌，殷纣封他为"西伯"，武王灭商后谥为文王。

②王季：周文王之父季历，周武王追尊为王季。

③内竖：宫中役使的小臣。

投江觅父

【原文】

[汉] 曹娥①，上虞人，曹盱之女。盱为巫祝，能抚节按歌以悦神。五月五日，逆流而上，为水所淹，尸不能得。娥年十四，沿江号泣，既而投瓜于江，祝曰："父尸所在，瓜当沉。"旬有七日，至一处，瓜沉，遂投水。经五日，负父尸出，颜色如生。邑人为立曹娥孝女庙。

父溺尸难觅，投瓜赴急流。

巍巍江上庙，千载孝名留。

【注释】

①曹娥：后汉会稽郡上虞县人。父盱为巫祝，能弹琴唱曲祀神。一次，在江迎神，溺死，不得尸体。时娥年十四，沿江号哭，投衣于水，祝曰："父尸所在，衣当沉。"衣随流至一处沉没，娥随衣投江。后县官度尚改葬曹娥于江南道傍，为立碑，邯郸淳撰《曹娥碑》，蔡邕誉为"绝妙好词"。

乌助成坟

【原文】

[汉] 颜乌①，会稽人。业渔樵，每忍饥以养父。父亡，无力营葬，乃

负土筑坟，群乌衔土助之，其吻皆伤。遂名其县曰义乌。

无力营窀穸②，孤身负土勤。

义乌能感召，千百助成坟。

【注释】

①颜乌：汉会稽乌伤人，以孝行闻名乡里。传说有群乌衔鼓，飞集颜所居之村，乌口皆伤。人以为慈乌衔鼓，是要使颜的孝名远扬，因而当时特设置乌伤县，王莽时改名乌孝。此处称义乌市，故事亦不同。

②窀穸：墓穴。长埋叫窀，长夜叫穸。

手刃仇人

【原文】

[汉] 赵娥①父安，为同县人季寿所杀。娥兄弟三人俱病死，仇喜以为莫己报也。娥潜备刃伺之，积十余年，遇于都亭，刺杀之，刃其头诣县曰："父仇报矣，请受戮。"县义之，欲释，娥不肯曰："何敢苟生以枉公法。"自入狱，遇赦免。

父杀诸昆死，闺中剩女儿。

狂仇且莫喜，备刃正相随。

【注释】

①赵娥：后汉酒泉（今甘肃酒泉）人，曾手刃杀父仇人，又投案自首，

遇赦得免受刑罚。

鸡不供客

【原文】

［汉］茅容①，字季伟，与郭林宗②交最笃。林宗过访寓宿，旦日杀鸡为馔，林宗以为为己设也。少顷，容进而供母，自携野蔬与客饭。林宗喜曰："得友如此，足以教孝，足以成德。"

甘旨贫家薄，烹鸡劝母餐。

园蔬同客饱，粗粝有余欢。

【注释】

①茅容：字季伟，后汉陈留（郡名，治所在今河南陈留县）人。相传他四十多岁时，在田野耕种，避雨树下，正襟危坐，郭林宗见而异之，因造访留宿。容杀鸡供母，而以野蔬与客共饭，使郭深受感动，劝他读书，因而成名。

②郭林宗：郭泰字林宗，后汉界休人。博通儒家经典，居家教授，弟子甚多。善品评人物，被举荐做官不就，为时人所重。

图像公廷

【原文】

［蜀汉］李余①，涪城人，年十三，父杀人出亡，母下吏，余乞代死，官以为人所使也，不许，遂自杀。事闻，诏图像，悬郡县廷，以励风俗。

代亲终不许，难诉九重天。

慈母如遭戮，儿先赴冥泉。

【注释】

①李余：蜀汉涪城人。如篇中所说，年十三，因父杀人出逃，自杀以代母死。但他书中称系其兄杀人亡命，母被捕入狱，不是其父杀人。

邻里罢社

【原文】

［三国］时，魏王修①，年七岁丧母。母于社日亡，明年邻人举社，烹羊酌酒，欢笑之声彻户外。修感念母亡，悲啼凄惋，邻人闻之，为之罢社。

哀意感邻里，纷纷罢社归。

遥看桑柘影，不觉泪交挥。

【注释】

①王修：字叔治，三国时魏国北海营陵人。七岁丧母，母在祭社神之日去世。次年邻里社祭，王修哀痛过甚，邻里闻之，遂停止社祭。初为孔融主簿，曹操任为魏郡太守，抑强扶弱，百姓称道。

护兄感母

【原文】

[晋] 王祥弟览①，字元通。母朱氏遇祥不慈，览年四岁，见祥被挞，辄流涕抱护。及长，朱虐使祥妻，览妻亦往。祥渐有时誉，朱益恶之，乃酖②祥，览知取饮，祥固争之，不与，朱恐览饮，急倾去。自后每食，览必先尝，坐卧必同处。朱感而悔，爱祥如爱览。

岂独全兄孝，兼能感母慈。

乘舟空泛泛，堪叹卫风诗。

【注释】

①王览：字元通，晋王祥同父异母弟，性孝友恭谨，与王祥并有时誉，官至大中大夫。

②酖：用毒酒杀人。

不违酒约

【原文】

[晋] 陶侃①每饮酒有定限，常欢有余而限已竭，殷深源②劝再少进，侃曰："年少时，曾有酒失，亡亲见约，故不敢违，逾限是忘亲矣。"终不宽饮。按侃官太尉，封长沙公，谥曰桓。

每饮怀难释，从前事甚非。

友朋休苦劝，亲约不能违。

【注释】

①陶侃：字士行，东晋鄱阳（郡名，治所在今江西省鄱阳县东）人。官至侍中、太尉，封长沙郡公，都督八州军事。饮酒有定限事，载《晋书·陶侃传》。

②殷深源：即殷浩，东晋大臣。

闻耕辍诵

【原文】

[晋] 赵景真①，名至。少时诣乡师受业，闻父耕叱牛声，投书而泣。

孝经诠解 《二十四孝》别录详解

师怪问之，真曰："我未能养，使老父劳苦，是以泣耳。"师奇之，后从嵇中散②学，成名儒。

未克供潃瀡③，犹教老父耕。

惊心因辍诵，忍听叱牛声。

【注释】

①赵景真：晋人，生平不详。

②嵇中散：嵇康，字叔夜，晋"竹林七贤"之一，为司马昭所害，有《嵇中散集》。

③潃瀡：潃，淘米水。瀡，滑。潃瀡，淘洗使食物柔滑。

使客敬母

【原文】

［晋］裴秀①母，婢妾也。秀年八岁，善诗文，有神童之目。嫡母宣，虐待其母，一日宴客，令进馔，座客皆为之起，三揖止之。宣于屏后见之，叹曰："微贱如此，而客加礼，殆因秀儿故也。"遂优遇焉。

膝下佳儿在，宾朋不敢轻。

堂前方肃揖，屏后有人惊。

【注释】

①裴秀：字季彦，西晋河东闻喜人。父裴潜，曾任曹魏尚书令。秀少好

学，八岁能作文。秀母出身微贱，嫡母宣氏轻慢她。一次嫡母要裴秀的母亲给客人上菜，客人都站了起来，他母亲说："我这样一个微贱的人，客人对我这样有礼貌，是因为我有这样一个儿子。"这事被嫡母知道后，就不再让裴秀母亲给客人送酒菜了。以上所说见《晋书·裴秀传》，与本篇所说略有不同。裴秀后来官至尚书令，封济川侯，为西晋名臣。

受杖感衰

【原文】

〔汉〕韩伯俞①，事亲能顺，每有小过，母怒，跪而进杖，笞之，亦不泣。一日母笞之，泪下，母曰："他日未尝泣，今泣何也？"对曰："他日笞痛，今母力不能使痛，衰矣，故泣耳。"母泫然投杖。

跪受慈亲杖，中情不觉伤。

施刑无力处，两鬓感苍苍。

【注释】

①韩伯俞：汉刘向《说苑·建本》："伯俞有过，其母笞之泣。母曰：'他日笞子，未尝见泣，今泣何也？'对曰：'他日俞得罪笞，常痛，今母之力不能使痛，是以泣。'"

梦遇慈亲

【原文】

[齐] 宣都王铿^①，三岁失恃，悲不自胜。及长，祈请幽冥，求一梦见。诚心三年，梦一妇人，云是其母，铿大哭而觉。急问旧时侍疾诸人，容貌衣服，果如平生。

三岁当衰绖^②，慈颜记得无。

诚心求一见，梦里不模糊。

【注释】

①王铿：生平不详。

②衰绖（崔谍）：旧时丧服。

代父从征

【原文】

[隋] 花木兰^①，父弧，商丘人。时苦征役，父老且病，不能从行，为有司所逼，兰乃束装出门，代父戍边一十二年，人不知为女子也。有功，封孝烈将军。

铁甲换罗裙，从征早立勋。

名垂隋史上，孝烈记将军。

【注释】

①花木兰：《隋书》和其他史书都无记载。《木兰诗》的产生年代，有汉魏、南北朝、隋唐三种说法。木兰既是现实生活中的人物，又是人们理想的化身，有着作者的想象和夸张。

母病不乳

【原文】

[唐] 天宝时，沧洲许法慎①，生未及岁，母病不肯饮乳，惨然若有忧色，人咸奇之。会甘露降，旌其门，时呼为半龄孝子。

至性从天赋，人生孝早知。

萱帷方寝疾，儿不敢啼饥。

【注释】

①许法慎：唐代清池人，才三岁，就知道母亲有病，不肯吃奶，还面带忧色。有人以好吃的食品给他吃，他不肯吃，都留着给母亲。后来母亲去世，他在墓前架屋守护。天宝时，朝廷对他的孝行进行了表彰。本文中说他出生不到一岁就知母疾不肯吃奶，未免过于夸大。

滴血认骸

【原文】

[唐] 王少玄[①]，父廷宰，隋末死于乱兵。遗腹生玄，甫十岁，问父所在，母告以故，大恸，遂向有司求尸。时野中白骨覆压，或曰："以子血渍而渗者，父骴[②]也。"玄镵[③]肤滴血，阅数荀竟获，为衣衾棺椁葬之。

白骨渗成堆，风生战野哀。

亲骸何处觅，渍血遍莓苔。

【注释】

①王少玄：唐初聊城人。因为求父尸刺肤滴血，创伤很大，一年之后才能起床，事迹传到朝廷，任他为徐王府参军。

②骴（自）：尸骨，腐肉。

③镵（缠）：刺。

登第不仕

【原文】

[宋] 包拯[①]，年少登第，朝廷授以外官，辞曰："臣双亲在堂，愿侍养

而不仕。"上以为无吏才也，许归里。十年后，亲殁，始仕，决狱如神。仁宗朝，累官至枢密副使，卒赠礼部尚书，谥孝肃。

年少说龙图，辞官登籍初。

锦衣归故里，侍养十年余。

【注释】

①包拯（999—1062）：字希仁，北宋庐州合肥人。二十八岁举进士及第，朝廷派他去做建昌知县，他以父母年老辞官，后又要他监和州税，因父母不想他远离，也未去，在家侍奉双亲。父母去世后，他在家守庐墓十年，直到四十岁时，朝廷又来征用，才去做天长县知县。后来当过一年半的开封知府，以办案公正廉明著称。后官至枢密副使，死后追赠礼部尚书，谥孝肃，因又称孝肃包公。

幼通孝经

【原文】

［宋］朱文公熹①，字晦庵。八岁读《孝经》，即知大义，戏为注解。书八字于其后云："若不如此，便不成人。"

自幼明伦理，千秋说晦庵。

试看标八字，那个可无惭。

朱熹

【注释】

①朱熹（1130—1200）：字元晦，号晦庵，南宋徽州婺源（今属江西）人，著名哲学家、教育家。曾任秘阁修撰等职，著作有《四书章句集注》《周易本义》《诗集传》《楚辞集注》等。编辑有《孝经刊误》《通鉴纲目》等书，所谓"八岁注孝经"是夸张的说法。朱熹死后谥"文"，因称朱文公。

朝服侍立

【原文】

〔宋〕王溥①，年三十二拜相。父祚累迁防御使，朝臣趋走，苦于应酬。溥乃朝服侍侧，客不安求去，由是车马渐少，父遂得逸。

趋势多门客，高堂晏息难。

傍无朝服者，白发被摧残。

【注释】

①王溥：字齐物，北宋并州祁（今属山西省）人。五代汉时中进士，周时为相，宋初，进位司空。溥在相位，父王祚以宿州防御使家居，每公卿

至，王祜置酒招待，王溥穿着朝服在左右奉陪，客人感到不安，常起立避开。王祜说："这是我小孩，诸位不必客气。"王溥劝父早辞官，王祜不愿，后来朝廷批准了，王祜大怒，要打王溥，经劝解才止。事见《宋史·王溥传》。

叱木成马

【原文】

[宋] 崔人勇[①]，陕西人。戍广西，闻母病危，大哭失声。思归甚急，入一古庙求筶，遇丐食道人，勇问之，道人曰："借汝神马，三日可到。"遂叱木成马，勇乘之，觉行甚速，果三日到。母闻子归，病亦顿愈。

母病思归急，长途千里暌。

疾行乘木马，南渡事同奇。

【注释】

①崔人勇：生平不详。

天锡奇钱

【原文】

[宋] 都昌孀妇吴氏，无子。事姑孝，冬夜恐姑寒，必温衾，或不得火，

《二十四孝》别录详解

辄以身温之。姑老且盲，念吴孤单，欲招一义儿，妇劝止。绩麻饲蚕，获钱悉奉姑。尝炊饭，邻妇呼之出，姑恐过熟，取置盆中，而误倾秽桶。吴见之，亟往邻家借饭馈姑，姑亦不知；自抇所污者，汲水涤荡蒸食。又念姑老，设不讳，无由得棺，尽典所有，托邻人置备后事。一夕忽梦白衣妇人云："汝村妇耳，事姑勤苦如此，天与汝一钱。"蚤起，床头果得钱，越宿得千钱，用尽复有，盖子母钱也。后妇无疾而终，异香经旬，钱忽失所在。

事姑孀妇苦，纺绩养终年。

尝饭都忘秽，天怜赐异钱。

践地避石

【原文】

［宋］徐积①事亲甚敬。尝客外，父书至，必跪读。人笑之，曰："吾学顾恺耳，君命至且跪，奈何父不如君耶？"及父殁，以父讳石，终身不用石字，遇石路，亦避而不践云。

遇石如亲在，凄然悲感增。

莫将愚孝看，终古几人能。

【注释】

①徐积：字仲车，宋山阳人。父没，以父名石，终身不用石器。行路遇石，避而不践。事母至孝，母亡，庐墓三年。元祐初，官楚州教授，政和中谥节孝处士。有《节孝语录》《节孝集》。

伏枢灭火

【原文】

［元］丽水祝公荣①，字大昌。隐居养亲，及母故，枢在堂，邻家失火，荣力不能救，大恸，伏枢呼曰："老母奈何？愿与俱焚！"忽大雨如注，火灭。至元十五年八月二十一日事也。

烈火邻家逼，移棺势大难。

伏号身愿并，一雨赐平安。

【注释】

①祝公荣：字大昌，元代丽水人。事母至孝，相传其母没，家人失火，力不能救，伏棺悲哭，火自灭。

私祭木主

【原文】

［明］杨士奇①，微时父亡，母改适，士奇随往。每祭先，不令士奇拜，奇怪而问母，母告以故。奇方六岁，悽悽不已，乃私置木主，祀于卧室，早晚焚香拜跪，遇时物必荐。后官至少师，拜华盖殿大学士，谥曰文贞。

早晚暗焚香，斯人本不忘。

异时迎木主，大祫②共烝尝③。

【注释】

①杨士奇（1365—1444），名寓，明代江西泰和人。在朝四十年，兼领文坛数十年，历任大学士、兵部尚书等职，为名臣。幼年家贫，才一岁，父去世，随母改嫁到罗姓家，后归本姓。他关心民生疾苦，荐拔人才，清廉律己，宽厚待人。二十岁时，他姑母全家患流行病，别人不敢接近，他独去其家调护，直到病好才离开。

②祫（狭）：祭名。

③烝尝：祭祀名，指冬祭。

附录

劝孝格言

【原文】

孝者，五常①之本，百行之原，未有孝而不仁不义，无礼、智、信者也。以事君则忠，以事兄则悌，以抚幼则慈，以治民则爱，一孝立而万善从之。

【注释】

①五常：封建社会的五种道德：父义、母慈、兄友、弟恭、子孝。亦指

仁、义、礼、智、信。

【原文】

于铁樵曰：显扬之事，全要仰体父母望子之心。人间名利，虽非可以必得，然为人子，读书者刻苦埋头，务农者努力胼胝^①，贸易者尽心营运，置其身于可富可贵之地，使父母意中，常作一做封翁^②、做财主妄想，亦是养志之一诀。为人子而使父母并无想之可妄，则其心痛矣。

【注释】

①胼胝：手掌、脚掌上生的茧子。
②封翁：因子孙显贵父祖受封者称"封君"或"封翁"。

【原文】

王朗川《言行汇纂》云：孝子事亲，不可使吾亲有冷淡心，有烦恼心，有惊怖心，有愁闷心，有愧恨心。父母年老，事之尤当曲尽其礼，盖其胆虚，事物易惊恐；其力弱，动必赖扶持；其口淡，食必喜滋味；其血衰，衣必宜棉絮；其气促，令必要顺从。倘有过差，亦宜和柔以谏，不可直言抵触，以逆其气，气顺则安，气逆则病。凡于亲前说苦说难，使生烦恼，是大不孝。请问戏彩之谓何，人子于亲，承欢已矣，爱日已矣，祗斋已矣。凡家中上下大小，有难处之事，我于父母之前，只看作己分上事，无有难也。人子于服劳奉养、慎终追远^①诸大事，苟力所优为者，即宜一力应承，不稍存吝惜。世有三四兄弟，成立分家，每于父母分上应为之事，彼此互相推诿，不肯假借分毫，则亦思身从何来，事父母竭力之谓何？乃于天性至亲，较锱铢^②而成市道，其不干天怒而招人祸者鲜矣。子之孝不如率妇以为孝，妇能养亲者也，朝夕不离，洁奉甘旨而亲心悦，故公姑得一孝妇，胜得一孝子。妇之孝，不如导孙以为孝，孙能娱亲者也，依依膝下，顺承靡違而亲心悦，故祖父添一孝孙，又增一辈孝子。

【注释】

①慎终追远：慎重办理父母的后事，丧尽其哀；对远祖祭尽其敬。

②锱铢（滋朱）：古代二十四铢为一两，六铢为一锱。因而锱铢比喻极细微的数量。

【原文】

袁氏《世范》云：父母见诸子中有独贫者，往往念之，常加怜惜，饮食衣服之分，或有所偏私，此正父母均一之心，而子之富者或以为怨，此殆未之思也：若使我贫，父母亦移此心于我矣。

人或遇父母不慈，当自思曰："昔虞舜父顽母嚚，终能厎豫^①。吾亲纵不爱我，尚不至投之火，陷之井。吾所以事亲者，果能如舜否也？不能，则吾尚不能孝，安望亲慈。"

孝之大纲有四：一立德，二承家，三保身，四养志。其间遇^②有不齐，才有各异，要在随分随力，尽所当为而已。

【注释】

①厎豫（指玉）：致乐。

②遇：机遇。

【原文】

唐翼脩《人生必读书》云："父母一切所用之物，安顿宜有常处，不可屡移，恐父母一时取用不得，致生烦恼也。"

家庭之间，或有处其变者，前后之间，嫡庶之际，父母或有偏向，为子者易生嫌隙，此当委心付之，期于必得欢乐而后已。

天下有四种父母，待孝尤切。一老，二病，三鳏寡，四贫乏。父母壮健时，食息起居，犹能自理，乃至龙钟鹄立[①]，扶杖易仆，寒夜苦寂，铁骨难挨。又如偏风久病，坐卧不适，遗溲丛秽，荐席可憎，是二者，子所难奉，惟此时；亲所赖子，亦惟此时。又如老境失偶，寒暄谁问，形影相对，心话莫提，丈夫犹可，嫠妇[②]奈何。就使儿孙满前，而耦者已耦，稚者尚稚，漏声长处，转辗难眠；泪湿枕边，凄然独若。又如抚字财匮，嫁娶力竭，健少年经营肥爰，老穷人搔首踟蹰[③]。望一味以垂涎，丐三飧而忍气。夜爨晨炊，犹骂闲食，纺绩抱孙，尚咒速死。吁嗟！身从何来，而长养若是，岂童稚时，能自拮据活耶？此四种之老，怨气真足动天，为子孙者，益当行孝倍于常儿者也。

【注释】

①龙钟鹄立：形容老年人的衰态。龙钟，竹名，说老年人如竹枝摇动，站立不稳。

②嫠（离）妇：寡妇。

③踟蹰（池除）：徘徊不进。

【原文】

世间小不孝之所以习成者有四：一曰骄宠。为父母怜惜过甚，常任他性子，骤而拂之，则便不堪；常任他逸豫，令之执劳，则便不习。人前出言，稍有过失，父不敢唐突子也，而子乃敢唐突其父。文行艺能，父誉子惟恐不在我上也，而子遂必欲父之出我下。二曰习惯。语言粗率惯，便敢随口；动作自主惯，便敢放恣；父母分甘推食惯，遂不复忆其甘旨；父母扶病任苦惯，遂不复问其痛痒。三曰乐纵。见同辈不胜意气，对双亲而味薄；入私室千般趣态，望高堂而机窒。甚且有见父母而回避者矣，不乐相对，则岂有孝之心耶？四曰忘恩记怨。夫恩习久愈忘，怨习久愈积，人情然也。父之于子，以亲爱为固常，有誉我而生厌者矣；以训迪为聒耳，有忧我而拂然者矣。以任劳庇护为平常，且有强我以事而怒耽者矣。眼前大恩，恬然罔识，况能推胎养之劳，褓哺之苦，弱质惊魂之痛者哉！

大不孝之所以习成者亦有四：一曰私财。财入吾手，便谓吾有，而在父母手，又谓吾得有之也。财足则忘亲，财乏则觊亲，求财不得则怨亲，亲不能自养而寄食吾财，则又厌亲，甚且以单父只子而争财啰唝者有矣，少长互推而弃亲不养者有矣。不知身谁之身，财谁之财，我不带一财来，而褓哺无缺，以至今日，谁之恩乎？二曰恋妻子。妻子习狎，而父母严重也，有美味钱财，欲以娱妻宠子，有佳会良辰，欲以携妻抱子，而思亲之念遂微也。不思子为我子，而我为谁子？亲念我，我不顾亲，使我子而如我，则亦何赖有子哉！夫妻固是乐事，然当呱呱待哺，便溺未知时，岂解恋妻，即妻能拥我生活耶？辛勤育我，指望有妇，得称成人，代劳贻燕①，乃有妇而亲反不得有子耶？三曰嫖荡。欲火正炽，客诱如狂，有倚闾伤心者不解也。家业浪费，妇姑勃谿②，有激聒诮让者不辨也。怀子不寐，风雨凄长夜之魂；垂白无欢，菽水冷半生之奉。吁嗟！狂兴几何，忍令有此。四曰争妒。天地之大也，人犹有憾，父母之于众子也，情岂无偏。乃攘臂争分，侧目夺宠，或兄弟而觭龁不平，或姊妹而计较纤悉。护短争长，分曹伐异，相谗蛊而家道暌，积嗔喜而孝情薄矣。此四者人之常情，而其流遂至于大不孝。

【注释】

①贻燕：《诗·大雅·文王有声》："贻厥孙谋，以燕翼子。"贻，遗留；燕，安定。意为先辈使子孙安定。

②勃谿：争斗，争吵。

【原文】

今世薄俗，深为可慨，罔识厥非。有父子异居者，亦有同居异爨者，独不思我之身，父母之身也，乃思分尔我、析匕箸，各食其食，各享其财，如路人然，可乎？不可。假使我当食时，亲犹未食，我能下咽否？夫妻以秦晋而同牢，父母属毛里而异视，此其颠倒悖理而不孝者也，世竟以为常然，且以为当然也乎。诗礼之家，往往有此，深可叹也。

有似孝而非孝者，父有过当几谏，有愆当克，盖若但知顺亲于情，而不知顺亲于理。或任其偏僻，而致戾于一家；或听其恣睢①，而取憎于乡里；或护其阴私，而得罪于天地：此成亲之恶者，乌得为孝！

【注释】

①恣睢：暴戾，狂妄。

【原文】

有自谓孝而实非孝者，能服劳，能奉养，而有德色。在小姓人家，止此一室，父子朝夕团圞，即有言语之伤，寻即消释，反得真率尽情。乃有士人知书者，其于父或嫌其老，而称逸以安置之；或惮其腐，而托故以违离之；或见其识卑，而借理以衡压之：遂致日远日疏，相对话少，意色冷淡，尊而不亲，乌得为孝！

又有人见为孝而神见非孝者，生亦尽养，事亦承欢，而备物鲜情，绝无真乐，及死亡之日，衾棺尽美，哭踊随常，亦无真哀。觅地安葬，竭力费财，又为子孙谋荫，非为父母求安。此神目视之甚明者也。

又有一时称孝，而不能高千古，即能千古传孝，而不能满一心者。其人于前弊，一无所犯，于孝行无一不周，而未闻大道，修身尽性之事，尚有缺陷，终是堕落遗体，莫报亲恩。故德为圣人，孝斯称大，为人子者，急需自省。

第八章 《文昌孝经》原典详解

开经启

【原文】

浩浩紫宸天^①，郁郁宝华筵^②。文明光妙道，正觉位皇元^③。振嗣恩素重，救劫孝登先。大洞完本愿^④，应验子心坚^⑤。

【注释】

①紫宸天：道教天界名，为天神上帝所居之所。紫，古人认为的祥瑞之色；宸，即北极星所在，后借指帝王所居。《太上玄灵北斗本命长生妙经》云："北斗司生司杀，养物济人之都会也。凡诸有情之人，既禀天地之气，阴阳之令，为男为女，可寿可夭，皆出其北斗之政命也。"

②宝华筵：也作宝花，珍贵的花。多指佛国或佛寺的花。筵，宴席。

③正觉：觉悟。本指如来之实智，名为正觉。证语一切诸法的真正觉智。成佛也说是"正觉"。后被道教借用，意为彻悟大道真谛，达到了修行的最高境界。皇元：皇天上帝，此指证道后，位列仙班。

④大洞：即大道。

⑤应验：原来的预言或估计与事后的结果相合或得到证实。

【译文】

广大宽阔的紫宸天，香气浓郁的宝华筵。文德辉耀的奇妙之道，体悟大道的人位列仙班。振兴人们子嗣的恩泽向来都很重，而要想解救人们的灾难祸患，应当从行孝开始。大道完成了人们的本愿，文昌帝君提倡的孝道灵验无比，人们应当信心坚如磐石。

育子章第一

【原文】

真君曰①：乾为大父②，坤为大母③。含宏覆载④，胞与万有⑤。群类咸遂⑥，各得其所。赋形为物⑦，禀理为人。超物最灵，脱离蠢劫。戴高履厚⑧，俯仰自若。相安不觉，失其真性⑨。父兮母兮，育我者宏。两大生成，一小天地。世人不悟，全不知孝。吾今明阐，以省大众。

【注释】

①真君：道教对神仙的尊称。此指文昌帝君，为道教中主宰功名、禄位的神，又称文曲星。本是星名，即古代对南斗六星的总称，最早称为"文昌"。文昌宫中的诸星皆有其功能，贵相理文绪，司禄赏进士，司命主老幼，司灾主祸咎。文昌诸星遂被星相家认为是主贵吉祥星辰，后被道教尊为主宰

功名、利禄之神。《历代神仙通鉴》称其"上主三十三天仙籍，中主人间寿夭祸福，下主十八地狱轮回"。

②乾：《周易》之八卦之一，代表天。

③坤：《周易》之八卦之一，代表地。

④覆载：指天地养育及包容万物。《礼记·中庸》："天之所覆，地之所载。"

⑤胞与："民胞物与"的略称。指以民为同胞，以物为朋友。后以"胞与"指泛爱一切人和物。宋代张载《西铭》："故天地之塞，吾其体；天地之帅，吾其性。民吾同胞，物吾与也。"

⑥遂：顺利成长。《韩非子·难二》："六畜遂，五谷殖。"

⑦赋形：赋予人或物以某种形体。

⑧戴高履厚：头顶天，脚踩地。指人活在天地之间。

⑨真性：人体生命的自然本性。

【译文】

真君说：天为大父，地为大母。天地包容养育万物，以万物为同胞朋友。于是万物都得以顺利生长，各得其所。天地赋予形体以成就万物，人秉承性理以成之为人。于是人能够超过万物之上，成为万物之灵，脱离愚笨蠢物。人头顶天，脚立地，俯察于下，仰观于上，得以自然地顺从其本性。人们如果安于现实，不知不觉，就会迷失自己的自然本性。父母生育我的恩情最宏大。天地与父母两大，生成人身一小天地。世人不自省悟，完全不知道行孝。我今天清楚阐明，以警醒大众。

【原文】

乾坤养物，劳而不劳；父母生子，不劳而劳。自字及妊①，自幼迄壮，心力所注，无有休歇。十月未生，在母胎中，母呼亦呼，母吸亦吸。耽娠如山②，筋疼血滞，寝处不舒，临盆性命，若不自保。父心关恻，母体担虞③。纵令易诞，费尽劳苦。若或迟久，不行分娩，艰难震恐。死中幸生，几舍其母，始获其子。一月暗居，三年乳哺。啼即怀抱，犹恐不调。睡令安寝，戒勿动摇。含食以饲，帖衣以裹。谅其饥饱④，适其寒暑。

【注释】

①字：怀孕；生育。妊，妊娠怀孕。
②耽娠：耽：忍，受。娠：胎儿在母体中微动，泛指怀孕。
③虞：忧虑，忧患。
④谅：体察；体谅。

【译文】

天地养育万物，似辛劳而又不辛劳；父母生育子女，似不辛劳而又辛劳。自怀孕到生产，自幼年至壮年，父母所倾注的心力，没有休止。胎儿在母腹中没生下来的十月间，母亲呼气，胎儿也呼气；母亲吸气，胎儿也吸气。母亲身怀妊娠之苦，如同身体压着一座山一样，周身筋骨疼痛，血脉凝滞，坐卧都不舒坦。分娩之时，母亲性命都难以自保。父亲关心悲伤，母亲身体担着忧患。即使容易生产，也是受尽各种忧劳苦楚。如果长久在母腹中，不能分娩，母亲就更艰难恐惧。死里逃生，几乎丢掉母亲的性命，方才得到孩子。母亲产后，闭门休养一月，乳哺孩子三年。婴儿啼哭，当即抱在怀里，仍怕有不舒服。睡觉就要使他安稳地睡着，一定不去动摇他。口含食物以喂养他，常解自己的衣服将他包裹着。揣度孩子的饥饱，让其冷热适中。

【原文】

痘疹关煞^①，急遽惊悸。咿唔解语，匍匐学行，手不释提，心不释护。子既年长，恐其不寿，多方保持。幸而克祐，筹划有无^②，计其婚媾。厥龄方少，诸务未晓。一出一入，处处念之。绸缪咨嗟，谆谆诫命。亲心惆怅，子方燕乐。教之生计，教之成业。母诞维艰，父诲匪易。

【注释】

①痘疹：因患天花出现的疱疹，由天花病毒引起的烈性传染病。天花是最古老的传染病之一，也是死亡率最高的传染病之一。关煞：指孩子在成长过程中遇到的灾祸、疾病等。引申指各种困难、难关。也指谓命中注定的灾难。

②有无：指家计的丰或薄。

【译文】

在孩子出痘疹、犯关煞的时候，父母心中非常惊恐。当孩子咿呀学语，蹒跚学步之时，父母手不离左右，心里毫不放松对孩子的照顾。随着孩子年龄的增长，父母又恐怕其命不长久，多方设法护持。侥幸能够得到神灵庇佑，又要为其筹划家产衣食，设法婚配。此时孩子年纪尚轻，各种事务尚未

明晓。不管是出门还是在家，各个方面，父母无不挂念。情意殷切，长吁短叹，恳切耐心地教诲劝告。正因为有父母的忧虑，才有了子女安乐美好的生活。教授子女谋生之计，教授子女如何成就事业。母亲生育子女非常艰难，父亲教诲子女也不容易。

【原文】

虽至英年，恤若孩提。食留子餐，胜如己餐；衣留子衣，胜如己衣。子若有疾，甚于己疾。有可代者，己所甘受。子若远游，行旅风霜，梦寐通之。逾期不归①，睛穿肠断。子有寸善，夸扬乐与；子有小过，回护遮盖，暗自伤心，恐其名败。子惟贤能，父母有赖；子若不肖，父母谁倚？子若妄为，父母身危。作事未事，俱切亲情。

【注释】

①逾：超过，越过。

【译文】

尽管子女已经长大成人，父母仍然像对待幼童一样对其体贴入微。留作子女吃的饭食，胜过自己的食物；留作子女穿着的衣服，胜过自己的衣服。子女若有疾病，比自己得病还要担忧。如有能够代替子女承受的病痛，自己则甘愿忍受。子女如果远行，旅途风霜劳苦，父母放心不下，常在睡梦中梦到。逾期不归，父母则眼睛望穿，肝肠望断。子女有微小的优点，父母就会赞美宣扬；如果子女有小的过错，父母总会袒护遮掩，并暗自伤心，唯恐其名声败坏。子女只有贤良能干，父母才有依靠；子女如果无德无才，那么父母还能依靠谁呢？子女如果胡作妄为，就会连累父母，使其处于危险的境地。不管有无做事，都要贴合父母的心意。

【原文】

芽栽苗培，堂基构植。母勤子生，父作子述[1]，其行其志，不厌其苦。怜子念子，何时放置。形或暂离，心恒无间。贵如帝王，神如天亶[2]；显如公卿，贱如编户[3]，愚如齐氓[4]，皆如是心。穷达愁乐，存殁明幽[5]，皆如是心。混沌初分[6]，亘古及今，普天匝地，绵绵恻怛[7]，父母之心，无不如是。如乾覆物，如坤载物，和蔼流盈，充塞两间。莫大慈悲，无过亲心。

【注释】

①述：传述，传承；遵循前人说法或继续前人事业。《论语·述而》："述而不作，信而好古。"

②天亶：《尚书·泰誓上》："亶聪明，作元后。元后作民父母。"蔡沈集传："亶，诚实无妄之谓。言聪明出于天性然也。"圣人天性聪明，先知先觉，首出庶物，故能做大君治于天下，又因此能成为万民之父母。

③编户：指中国古代除世家贵族、奴婢以外的编入户籍的平民，也称庶人。编户与不入户籍的王公大臣、官僚地主相比，必须按土地收入交纳一定的赋税。《史记·货殖列传》载有："夫千乘之王，万家之侯，百室之君，尚犹患贫，而况匹夫编户之民乎？"

④氓：古代称民为氓，此指未开化的人。

⑤明幽：人间和阴间。韩愈《赴江陵寄三学士》诗："病妹卧床褥，分知隔明幽。"

⑥混沌：指宇宙形成前天地未分、混元一团的状态，古人想象中的天地开辟前的元气状态。《周易·乾·凿度上》："太易者，未见气也。太初者，气之始也。太始者，形之似也。太素者，质之始也。气似质具而未相离，谓之混沌。"

⑦恻怛：恳切。《伤寒节录·达序》："然心至诚恻怛，有与斯人同忧共患之意。"

【译文】

就像生物萌芽，就必须栽育；要让其苗壮成长，就必须培育；子女长大后，还要为他们建筑庭堂，植立根基。母亲勤劳，不过是希望子女能够顺利成长；父亲有所创造，无非是希望子女能够传承于后。父母养育子女，不厌其苦。父母怜惜挂念子女，没有放下之时。即使身体暂时分离，父母的心也永远不会远离子女。即使是如帝王般尊贵，如圣贤般聪明，如公卿般显赫，又或者如平民般贫贱，如未开化之人般愚钝，其爱子女之心，无不如此。不管是困厄还是显达，不管是愁苦还是喜乐，不管是活着的还是已经去世的，也不管是在人世还是在阴间，父母的心也都如此。天地初开，从古至今，普天遍地，爱子女之心真切连绵，做父母的无不如此。如同上天覆盖万物，如同大地承载万物，温和慈爱流盈，充满天地之间。再大的慈悲，也比不过父母爱子之心。

【原文】

即说偈曰：万般劳瘁有时休，育子辛勤无尽头。字怀耐苦终无厌，训诲循徐不惮求。一叶灵根非易植，穷年爱护几曾忧。子俱亲自身栽养，亲老心犹为子筹。

【译文】

于是说偈道：万般劳累都有停止的时候，只有养育子女的辛劳没有尽头。怀孕生育，忍受苦痛，从不厌烦。训导告诫，循序渐进，不怕索求。培养子女智慧聪明不是容易的事情，父母终日爱护从来没有犹豫过。子女都是父母自身养育的，父母人老后心里仍在为子女操心筹划。

【原文】

又说偈曰：真诚一片结成慈，全无半点饰虚时。慈中栽养灵根大，生生不已自无涯。

【译文】

又说偈道：一片真诚结成慈爱心，完全没有半点矫饰虚伪。慈爱中养育子女聪慧成长，生生不已没有尽头。

【原文】

灵慈神咒①：佛菩萨菩提心②，大罗会上陀罗尼③，一切救苦难，无过我亲心。圣主仁君，救济生灵，不忍一匹之不生，无如爱子心，靡所不至诚。推极仁惠者，孰能逾二人。

【注释】

①神咒：即陀罗尼。为神秘的咒语，故名神咒。原文中有多处类似咒语。

②菩提心：菩提旧译为道，求真道的心即菩提心。新译为觉，求正觉的心即菩提心。

③陀罗尼：又称陀罗那，陀邻尼。译作持，总持，能持能遮。以名持善法不使散，持恶法不使起的力用。

【译文】

灵慈神咒：佛菩萨的菩提心，大罗会上的陀罗尼，一切救苦救难的菩萨，都不会超越我父母的爱心。圣明仁慈的君主，救济生灵，不忍心一个生物不能生长，这都不如父母的爱子之心，父母的爱子之心，没有不出于至诚之心的。就是推究极为仁慈惠爱的人，谁也不能够超越父母二人的爱心。

体亲章第二

【原文】

真君曰：前章所言，不止育子，直将子心，亲曲体之。凡为人子，当以二亲，体我心者，还体亲心。体我此身，骨禀父生，肉禀母成。一肤一发，或有毁伤，亲心隐痛，子心何安？心为身主，太和蕴毓①，父兮所化，母兮所育。一有不孝，失亲本来。

【注释】

①太和：太，为极至之义；和，即和谐。《周易·乾·象》："保合太和"。意为保持合顺，达到至极之和谐。一般指天地间冲和之气。毓：养育。

【译文】

真君说：前章所言，不只是讲养育子女，还有父母细微周到地体谅子女的心思。凡是作为子女的，应当以父母体谅自己的心情来体谅父母。体察我的身体，骨是秉受自父母的精血而化生，肉是秉承自父母的精血而生成。即使是一块皮肤，一根毛发，如果有所毁伤，父母心中都会隐隐作痛，那么子女又如何能够心安呢？心是身体的主宰，主宰天地的太和之气蕴藏其中。人身是父亲精血所化生，母亲精血所孕育的。子女一旦有不孝的行为，就失去禀自父母的本性。

【原文】

孝先百行，根从心起，定省温清①，时以敬将。每作一事，思以慰亲；每发一言，思以告亲。入承亲颜，亲欢我顺，亲愁我解；出必告亲，恐有恶行，以祸亲身；归必省亲②，恐有恶声，以拂亲心。力行戒惥③，随时加惕，口业不干④，身业不作⑤。恐有意业⑥，欺亲欺身；恐有心业⑦，累身累亲。

【注释】

①定省温清：指子女对父母应尽的孝道。侍奉父母要晚上服侍就寝，早

晨及时问安，冬天温被，夏日扇凉。《礼记·曲礼上》："凡为人子之礼，冬温而夏清，昏定而晨省。"定，齐整床衽使亲体安定。省，探望、问候。后称子女早晚向亲长问安为"定省"。

②省亲：探望父母或其他尊长亲属。

③慝：邪恶，恶念。《三国志·魏志·武帝纪》："吏无苛政，民无怀慝。"

④口业：又名语业，即由口而说的一切善恶言语。业为造作之义，有善有恶，若妄语、离间语、恶语、绮语等为口恶业。

⑤身业：身之所作，如杀生、偷盗、邪淫、酗酒等事。

⑥意业：意之所思，如贪、嗔、痴等动念。

⑦心业：心思所造作的业。

【译文】

孝顺优先于其他品行，根起于人心中。侍奉父母要晚上服侍就寝，早晨及时问安，冬天温被，夏日扇凉，时刻恭敬服侍。每做一件事，都要想着慰藉父母；每说一句话，都有想着告知父母。入则侍奉父母，父母的欢乐我来顺承分享，父母的忧愁由我来化解；外出必定告知父母，恐怕有恶行，以连累父母。归来后必定要探望父母，恐怕家人有恶言恶语，不顺父母的心意。尽力做到戒除恶念，随时提高警惕，不造口业，不做身业。恐怕有意业，欺骗自己，欺骗父母；恐怕有心业，牵累自身，拖累父母。

【原文】

我有手足，父母一体。异母兄弟，总属天伦，恐有参商①，残亲支体。

叔伯同根，宗族一家，恐有乖戾②，伤亲骨肉。祖曾上人，恐失奉事，悖亲孝思。子孙后裔，恐失字育，断亲嗣脉；恐失教训，败亲家规。子侄世系，恐失敦睦③，贻亲庭衅④。我夫我妇，子媳之职，恐失和敬，致亲不安。我有姻娅⑤，属亲至戚，恐失夙好⑥，致亲不宁。上而有君，为亲所主⑦，恐有不忠，致亲以逆；下而民物，与亲并育，恐有不恤，损亲之福；外而友朋，为亲之辅，恐有不信，绝亲友道。师为我法，即为亲箴⑧，事恐失贤，以违亲训；匪人壬人⑨，亲之所远，交恐不择，以累亲志。仰而天高，帝位乎上。日月星斗，亲所敬畏。恐有冒渎，妄干天怒，致重亲辜；俯而地厚，群生资始⑩，亲所奉履，恐有亵侮⑪，业积暴殄⑫，致延亲祸；中而神祇⑬，司我亲命。恐有过犯，致减亲纪。一举一动，总期归善，以成亲德。

【注释】

①参商：参星和商星，参星在西，商星在东，此出彼没，永不相见。古代神话传说，高辛氏二子不睦，因迁于两地，分主参商二星。后用"参商"比喻兄弟不睦或彼此对立。陈子昂《为义兴公求拜扫表》："兄弟无故，并为参商。"

②乖戾：不和。《后汉书·范升传》："各有所执，乖戾分争。"

③敦睦：亲厚和睦。李适《重阳日中外同欢以诗言志》："至化自敦睦，佳辰宜宴胥。"

④衅：嫌隙；争端。

⑤姻娅：亲家和连襟，泛指姻亲。韩愈《县斋有怀》："名声荷朋友，援引乏姻娅。"

⑥夙好：老交情。

⑦所主：所寄居的主人。《孟子·万章上》："吾闻观近臣，以其所为主；

观远臣，以其所主。"

⑧箴：规劝，告诫。

⑨壬人：奸人，佞人。指巧言谄媚，不行正道的人。

⑩资始：借以发生、开始。《易·乾》："大哉乾元，万物资始，乃统天。"

⑪亵侮：轻慢侮弄。

⑫暴殄：指任意浪费糟蹋，不知爱惜。殄，灭绝。

⑬神祇：泛指神。神，指天神；祇，指地神。

【译文】

我有兄弟，父母都一样相待。异母兄弟，总属天然的亲伦关系，恐怕有不和睦的情况发生，这样就如同伤害父母的肢体。叔伯兄弟，整个宗族都是一家，恐怕有不和的情况，这样会伤害父母的至亲。对于祖辈先人，恐怕有失侍奉，有悖父母孝亲之思。子孙后代，恐怕有失生育，断绝父母的后代血脉；恐怕有失教育，败坏父母的家规。子侄后辈，恐怕有失和睦，致使父母所建立的家庭生起祸端。夫妇二人要尽到为子为媳的职责，要和气逊顺，恐怕有失和顺恭敬，致使父母不安宁。我有姻亲，属于最亲近的亲属，恐怕失去老交情，使父母不安宁。向上则有君主，是父母所侍奉的主宰者，恐怕有所不忠，致使父母获叛逆之罪。向下有民众万物，与父母共同生育于天地之间，恐怕对其有失怜悯，损害双亲的幸福。外面有朋友，是父母的辅助者，恐怕有失信用，断绝父母与朋友交往的准则和道义。老师是我效法的对象，老师的劝诫即是父母的劝诫，事奉老师恐怕有失贤德，违背父母的训导。行为不端和巧言谄媚的人，是父母所远离的，恐怕自己交友不慎，而连累了父母的心志。仰望则见天之高远，天帝位在其上，日月星斗，是父母所敬畏

《文昌孝经》原典详解

的，恐怕有所冒犯亵渎，轻易地触犯天怒，以致增加父母的罪过。俯察则见地之厚重，众生借此以生长发育，是父母所敬奉的，恐怕有所亵渎轻慢，恶业累积，损害浪费毫不顾惜，致使灾祸蔓延及父母。中间有天神地祇，主掌父母的生死，恐怕自己有过错，致使父母的阳寿减少。一举一动，都期望归于善，以成全父母的德行。

【原文】

我亲有善，身顺其美。救人之难，即是亲救；济人之急，即是亲济；悯人之孤，即是亲悯；容人之过，即是亲容。种种不一，体亲至意。亲或有过，委曲进谏，俟其必改。以善规亲，犹承以养，养必兼善，方得为子。人各有亲，曷不怀思。

【译文】

父母有善行，我要承顺他们的美德。救人于危难，也就好比是双亲施救；救济别人于危急之时，也就是双亲救济；怜悯别人的孤苦，也就是双亲怜悯；宽容别人的过错，也就是双亲宽容。各种不同情况，都要体察双亲的心意。双亲如果有过错，就要委婉地提出意见，直到改正为止。用善规劝双亲，就好比承担起赡养的责任。赡养父母，同时一定要以善来劝谏，这才是为人子所应当做的。人们各自都有父母，怎么能不挂怀思念？

【原文】

父母在日，寿不过百，惟德之长，垂裕弥遐①。是以至孝，亲在一日，得养一日。堂上皆存②，膝下完聚③，人生最乐。惜此光阴，诚不易得。玉食三殽^④，勺水一菽^⑤，各尽其欢^⑥。加餐则喜^⑦，减膳则惧^⑧。贫富丰啬，敬无二心。愿亲常安，恐体失和。疾病休戚^⑨，常系子心。一当有恙，能不滋虞。药必先尝，衣不解带，服劳侍寝。愈则徐调，食不轻进，相其所宜。倘或不痊，延医询卜。酒不沾唇，至心祷祝。殚厥念力^⑩，以求必痊。终天之日，饮食不甘，哭泣失音。衣衾棺椁^⑪，多方自尽。三年哀痛，晨昏设荐^⑫。佳茔厚穴^⑬，安置垄丘^⑭。礼送归祠，亲魂有托。庙享墓祭，四时以妥。去亲日远，追思常在。形容面目，若闻若睹。动息语默，寻声觅迹，中心勿忘。抱慕如存，生死同情，幽明一理。孝道由基，大经斯彰^⑮。嗟尔人子，纵能如是，体之亲心，未及万一。

【注释】

①垂裕：为后人留下业绩或名声。遐，远。

②堂上：指父母。也称高堂。

③膝下：指人在幼年时，常依于父母膝旁，言父母对幼孩之亲爱。后用以借指父母。

④玉食三殽：玉食，指精美的饮食。殽：通"肴"。专指荤菜，即有肉的菜肴。

⑤菽：豆；豆类。豆和水，指清贫人家供养父母的饮食。陆游《湖堤暮归》："俗孝家家供菽水。"

⑥尽其欢：即指孝养父母尊长，极意承欢。语出《礼记·檀弓下》："啜菽饮水，尽其欢，斯之谓孝。"孔颖达疏："谓使亲尽其欢乐。"

⑦加餐：多进饮食。

⑧减膳：减少肴馔。是古代帝王遇到天灾变异时自责的一种表示。肴馔，即丰盛的饭菜。

⑨休戚：喜乐和忧虑；亦指有利的和不利的遭遇。休，喜悦，欢乐；戚，悲哀，忧愁。

⑩念力：佛教所说的专念之力，即意念的力量。

⑪衣衾棺椁：衣衾：装殓死者的衣被。棺椁：礼所规定的葬具。装尸之器为棺，围棺之器为椁。棺，是棺材；椁，外棺，是棺外的套棺。

⑫荐：古代祭祀宗庙时奉献祭品叫"荐"，其礼稍逊于祭。《礼记·王制》："大夫士宗庙之祭，有田则祭，无田则荐。庶人春荐韭，夏荐麦，秋荐黍，冬荐稻。"

⑬茔：坟墓，坟地。

⑭垄丘：坟墓。冢形象丘垄，故名。指墓葬的外部。

⑮大经：常道，常规。

【译文】

父母在世，长寿也不过百岁，唯有功德之人，才能声名久远。所以"至孝"，就是父母在世一天，就要赡养一天。父母都健在，子女依聚在父母身边，这才是人生最快乐的事情。应当珍惜这段时光，因为这实在是太难得了。不管是富贵人家多个荤菜美食的美味佳肴，还是贫贱人家一勺水、一盘豆食的粗茶淡饭，都能让各自父母尽其欢心。子女见父母多进饮食就高兴，见父母减少膳食就担心。不管是贫贱富贵，或者是丰裕贫困，孝敬父母的心意都没有改变。希望父母永远安康，恐怕父母身体有病痛。父母的疾病和喜忧，常常牵动子女的心。一旦父母身体有病，怎能不心生担忧。喂父母的药，要自己先尝味道的甘苦，衣不解带，辛勤侍奉，服侍父母休息。父母病好之后，要慢慢调养，食物不要乱吃，要弄清其是否适宜父母食用。如果不能痊愈，就要请医问药，占卜吉凶。滴酒不沾，诚心为父母祈祷。竭尽心力，以便祈求父母痊愈。父母逝世的时候，饮食不贪求美味，痛哭以至于失声。寿衣、被褥、棺椁，都要多方设法，尽力筹备。哀痛地服丧三年，早晚都要陈设祭品。选择好的陵园，墓地建筑得坚固厚实。把遗体礼送往墓地，把精魂迎回祠堂，父母的灵魂就有了归依。宗庙供奉，墓前祭祀，四季完备。父母离开时间久了，时常追思怀念。父母的形体容貌，就如同自己听到见到一样。于是就会常常停下行动，停止说话，顺着声音寻找父母的踪迹，心中时刻不忘。心怀敬慕，如同父母健在一样；不管生死，都同此心，不管在阴间或阳间，都是同一个道理。孝道从此根本上去做，则孝道人伦就会彰显。子女即使能够如此，体恤双亲之心，还是不及父母的万分之一。

【原文】

偈曰：幼而得亲全，安乐不之晓。设无双亲在，饥寒难自保。遭此伶仃苦[1]，方思亲在好。

【注释】

[1]伶仃：孤苦无依靠。陆游《幽居遣怀》："斜阳孤影叹伶仃，横案乌藤坐草亭。"

【译文】

偈说：幼小时父母双全，不知道安宁快乐。假如双亲不在，饥寒交迫，生命难以自保。只有遭受了孤独无依之苦，才想念双亲健在的好处。

【原文】

又说偈曰：嬉嬉^①怀抱中，惟知依二亲。何至长大后，渐失尔天真。我亲既生我，我全不能孝。云何我养儿，我又恤之深。反观觉愧悔，方知父母恩。

【注释】

①嬉嬉：玩耍。

【译文】

又有偈说：在父母怀抱中玩耍，只知道依恋双亲。为什么长大后，渐渐丧失了天真。我的父母既然生育了我，我却完全不能尽孝。为什么我养育子女时，我又对他们怜恤至深。回头反省，感觉到惭愧后悔，这才知道父母的恩情有多大。

【原文】

又说偈曰：室家是亲成^①，岂是离亲地。莫道风光好，遂把亲欢易。贫贱是前因，岂是父母遗。生不托亲体，我并无人身。莫怨生我苦，修来自有畀。富贵是亲培，岂是骄亲具。亲若不教我，何有富贵遇。报本正在此，赤悃安可替。最易忘亲处，尤宜加省惕。

【注释】

①室家：夫妇。《诗·周南·桃夭》："桃之夭夭，灼灼其华。之子于归，宜其室家。"孔颖达疏："《左传》曰：'女有家，男有室。'室家，谓夫妇也。"

【译文】

又有偈说：我们夫妇家庭是父母促成的，并不是作为远离双亲的地方。不要因为外边风景好，而把对父母的喜爱改变。贫贱缘于前世的因由，不是父母遗留的。我的出生如果不依托父母的身体，也就没有我的生命。不要抱怨出生在贫苦人家，只有努力修行，就能得到回报。富贵出于父母的栽培，并不是向父母炫耀的工具。父母如果不教导我，我怎么会有富贵际遇。报答父母的根本正在这里，赤诚之心没什么能够代替。最容易忘却父母的地方，更加要警醒谨慎。

【原文】

真君曰：子在怀抱，啼笑嬉戏，俱关亲心，实惟真挚。为人子者，能如是否？试一念之，何能暂释。父母强健，能嬉能笑，能饮能食，子所幸见。父母渐衰，嬉笑饮食，未必如常，子心所惕。责我不楚①，怜亲力弱。嗔我声微，怜亲气怯。愈加安养，勿致暂劳。父母逝世，苦无嬉笑，及我颜色，苦无怒詈②，及我身受。纵有厚禄，亲不能食；纵有锦帛，亲不能被。生不尽欢，追思何及。逝者念子，存者念亲。祭享悠远，隔不相见。思一慰之，悲哀无地，言念斯苦③，实难为子。

【注释】

①楚：痛苦。陆机《于承明作与弟士龙》诗："慷慨含辛楚。"

②詈：骂；责骂。

③言念：想念。《诗·秦风·小戎》："言念君子，温其如玉。"

【译文】

真君说：在父母怀抱中的幼儿，哭笑玩耍，都关系着父母的心，这完全出于真挚的情感。作为子女的，能够如此吗？试着想想父母的爱子之心，怎么能够将父母放得下一刻。父母身体强壮健康，能玩能笑，能吃能喝，子女能够见到这些就很喜欢。父母渐渐衰老，玩乐饮食，不见得同平常一样，子女心里应该有所警惕。父母责打我不疼，知道父母力气已经衰弱，父母骂我时的声音微弱，知道父母的气息不足。更要安息休养，不要使其有一点劳累。父母逝世，苦于没有父母的嬉笑，能够使我喜笑颜开；苦于没有父母的怒骂，能让我身受。即使我有丰厚的俸禄，父母也不能吃；即使我有锦帛，父母也不能穿用。不能让父母生前尽欢，追念怎么会来得及呢。死去的父母还心系子女，在世的子女还在思念父母。只能遥遥供奉祭祀，幽明分隔不能相见。想着告慰父母，却悲痛哀切无处可寻。想念非常痛苦，作为子女也实在是难。

【原文】

乃说偈曰：亲昔养儿日，岂比强壮年。我方学语处，亲疑我啼也。我方跬步时①，亲疑我蹶也②。我方咿唔处，亲疑我疾也。我方思食处，亲知我饥也。我方思衣处，亲知我寒也。安得本斯志，体恤在亲先。亲今且垂暮，亦岂强壮比。欲将饲我者，奉亲膳食时。欲将褓我者，侍亲寝息时。欲将顾我者，扶亲衰老时。欲将育我者，事亲终天时。何者我曾尽，全然不之觉。生我何为者，能不中自怍③。

【注释】

①跬步：古时称人行走，跨出一只脚为跬，犹今之半步，左右两足均跨一次称步。《荀子·劝学》："不积跬步，无以致千里；不积细流，无以成江海。"

②蹶：仆；跌倒。《淮南子·精神》："形劳而不休则蹶。"

③怍：惭；惭愧。《孟子·尽心上》："仰不愧于天，俯不怍于人。"

【译文】

于是说偈道：以前父母抚养幼小的我，怎么能与现在正值强壮的我相比。我刚开始学说话，父母怕我是否在啼哭。我刚开始迈步时，父母怕我是否要跌倒。我刚开始发出咿唔之声时，父母怕我是否患病了。我刚想要吃东西，父母就知道我是饿了。我刚想要加衣服，父母就知道我是冷了。怎么能不以父母的情感为本，首先体恤父母。父母如今已经垂垂老矣，怎能再与强壮时相比。就像父母喂养我那样，侍奉父母的饮食。就像父母照顾我那样，将我包裹在褓褓中，服侍父母就寝休息。就像父母照顾我那样，搀扶衰老时的父母。就像父母抚育我那样，侍奉父母去世。这些我哪样曾经尽力做过？我完全不知觉。父母生我是为了什么，怎么不自我惭愧。

【原文】

孝子明心宝咒：以此未及万一心，时时处处体亲心。当思爱养恩勤大，每想怀耽乳哺深①。日在生成俯仰中，覆载风光父母仁②。何殊群物向春晖③，切切终身抱至诚。

【注释】

①怀耽：怀胎。

②覆载：庇养包容。

③春晖：春天的阳光。比喻父母的恩惠。孟郊《游子吟》："谁言寸草心，报得三春晖。"

【译文】

孝子明心宝咒：以此未及父母万分之一的心思，时时处处体恤父母的心意。应当想到父母爱护养育我的恩情非常大，经常想到父母孕育乳哺我的深情。每日都生长在天地之中，覆载着风光和父母的仁爱。这与万物向往春天的阳光一样，没有什么不同，切记终生都要怀抱至诚之心。

辨孝章第三

【原文】

真君曰：吾今阐教，以示大众。亲存不养，亲殁不葬①，亲祚不延②。

无故溺女，无故杀儿。父母客亡，骸骨不收，为大不孝。养亲口体，未足为孝；养亲心志，方为至孝。生不能养，殁虽尽孝，未足为孝；生既能养，殁亦尽孝，方为至孝。生我之母，我固当孝；后母庶母③，我亦当孝。母或过黜，母或载嫁④，生我劳苦，亦不可负。生而孤苦，恩育父母，且不可忘，何况生我。同母兄弟，我固当爱；前母兄弟⑤，我亦当爱。同气姊妹⑥，我固当和，连枝妯娌⑦，我亦当和。我生之子，我固当恃；前室遗子⑧，我亦当恃。众善家修，无不孝推。如是尽孝，始克为孝。始知百行，惟孝为源。

【注释】

①殁：寿终；死亡。杜甫《过故斛斯校书庄》诗二首之一："此老已云殁，邻人嗟未休。"

②祚：福。《国语·周语》："若能类善物以混厚民人者，必有章誉番育之祚。"

③庶母：父之妾称为庶母。《尔雅·释亲》："父之妾为庶母。"与"嫡母"相对。

④载：再；重。陶渊明《停云》："东园之树，枝条载荣。"

⑤前母：继室所生的子女对父亲前妻的称呼。《晋书·礼志中》："前母既终，乃有继母，后子不及前母，故无制服之文。"

⑥同气：有血缘关系的亲属。

杜甫

⑦妯娌：兄弟们的妻子的合称。

⑧前室：前妻。

【译文】

真君说：我今天阐明教法，以告知众人。父母在世时，不对其赡养；父母去世后，不将其安葬，父母的福泽就不会延长。无故溺死女婴，无故杀死儿子；父母客死他乡，不去收埋骸骨，这些都是最大的不孝。只是奉养父母的衣食，还不算是孝敬；只有能够体恤父母的心思，促成父母的志愿，才算是最大的孝敬。父母在世时，不能尽到赡养的责任，待去世后虽然尽孝，但不足以算是孝敬。既能在父母在世时，尽到赡养的责任，又能在父母去世后尽孝，这才算是"至孝"。我的生母，我固然应当尽孝；后母庶母，我也应该尽孝道。我的母亲或许因过失而被父亲休掉，或者改嫁，但母亲生育我的劳苦，也是不可以背弃的。幼年就失去父母而孤苦伶仃，恩爱养育我的养父母，都不可忘记，何况是亲生父母。同母兄弟，我固然应当友爱；前母所生兄弟，我也应当友爱。亲生姐妹，我固然应当和敬，对于妯娌，我也应当和敬。我的亲生子女，我固然保爱；前妻所生的子女，我也应当保爱。一切善行，家人一起身体力行，无不是由此孝心推及而来。按照这个样子来尽孝，才能够真正为孝。于是开始知道百般品行，孝才是源头。

【原文】

我孝父母，不敬叔伯，不敬祖曾，于孝有亏。我孝父母，不爱子孙，不敦宗族①，于孝有亏。我孝父母，不和姻娅②，不睦乡党③，于孝有亏。我孝父母，不忠君上，不信师友，于孝有亏。我孝父母，不爱人民，不恤物命，于孝有亏。我孝父母，不敬天地，不敬三光④，不敬神祇，于孝有亏。我孝父母，不敬圣贤，不远邪佞⑤，于孝有亏。我孝父母，财色妄贪，不顾性命，知过不改，见善不为，于孝有亏。淫毒妇女，破人名节，于孝有亏。力全名节，于孝更大。奉行诸善⑥，不孝吾亲，终为小善；奉行诸善，能孝我亲，是为至善。孝之为道，本乎自然，无俟勉强。不学而能，随行而达。读书明理，因心率爱，因心率敬，于孝自全。愚氓愚俗，不雕不琢，无乖无戾⑦，孝理自在。苟具灵根⑧，知爱率爱，知敬率敬，于孝可推。孝庭子容，孝壶妇仪⑨。孝男端方⑩，孝女静贞⑪。孝男温恭⑫，孝女顺柔。孝子诚悫⑬，孝妇明洁⑭。孝子开先，孝孙承后。孝治一身，一身斯立；孝治一家，一家斯顺；孝治一国，一国斯仁；孝治天下，天下斯升⑮；孝事天地，天地斯成。通于上下，无分贵贱。

【注释】

①敦：敦睦，互相友好和睦。

②姻娅：亲家和连襟，泛指姻亲。韩愈《县斋有怀》："名声荷朋友，援引乏姻娅。"

③乡党：泛指乡里、家乡。

④三光：指日、月、星。

⑤邪佞：奸邪小人。

⑥奉行：履行。

⑦乖：违背；不和谐；不协调。《荀子·天论》："父子相疑，上下乖离。"

⑧灵根：灵性之根。

⑨壶：宫里的道路，借指行孝的途径。妇仪：妇女的容德规范。

⑩端方：正直；端庄。

⑪静贞：娴静贞洁。

⑫温恭：温和恭敬。《尚书·舜典》："浚哲文明，温恭允塞。"

⑬悫：诚实。

⑭明洁：清白；高洁。

⑮升：即升平。太平的意思。

【译文】

我孝敬父母，不敬爱叔伯，不敬爱祖先，有损孝德。我孝敬父母，不爱子孙，不敦睦宗族，有损孝德。我孝敬父母，不和爱姻亲，不与乡邻和睦，有损孝德。我孝敬父母，不效忠君上，对师友不讲信用，有损孝德。我孝敬父母，不爱人民百姓，不怜恤万物的生命，有损孝德。我孝敬父母，不礼敬天地，不礼敬日月星辰三光，不礼敬天地神明，有损孝德。我孝敬父母，不敬奉圣贤，不远离恶人，有损孝德。我孝敬父母，非分地贪求财色，不顾性命，知道过错而不悔改，见有善行可为而不去做，有损孝德。奸淫毒害妇女，破坏人家的名声和节操，有损孝德。极力成全别人的名节，这算是大的孝行。虽能奉行各种善行，但不孝敬父母，终究只是小善；奉行各种善行，而又能够孝敬父母，这才称得上是"至善"。为孝之道，本于人心自然本性，没有一点勉强。不通过学习就能实行，随着自己的良心去做，所作所为自然就合乎孝道。读书明白了道理，用良心统率爱，用良心统率敬，自然就能够使孝圆满。愚夫俗子，不经过雕琢，没有不和暴戾之气，自然合乎孝道。假使他们具有了灵明的根性，知道用爱心来统率爱，知道用敬心来统率敬，这样，孝行就可以推行于外了。想知道在父母之前的孝敬，看儿子的容颜，就可以知道；想知道闺中女子的孝行，看妇女的容德威仪，就可以知道。孝子的行为端重大方，孝女文静贞洁。孝子温良恭敬，孝女顺从柔和。孝子行事诚恳，孝妇持身清洁。孝子率先行孝，就必定会有孝孙继承孝行。通过尽孝来修身，一身的品行就可以立正；通过尽孝来治家，全家就会和顺；通过尽孝来治国，国家就会充满仁爱；通过尽孝来治理天下，天下就会升平；通过尽孝来事奉天地，天地就会太平。孝道可以通达于天地，不分贵贱，都要尽孝。

【原文】

偈曰：世上伤恩总为财，诚比诸务尤为急。相通相让兄和弟，父母心欢家道吉。财生民命如哺儿，禄奉君享如养亲。本之慈孝为源流[1]，国阜人安万物熙[2]。

【注释】

①源流：事物的本末。
②阜：丰富；富有。熙：兴盛。

【译文】

偈说：世上恩情的伤害总是金钱的缘故，这比其他各种事务尤为关键。兄弟之间应该相互通融，相互谦让，父母心里欢喜而家境也会吉祥。用钱财养育人民的生命就如哺乳幼儿，做高官事奉国君就如同赡养双亲一般。总之以慈爱孝道为源流，就会国家强盛，人民安居乐业，万物万事光明兴盛。

【原文】

又说偈曰：子赖亲安享①，不思尽孝易。若或罹困苦②，方知尽孝难。难易虽不同，承顺是一般③。

【译文】

①安享：安然享用。

②罹：遭受困难或不幸。

③承顺：敬奉恭顺。

【译文】

又说偈道：子女因为依赖父母而得以安享，而不想着尽孝是否容易。只有遭受了困苦，才会知道尽孝的困难，难和易虽然不相同，但敬奉恭顺父母却并没有不同。

【原文】

又说偈曰：今为辨孝者，辨自夫妇始。孝子赖贤助，相厥内以治。后惟尽其孝，君得成其绪。妇惟尽其孝，夫得成其家。同气因之协，安亲无他意。自古贤淑妻，动即为夫规。上克承姑顺①，下克抚媳慈。从来嫉悍妇②，动即为所惑。承姑必不顺，抚媳必不慈。惟尽为妻道，方可为人媳；惟尽为媳职，方可为人姑。身有为媳时，亦有为姑日。我用身为法，后人无不格。嫔妃与媵妾③，致孝以安命。妇德成夫行，化从阃中式④。所系重且大，淑训安可越⑤。

【注释】

①克：能够。

②悍妇：泼妇；凶悍之妻。

③媵妾：陪嫁之侍妾。古代诸侯女儿出嫁，要有陪嫁之人，这些陪嫁之人通称为"媵"。《汉书·平帝纪》："诏出媵妾，皆归家得嫁，如孝文时故事。"

④阃：门槛，内室，借指妇女的道德规范。

⑤淑训：指对女子的教育。晋·常璩《华阳国志·汉中士女赞·礼硅》："惠英亦有淑训，母师之行者也。"

【译文】

又说偈道：今天我分辨什么是孝，是从夫妇关系开始着手的。孝子有赖贤惠妻子的帮助，互相帮助就能够使家庭得到治理。做皇后的唯有尽孝，做皇帝的才能继承好先皇传下的事业。做妻子的唯有尽孝，丈夫才能把家治理好。夫妻因为孝才能同气相协，安养双亲也并无别的心思。自古以来贤惠善良的妻子，其行动能成为丈夫的规范。对上能够顺承婆婆的欢心，对下能够安抚慈爱媳妇。而自古以来嫉妒心强、生性泼悍的媳妇，其丈夫的行动就会被她所迷惑，不能够顺承婆婆的心意，对媳妇亦不能安抚慈爱。唯有尽力按照做妻子的规范行事，才可以做人家的媳妇；唯有尽力履行做媳妇的职责，方才可以做人家的婆婆。既有做媳妇的时候，也有做婆婆的时候。只要自己能够以身作则，自己的后人才有行为的标准。作嫔妃的和作侍妾的，只有行孝才能安身立命。妻子的德行能够促成丈夫的品行，一切都是从内室行为标准而来。牵涉关系重大，怎么可以轻越做女人的训条。

【原文】

又说偈曰：辨之以其心，毋使有不安。辨之以其行，毋使有或偏。辨之以其时，毋使有或迁。辨之以其伦，毋使有或间。大小各自尽，内外罔所愆①。诚伪在微茫，省惕当所先。

【注释】

①愆：罪过，过失。

【译文】

又说偈道：从心来辨别孝，千万不能使其心有所不安分。从行为辨别孝，千万不能使行为有所偏颇。从时间来辨别孝，千万不要使其孝行有所改变。从伦常之理来辨别孝，千万不要使其孝行错乱。男女老少各自尽孝，家里家外都无有过失。真诚和虚伪只在微茫之间，在行动之前应当反省警惕。

【原文】

又说偈曰：亲怀为己怀，至性实①绵绵，即是佛菩萨，即是大罗仙。

【注释】

①实：诚实。

【译文】

又说偈道：以双亲的情怀为自己的情怀，最真诚的本性实在是绵绵不绝，这就是佛、菩萨，这就是成道的大罗仙。

【原文】

纯孝阐微咒：万般切己应为事，俱从一孝参观①到。胸中认得真分晓，孝上行来总是道。

【注释】

①参观：观察。

【译文】

纯孝阐微咒：万种关系自己的应当做的事，全都可以由孝来观察到。只要认清了它真正的道理，本于孝道而行动，就一定会合乎道。

守身章第四

【原文】

真君曰：所谓孝子，欲体亲心，当先立身①。立身之基，贵审其守。无身之始，身于何始？有身之后，身于何育？有挟俱来，不可或昧，当思在我。设处亲身，爱子之身，胜于己身。苦苦乳哺，望其萌芽，冀其成材。寸节肢体，日渐栽培。何一非亲，身自劳苦，得有此身。亲爱我身，如是之切。保此亲身，岂不重大？守此亲身，尤当倍笃。遵规合矩，如前所为。矜骄不形②，淫佚不生③，嗜欲必节。父母之前，声不高厉，气不粗暴④；神色温静，举止持祥。习久自然。身有光明，九灵三精⑤，保其吉庆；三尸诸厌⑥，亦化为善。凡有希求，悉称其愿。兢兢终身⑦，保此亲体，无亏而归，是谓守身。苟失其守，块然躯壳⑧，有负父母，牛而犹死。

【注释】

①立身：安身处世，立身处世。

②不形：不显露。

③淫佚：纵欲放荡。

④粗暴：粗鲁暴躁。

⑤九灵：指身中的九位神灵。《九天应元雷声普化天尊玉枢宝经》所载为：一叫天生，二叫无英，三叫玄珠，四叫正中，五叫子丹，六叫回回，七叫丹元，八叫太渊，九叫灵童。据称召此身中九灵则吉利。三精：日、月、星。《后汉书·光武帝纪·赞》："九县飙回，三精雾塞。"

⑥三尸：亦称"三虫""三彭"。道教认为，人体内有三条虫，或称"三尸神"。

⑦兢兢：谨慎小心的样子。

⑧块然：木然无知貌。《庄子·应帝王》："于事无与亲，雕琢复朴，块然独以其形立。"成玄英疏："块然，无情之貌也。"

【译文】

真君说：所谓孝子，要想体恤双亲的心志，首先应当立身处世。立身的基始，最为重要的是要慎重自己的操守。没有人身的初始之时，我的身体是从何处而来的呢？有了人身之后，身体又是怎么得以抚育的呢？我有从出生挟持同来的良心，此心不可暗昧，我应当仔细想想。以父母的立场设身处地地想想，父母怜爱子女的身体，胜过爱护自己的身体。艰难地哺乳，期望他渐渐成长，希冀他能够成为有用的人。一寸一节肢体，日渐栽育培养。哪一点不是靠双亲勤劳保护，才得以有了我的存在？父母爱我此身，是如此的关切，好好保护此身，怎能不关系重大？守持好双亲给我的身体，尤其应当加倍地坚定。遵守规则符合规范，效法前人的行为。骄横傲慢之貌不显，淫欲放荡之心不生，节制自己的不良嗜好和欲望。在父母面前，声音不要太高，气息不要粗大。神色温柔娴静，行动举正舒缓。坚持久了就成为自然的事情。这样，身体就有光明，九灵三精等神就会保佑你吉祥。而三尸等邪神，也会化恶为善。凡有希望得到的东西，都会称心如愿。众生都小心谨慎，保护好双亲给我的身体，没有一点亏损而返归原初，这就是守身。如果不能持受，徒具躯壳，就会辜负父母，虽生犹死。

【原文】

抑知人生，体相完备，即有其神，每日在身，各有处所。一身运动，皆神所周。神在脏腑，欲不可纵；神在四肢，刑不可受。纵欲犯刑，非伤即死。凡有身者，所当守护。守真为上①；守心次之；守形为下②。愚夫匹妇③，无所作为，亦足保身。何尔聪明，奸伪妄作，昧性忘身，沉溺欲海④，全不省悟。大罗天神，观见斯若，发大慈悲，降生圣人，以时救度⑤。惟兹圣人，躬先率孝。加检必谨，加恤必至。不忍斯人，堕厥亲身。一切栽持，遂其所守。种种孝顺，当身体物⑥。体在一身，化在众生。畀兹凡有，同归于道。身居不动，肆应常普⑦。如是守身，是为大孝。

【注释】

①守真：保持真元精气；保持本性。语出《庄子·渔父》："慎守其真，还以物与人，则无所累矣。"

②守形：专注于形体。《庄子·山木》："吾守形而忘身，观于浊水而迷于清渊。"

③匹妇：古代指平民妇女。

④欲海：爱欲之深广譬如海。比喻贪欲或情欲的深广。

⑤救度：救助众生出尘俗，使脱离苦难。

⑥当身：自身，本人。

⑦肆应：指善于应付各种事情。

【译文】

哪里会懂得人生，形体相貌完备，就会有神，它每天都在人身中，身体各部位都是它的处所。整个身体的运动，都是由神主宰。神存在于五脏六腑，不可以纵欲；神存在于四肢，不可以受到刑罚。放纵欲望，触犯刑律，非死即伤。凡是有身体的人，都应当守护。保守真性是最上乘的，守持良心次之，保守形体最次。一般的平民百姓，没有什么作为，也可以做到保身。为什么你这么聪明，却去作奸妄之事，蒙昧心性，忘了自身，沉溺于欲海，却全然不知反省醒悟。天帝神仙看到这些，发大慈悲心，降生圣人，以便能够随时救度世人。只有这样的圣人，亲自率先躬行孝道。谨慎加倍地检查自己，加倍地爱恤自身。不忍心看到世人，将父母给予他们的身体堕落毁坏。一切栽培扶植，无非帮助他们实现保守身体的目的。种种孝顺的行为，当以自身体恤万物。体道虽是圣人一人，却能够感化众生。将此道理授给所有有身体的人，使其同归于孝道。守身不动，而又能广泛地应接事物，如此守身，那才是大孝。

【原文】

即说偈曰：亲视子身重，常视己身轻。人何反负己，损身背吾亲。莫将至性躯①，看作血肉形。今生受用者，夙世具灵根②。

【注释】

①至性：指天赋的卓绝的品性。
②夙世：前世。佛教所指的已过去的一生。

【译文】

即说偈道：双亲非常看重子女的身体，常常将自己的身体看轻。人们为什么反而背叛自己，损坏自身而违背父母。不要将充满灵性的身躯，看作是血肉形体。今生之所以能够享受一切，是因为前世所造就的灵根。

【原文】

又说偈曰：一切本来相，受之自父母。谓身即亲身，人犹不之悟。谓亲即身是，重大不可误。完厥惺惺体①，尽我所当务②。无量大道身，圆满随处足。

【注释】

①惺惺：聪明，机灵。敦煌曲子词《定风波》之四："时当五六日，言语惺惺精神出。"

②当务：当前应作之要务。《孟子·尽心上》："知者无不知也，当务之为急。"

【译文】

又说偈道：一切本来体相，从父母那里禀受而来。说自己身体即是双亲的身体，人们仍然不能明白这个道理。所谓父母即是自身，此理重大不可有误。保全这个聪明的躯体，完成我当前应做的要务。成就无量大道身，随处都圆满充足。

【原文】

又说偈曰：同此亲禀受，一般形体具。善哉孝子身，超出浮尘世。以兹不磨守，保炼中和气①。真培金液形②，元养玉符体。广大不可限，生初岂有异。

【注释】

①中和气：指元气。道教经典一般认为，元气为"无上大道"所化生，

混沌无形，由元气产生阴阳二气，阴阳和合，产生万物。《太平经·和三气兴帝王法》："元气有三名，太阳、太阴、中和。"

②金液：指金液还丹之气，遍运四体，与道合真。其中金液还丹，指通过练功，使元精、元熙、元神化合而成大药。

【译文】

又说偈道：每个人的形体都是秉承自父母，形体具备。好啊，孝子的身体，能够超越尘世。不磨灭自己的对身心的保养守护，保持炼养和谐的元气。以真气培养长生不死的身体，以元气涵养神仙体身。广大不可限量，有生之后的形体与原初的本性没有差异。

【原文】

孝子金身咒：惟此光明孝子身，果是金刚不坏身①。化成即在当身内，现出千千万亿身。

【注释】

①金刚不坏身：指修成正果的法身，不老不坏，万劫长存。

【译文】

孝子金身咒：唯有这个光明的孝子身，果真是金刚不坏身。一旦修化成就，即在自己身内显现千千万亿个化身。

教孝章第五

【原文】

真君曰：孝自性具，教为后起。世多不孝，皆因习移。意既罔觉^①，智又误用。圣人在上，惟教为急。教之之责，重在师傅，尤当慎择。贤良之师，化恶为善；不贤之师，变善为恶。师而不教，过且有归；教之不善，其罪尤大。不贤之师，导之匪僻^②，引之邪佞，养成不肖，流为凶顽^③，越礼犯纪^④，妄作无忌。虽欲救之，急难格化。如是为教，罪实非轻。

【注释】

①意：清刻本《文昌孝经注解》中为"愚"。本书采用其说法。罔觉：无知。

②匪僻：邪恶。《明史·刘最传》："寻请帝勤圣学，于宫中日诵《大学衍义》，勿令左右近习诱以匪僻。"

③凶顽：凶狂且不易制伏。

④越礼：不遵循礼仪法度。

《文昌孝经注解》书影

【译文】

真君说：孝是人性中本来自有的，

教育尽孝则是后来出现的。世人多半不孝，都是因为习俗使其改变。愚笨之人不明道理，聪明的人又错用心思。圣人在上，唯独对于孝道而着急。教习孝道的责任，重要的是在师傅，尤其应当慎重选择。贤良的师傅，能将恶人化导成善人；不贤明的师傅，却能将善人变成恶人。作为师傅而不教导学生，师傅有过错，并对过错负有责任；而如果教导不好的东西，其罪过就更加重大了。不贤明的师傅，会教导人行为邪恶，引到奸邪的道路上，教成品行不端之人，流变为凶狂顽劣之人，毁越礼法，违犯法纪，胡作非为而没有忌惮。虽然想拯救这样的人，但急切间也难以改正变化。如果像这样为师教人，罪过实在是不轻。

【原文】

药石之师①，惟贤是与。行己端庄②，导人忠信，教不他设。孝无畸形，因其本然，还所固有。朝敦夕诲③，幼育长循，惟兹孝弟，化行是先。虽至愚氓，无不晓习。如是为教，功实不少。为功为罪，职岂易任。惟名尊严，其实如何？孝弟是宗④。能孚孝者，弟亦本诸。助君为理，转移风俗，全在师儒。教不可误，师不可违。自重在师，率教在弟⑤。孝原自具，有觉斯兴。

【注释】

①药石：古时指治病的药物和砭石，后比喻规劝别人改过向善。

②行己：谓立身行事。《论语·公冶长》："子谓子产：'有君子之道四焉：其行己也恭，其事上也敬，其养民也惠，其使民也义。'"

③敦：敦促；督促。《诗·邶风·北门》："王事敦我。"

④弟：同"悌"，遵从兄长。

⑤率教：听从指教，遵从教导。

【译文】

能够导人向善的师傅，只教人以贤良的品德。立身行事端正庄重，以忠信引导人，其他不合乎孝道的事情，不敢教人。孝道更没有技巧，不过依于人的自然本性，复归人的固有善性。朝夕不断地敦促教导，长幼都依循而行，总要用此孝弟之道，先行教育化导。虽是愚笨之平民百姓，也没有不熟悉的。像这样教育学生，功德实在是不少。既能立功也能获罪，师傅一职不是那么容易胜任的。师傅的名称甚是尊贵威严，其实质又是什么呢？就是以"孝""弟"为根本。如果能够以孝服人，"弟"的品质也就本于此而立了。帮助国君治理国家，移风易俗，完全在于以儒为师。师傅不可误人子弟，子弟不可以违背师傅。师傅应当自重自爱，弟子应当遵从教导。孝本来都是自性具备的，但有了师傅的提醒，孝心才得以兴起。

【原文】

偈曰：孝弟虽天性，良师当时省。一或千不孝，何能全弟行。罪愆有攸归^①，师实难卸任。能作如是观，训之方有定。

【注释】

①罪愆：罪过；过失。

【译文】

偈说：孝悌虽然都是源自天性，但也有赖良师的时时警醒。一干不孝的事情，怎么能使"弟"行圆满。罪愆有所源自，师傅实在难于推卸责任。能够有这样的认识，训导弟子才能有确定的准则。

【原文】

又说偈曰：教虽赖良师，人亦当自谨①。无自干不孝，徒然费师训。

【注释】

①谨：谨慎。

【译文】

又有偈说：教化虽然有赖好的师傅，人们也应当自己谨慎。无故做不孝的事情，就白白地浪费了师傅的教训。

孝感章第六

【原文】

帝君曰：吾证道果，奉吾二亲，升不骄境，天上聚首，室家承顺，玉真庆宫，逍遥自在。吾今行化，阐告大众：不孝之子，百行莫赎；至孝之家，万劫可消。不孝之子，天地不容，雷霆怒殛①，魔煞祸侵；孝子之门，鬼神护之，福禄畀之。惟孝格天，惟孝配地，惟孝感人，三才化成。惟神敬孝，惟天爱孝，惟地成孝。水难出之，火难出之，刀兵刑戮，疫疠凶灾，毒药毒虫，冤家谋害，一切厄中，处处祐之。孝之所至，地狱沉苦，重重救拔；元祖宗亲，皆得解脱；四生六道②，饿鬼穷魂，皆得超升；父母沉疴，即时痊愈。三十六天③，济度快乐；七十二地④，灵爽逍遥⑤。是以斗中，有孝弟王，下有孝子，光曜乾坤，精贯两仪⑥，气协四维，和遍九垓⑦，星斗万象，莫不咸熙⑧。神行河岳，海波不扬；遐荒是奠⑨，遐迩均孚⑩。孝之为道，功德普遍。

【注释】

①殛：诛灭；杀死。《尚书·舜典》："殛鲧于羽山。"

②四生：佛教将世界众生分为四大类：一、胎生，如人畜；二、卵生，如禽鸟鱼鳖；三、湿生，如某些昆虫；四、化生，无所依托，唯借业力而忽然出现者，如诸天与地狱及劫初众生。六道：也称"六趣"。道，道路；趣，趣往。指归趣之处。佛教认为，一切众生都因业报而在六道中轮回。六道指地狱、鬼、畜生、阿修罗、人和天。

③三十六天：道家谓神仙所居天界有欲界六天、色界十八天、无色界四天、四梵天、三清天、大罗天，共三十六天。

④七十二地：道教认为，在大地名山之间，上帝命真人治理，其间多得道之所。《云笈七签》二七："七十二福地，在大地名山之间，上帝命真人治之，其间多得道之所。"

⑤灵爽：指神灵，神明。

⑥两仪：指天地，谓宇宙本体太极分而为天地，天地则生春夏秋冬四时。

⑦九垓：道教中指九重天，即中央与八极之地。又称九陔、九阂。

⑧熙：兴起；兴盛。《尚书·尧典》："庶绩咸熙。"

⑨遐荒：边远广阔的地方。曹植《五游》："逍遥八绂外，游目历遐荒。"

⑩遐迩：远近。孚：信服；为人信服。《左传·庄公十年》："小信未孚，神弗福也。"

【译文】

帝君说：我证得道果，侍奉我的双亲，升入不骄帝境，家人在天上聚首，妻妾遵奉顺从，在玉真庆宫里，逍遥自在。我今天施行教化，阐述告知大众：不孝的子女，百种善行都不能救赎他的罪过；达到至孝的人家，万般劫难都能够消除。不孝的子女，天地不容，雷霆怒击，魔鬼恶煞用各种灾祸侵袭他；孝子之家，鬼神保护他，福禄赐予他。唯有孝能够感通天，唯有孝能够配享地，唯有孝能够感化人，天地人三才得以化生长成。惟有神敬重孝，唯有天热爱孝，唯有地成就孝。无论是出现水灾，出现火灾，刀兵刑戮，疾病瘟疫，毒药毒虫，冤家谋害，一切灾厄中，处处都能得到神灵的佑护。孝所到之处，沉沦于地狱的苦难，都会得到解救；始祖宗族，都会得到解脱；四生六道中的恶鬼穷魂，都能得到超升；父母的重病，即时痊愈。三十六天中，以济度为快乐；七十二福地，魂灵逍遥自在。所以在斗星之中，有孝弟王，在下界有孝子，光耀天地，精气贯通天地，协调四方，协和九重天之内的万物，星斗万象，无不兴盛。神行遍江河山岳，海波不扬；遥远的地方进献贡物，远近的人们都信服可见。孝作为道，其功德广布，遍及一切。

【原文】

偈曰：迹显心亦显，感应固神妙①。若有心不孝，盗名以为孝，假以欺世人，中实难自道。迹或似不孝，身心实尽孝，世人竟黜之，心惟天可告。独此两等人，感不漏纤毫。天鉴不可欺②，祸福时昭报。

中华传世藏书

【注释】

①感应：众生因礼拜供养祈念观修等机缘，感通佛菩萨，以神通法力加被，满足愿求，给予利益，称为感应，也称为感通。一般说有四种感应方式：一、冥机冥应。众生因宿世善根，今生虽未必祈念佛菩萨，而冥冥中为佛菩萨护念加被，但这种感应无明显表征，不被众生所觉察。二、冥机显应。众生因宿世善根，今生虽未必祈念佛菩萨，但明显遇佛菩萨度化，明显受益。三、显机冥应。今生祈念佛菩萨，精勤修行，虽然不见有明显的感应，而实际上得到佛菩萨的护念加持，实际获益。四、显机显应，今生祈念佛菩萨，精勤修行，感佛菩萨明显之加被护念。以上四句——又各具四句：冥机冥应、冥机显应、冥机亦冥亦显应、冥机非冥非显应，共成一十六种感应。总之。有感必应，是大乘经中所说佛菩萨证得的利益众生之功德。

②天鉴：上天的监视。《后汉书·张衡传》："天鉴孔明，虽疏不失。"

【译文】

偈说：行迹显现，人心也就会显现，善恶感应也固然神妙。如果心里不孝，而为了窃取声名而行孝，这是假借孝之名欺骗世人，中间的道理实在难以说明。有人行为好像是不孝，而身心却实在是尽孝，世人竞相贬低攻击他，其心思只能告知上天。唯独这两种人，感应不漏一丝一毫。天的鉴察不可欺瞒，祸福报应时常昭显。

【原文】

真君曰：凛哉！凛哉！今劝世人，遵吾修行。感应之机，速于众善。背吾所言，天条不赦①，万劫受罪②。

夫人之生，养亲有缺，且难为子，何况世人，毁骂父母，腹诽父母③。亲且毁骂，殴叔詈伯，弑君凌师，无所不为。

子在怀抱，气不忍吹。及其长也，爱之者真，训之者严。以爱子心，用之挞楚④，挞亦是爱，嗔亦是爱。即有盛怒，子惟柔顺。欲再杖时，手不能下。何尔世人，拒亲责己，如抗大敌。天怒地变，岂容大逆。

子有病厄，亲处不安。何于亲疾，绝不关心。子有劳苦，亲关痛痒。何况我体，犯法极刑。子苟不育⑤，泪不曾干，冀其重生，伤人七情⑥。何尔世人，父母终天，未及三年，思慕中衰。飨祭失时，亲骨不葬，且干不孝。何尔世人，贫发亲冢，卖穴暴露。嗟尔父母，念念及子。何尔世人，凡事用心，独于父母，有口无心⑦，不肯实为。人之一身，诸般痛楚，何处可受？何尔化外⑧，火焚亲尸，全无隐恻，美名火葬，于心最忍。夫人之死，口不能言，肢体难动，心实未死，犹知痛苦。过七七日⑨，心之形死，其形虽死，此心之灵，千年不死。火焚而炽，碎首裂骨，烧筋炙节，立时牵缩，心惊肉跳，若痛苦状。俄顷之间，化为灰烬。于人且惨，何况我亲？

抑知冥狱，首重子逆。阎罗本慈，人自罪犯，多致不孝，自罹冥法。人尽能孝，多致善行，地狱自空。一节之孝，冥必登记，在在超生。诵是经者，各宜省悟。苟无父母，乌有此身。报恩靡尽，衔慈莫极⑩。人果孝亲，惟以心求。生集百福，死列仙班⑪；万事如意，子孙荣昌；世系绵延，锡自斗王。是经在处，可镇经藏，可概万行，厌诸魔恶，成大罗仙，长保亨衢⑫，何乐不从？

【注释】

①天条：上天的律令、法规。

②万劫：佛经谓世界有成、住、坏、空四期，皆称为劫。万劫为万世。

③腹诽：亦作"腹非"。口里不言，而内心里反对。专制时代有所谓"腹诽之法"。《史记·平准书》："汤奏当异九卿见令不便，不入言而腹诽，论死。自是之后，有腹诽之法。"

④挞楚：鞭打。楚：落叶灌木，枝干坚劲，可以做杖。古代多指刑杖，或学校责罚学生的小杖。

⑤不育：夭折。

⑥七情：人的感情。中国伦理史上有儒家与佛教两种七情说。儒家把喜、怒、哀、惧、爱、恶、欲作为七情（见《礼记·礼运》）。佛教把喜、怒、忧、惧、爱、憎、欲作为七情。

⑦有口无心：指没经过认真考虑的随便乱说，或者嘴上爱说而心里没什么。

⑧化外：指政令教化所达不到的地方。《唐律疏议·名例·化外人相犯》："诸化外人，同类自相犯者，各依本俗法。"

⑨七七：人死后每七天祭奠一次，最后一次是第四十九天，叫"七七"。也叫"尽七""满七""断七"。"七七"的风俗，源于佛教因果轮回之说。佛教认为人命终后，转生前为"中有"（也称"中阴"）阶段。其间以"七日"为一期，寻求生缘，最多至七七四十九日止，必得转生。故佛教丧俗盛行七七四十九日中，营斋修福，以祈求死者转生胜处。

⑩衔：含在心里。蔡琰《胡笳十八拍》："衔悲畜恨兮何时平。"

⑪仙班：天上仙人的行列。

⑫亨衢：亨：通达，顺利。衢：大路，四通八达的道路。比喻官运亨通。

【译文】

真君说：畏惧啊！畏惧啊！现在我劝化世人，遵照我所说的去修行。天人感应的征兆，快于孝之外的各种善行。违背我的教导，上天的法则也不会赦免他，就会万劫不复，永远受到罪罚。

人生在世，不能圆满地奉养双亲，尚且难以成为合格的子女，更何况现今之人，诋毁咒骂父母，嘴里虽不说，而在心里非议父母。双亲都敢诋毁咒骂，更不用说殴打咒骂叔伯，弑害君主，凌辱老师，以至于无所不为。

子女在父母怀抱中时，父母都不忍心气息吹到他们。等到子女长大，对他们爱得真切，教训得也很严厉。从爱护子女的心出发，鞭挞教训子女，这样的鞭挞是对子女的爱，嗔怒也是对子女的爱。父母就是对子女勃然大怒，子女也只有婉柔顺从。父母再想痛打时，也下不了手。为什么现今之人，拒绝双亲责备自己，与父母抗衡，如面临大敌一样。此时，天地也会动怒，岂能容忍这样大逆不道的人。子女有了病痛灾难，父母坐立不安。奈何对于父母的疾苦，子女却完全不放在心上。子女有了劳苦，都事关父母的痛痒，何况我犯了王法，身体受了极刑。子女如果夭折，父母眼泪就未曾干过，希望他能够获得重生，伤心痛彻心扉。为什么现今之人，在父母亡故后，还不到三年，对父母的思念敬慕就已经中断了，供奉祭祀不及时，父母的骨骸久停不葬，并且干不孝的事情。为什么现今之人，贫穷后就发掘双亲的坟墓，出卖墓穴，使父母的尸骨暴露。可叹你们的父母，念念都想到你们。为什么现今之人，对事关自己的一切事情都非常用心地去做，唯独对事关父母的事情，有口无心，不肯实在用力去做。人的一生，对于各种痛苦，哪一处能够承受？为什么没受教化的化外之人，用火焚烧父母的尸体，一点都没有恻隐之心，并且还冠以火葬的美名，这样的心肠是最狠毒的。人死之后，口不能说话，肢体不能活动，但人的心却实在还没有死，仍然能够感知痛苦。过了七七之后，心的肉体死去。虽然心的肉体已经死去，但心的灵魂，千年不死。用火焚烧得非常炽烈，头颅碎裂，骨骼破裂，燃烧筋脉，炙焚关节，尸体立刻就收缩，心惊肉跳，就好比是痛苦的情况。转瞬之间，化成灰烬。这对于人来说都是凄惨的，更何况是我的父母？

可知道，地狱首先重责忤逆之罪。阎罗王本来是慈悲的，只是人自己主动犯罪，从而导致不孝，触犯冥界律法。如果人都能够尽孝，多做各种善行，地狱自然就空了。每一件孝的行为，冥神必会登记，从而处处超生。诵读此经的人，各自都应当反省觉悟。如果没有父母，就没有我身，报答父母的恩情没有尽头，感激父母的慈爱没有终极。人们果真孝敬父母，只有用心去求取。活着就会百福聚集，死后就能位列仙班；万事如意，子孙尊荣昌盛，祖宗的血脉绵延永存。这都是得自北斗星君的恩赐。有这部经所在的地方，可以镇守佛藏道经，可以概括各种行为，镇压一切魔鬼恶神，成为大罗神仙，长久保持通达顺利，为什么不乐于听从呢。

【原文】

孝感神应咒：提唎提唎①，人子心曲，仰事俯育②，一家气和。飞鸾广度，乐恺先歌，如意宝光，普照长忒③。

提唎提唎，尽孝靡他，解尽亲厄，消尽亲过，罪灭福生。孝思不磨，超脱九幽④，永离网罗。欲报亲慈，惟心常慕。

提唎提唎，至孝诚乎，亲生福禄寿增多，归去逍遥升天都，孝思不磨，乐永，佗娑唵娑诃。

但愿人子心，常如在母腹，一呼一吸中，吮血茹膏液；一血一脉间，俱属在父怙⑤。情虽性发，依为命府，阴阳日月从此龢⑥，乾坤翕辟从此龢，五声六律五行龢，五伦妙道从此龢。太虚有尽处⑦，孝愿无嗟磨。佗娑佗娑娑佗娑佗唵唎娑唎。

【注释】

①禔唎：禔，安定，福祚。唎，顺。此处"禔唎"为咒语，不做词义解。

②仰事俯育：即仰事俯畜。意为对上能奉养父母，对下能抚育妻小。《孟子·梁惠王上》："明君制民之产，必使仰足以事父母，俯足以畜妻子。"

③怂：喜悦；快乐。

④九幽：道家所称九地之下、九方幽暗之处，是为人死后鬼魂所居之地。其南为幽阴、西为幽夜、北为幽酆、东北幽都、东南幽冶、西南幽关、西北幽府、中为幽狱。

⑤怙：依靠；依仗。《诗·小雅·蓼莪》："无父何怙？无母何恃？"

⑥龢："和"的异体，调和的意思。

⑦太虚：指无垠的宇宙。《素问·天元纪大论》："太虚寥廓，肇基化源。"

【译文】

孝感神应咒：禔唎禔唎，人子的心事是，对上能奉养父母，对下能抚育妻小，一家人和气。神人驾着鸾鸟普度众生，欢快的乐曲到处飘荡，如意的祥光，普照永远喜乐之人。

提唎提唎，尽孝不是为了别的，而是要解除双亲的所有灾厄，消除双亲所有的过错，从而罪过灭尽，福气多生。孝的心念不灭，就能超脱鬼蜮，永离灾难的罗网。想要报答双亲的慈恩，只有心里常常慕恋孝道。

提唎提唎，尽孝诚信，可以使父母的福禄滋生，寿命增长，死后能够逍遥升至天府，孝亲之思不灭，福乐永远，佗娑唵娑诃。

但愿子女的心，常常像在母亲腹中一样，一呼一吸，吸食母亲的脂膏和血液；一血一脉，都倚仗父亲的扶持。情虽然是发自心性，是命的依靠，阴阳日月都是从这里得到协调，天地的运行是从这里得到调和，五声六律五行和谐，五伦妙道也是从这里得到协调。宇宙有尽头，孝的心愿不磨灭。佗娑佗娑娑佗娑佗唵唎娑唎。

【原文】

孝子文印偈曰：至文本无文，韫之孝道中，发现自成章，司之岂容泄。天聋与地哑，非聋亦非哑，特将天地秘，不使人尽解。朱衣与魁光[1]，变幻文人心。遇彼不孝子，塞其聪明路；遇彼纯孝子，开其智慧途。凡才作仙品，仙品作凡才。文虽有高下，黜陟岂人操。或因前生报，或因今生报，今生或后报，必当为孝显。文章作证明，阐扬在大道。

【注释】

①朱衣：官员。有"朱衣点头"的典故，指穿着朱衣的神人点头；借指科举考试得中。也指试卷被考官看中。魁光：即魁星，亦称奎星。为主科名、主宰文章兴衰的神。《重修纬书集成》："奎主文章。"

【译文】

孝子文印偈说：非常好的文章本自无文，蕴藏在孝道中，发现它的道理就能自然成章，实行起来是不能有一点泄露。天聋和地哑，并不是真的聋，也不是真的哑，是特别为了使天地的秘密，不尽被人所解知。朱衣神和魁星，变幻文人心智。遇到不孝的子女，就会阻塞其聪明的道路；遇到纯洁的孝顺子女，就会开辟其智慧的道路。平凡才智的人可以列入仙品，具有仙品的人也会成为凡才。文章的好坏虽有高下之分，贬斥和提升都不是人所能操控的。或者是因为前生今报，或者因为今生今报，今生报或后世报，都必定是通过孝而得到显扬。用文章作证明，说明和宣扬在于大道。

【原文】

孝子桂苑天香心印偈曰：我有蟾宫桂①，仙品真足贵。禀蕴斗星灵，包含月华精。元和钟妙蕊②，枝根挺天衢③。苍龙覆七曲④，光辉连玉宇⑤。栽得大灵根，吐兹百宝芬。一萼目天逗，大地万花稠。流化在人间，所到无不周。纷纷世上胄，植香岂不茂。易茂亦易落，暂而不能久。无如天上桂，一萼盛千数。愈散觉愈远，愈久觉愈悠。香随九天翔，浩荡风清飚⑥。馨怀万会秋，真妙永无量。名之为金粟，载之在奎斗。珍贮庆宫中，高占璧楼头。不是擎元叟，莫得主其有。若非植善手，莫得攀兹秀。勿与轻薄子，必以孝为首。莫下害良笔，莫使亵字手。孝子之所为，我当赍赐厚。千祥凝聚处，早把天香授。果是诚孝子，不求而自授。不孝不弟人，求攀终莫有。变孝妄行逆，有必夺其有。悔逆猛从孝，无仍赐其有。圣人孝天地，大位帝眷佑⑦。须知世所贵，必从天上酬。祈游桂苑者⑧，宜认此来由。中间莫错路，自有非常遒。亿色花香里，重重宝光覆。洞明万户玲，天天叠文秀。凝成篆籀章⑨，结合五霞构。秘策列缤纷，仙韵不停流。悉在光中过，遍照大神洲。盘旋观不尽，群仙晤且逅。花随步履扬，馥自冠裳透。略嗅云霄桂，洗尽尘俗垢。千孔与百窍，感香俱灵牖。心腑也充满，福缘无不偶。入圃独推元，垂芳能不朽。宝哉勿轻锡，慎重待孝友。

【注释】

①蟾宫：月宫。

②元和：金浆玉醴。钟：积聚。《左传·昭公二十八年》："子貉早死无后，而天钟美于是。"

③天衢：天街。形容天地广阔。

④苍龙：四象之一，东方七宿的合称，即角、亢、氐、房、心、尾、箕七宿。

⑤玉宇：传说中神仙的住所。

⑥飑：暴风、疾风。

⑦大位：显贵的官位。

⑧桂苑：古代文人以"桂苑"借喻科举考场，能遨游桂苑，也即能通过科举取得功名，享有清誉。

⑨籀：籀文，古代一种字体，即大篆。

【译文】

孝子桂苑天香心印偈说：我有蟾宫的桂枝，仙品是非常珍贵的，禀藏着斗星的灵气，包含月亮的精华。元和之气聚集在奇妙的花蕊，枝根挺向广阔天空。苍龙覆含着东方七宿，光辉连着宇宙。栽培大灵根，吐出百宝的芬芳。一个花萼就能看到天的尽头，大地万花稠密。流化于人间，所到之处无不周全。尘世上众多的后代，种植后怎能不繁茂。容易繁茂，也容易衰落，只能暂时而不能长久。不如天上的桂枝，一萼就胜过尘世的成千上万个。越发散就越觉得远，时间越长，就越觉得悠香。香气在九天飞翔，随着清风飘风浩浩荡荡。馨香包藏万秋，真实奇妙永远不可限量。以金粟为名，装载在奎斗。珍藏在玉真庆宫中，高高地占据璧楼顶。不是持受善的长者，是不能主宰它的。如果不是行善人的手，是不能攀摘这样的美丽花朵的。不能给予轻薄的人，必定给以行孝为首的人。不要下笔损害忠良，不要使用亵渎文字的手。对于孝子的所作所为，我必定对其厚加奖赏。在千祥凝聚的地方，早点把芳香的桂花授给他。如果真是至诚的孝子，不用祈求我自然就会授给他。不孝不悌的人，就是攀求也不会得到。改变孝行，倒行逆施，即使有了也必定会被剥夺。悔改违逆而大力行孝，即使原本没有这福分，上天也会赐予。圣人孝敬天地，文昌帝君就会眷顾保佑他得到显贵的官位。必须知道尘世所贵重的东西，必定来自上天的酬报。祈望遨游桂苑的人，应当认清楚这个缘由。在里面不要认错道路，自然会有非常的遭遇。裹身在亿种花香里，覆盖在重重宝光中。照亮千家万户，每天都增加文才。凝结成各种文章，结成五彩云霞。奥妙文书缤纷排列，神仙的声韵不停地漂流。全都在光明中流过，遍照神州大地。徘徊停留而看不完，群仙不期而遇。花朵随着脚步纷扬，芳香从衣帽中透散出来。略微闻过天上的桂香，就能洗尽尘俗的污垢，千孔百窍，感受到香味都获得灵气。心肝脏腑也充满灵气，福分没有不成双成对而至的。入围被推为魁首，流芳万世而不朽。宝贵的东西啊，不轻易赐予，慎重地等待孝顺父母友爱兄弟的人。

【原文】

吾奉九天元皇帝君律令，乃说赞曰：纯孝本性生，无不备于人。体之皆具足，践履无难循。以此瞻依志，无忝鞠育心①。在地自为纪，在天即为经。生民安饮食，君子表言行，父母天亲乐②，无奇本率真。人人若共遵，家国贺太平。放之充海宇，广之塞乾坤，孝行满天下，尘寰即玉京③。

【注释】

①忝：辱；辱没。引申为愧；惭愧。《诗·小雅·小宛》："无忝尔所生。"鞠育：抚养；养育。语本《诗·小雅·蓼莪》："父兮生我，母兮鞠我，拊我畜我，长我育我。"

②天亲：指父母、兄弟、子女等血亲。

③玉京：指白玉京。道家传说，在天的中心处，有玉京山，是元始天尊所居之处，山中的宫殿有七宝宫、七宝台等，都是用黄金白玉等建成的，作为三十二帝之都。

【译文】

我奉九天元皇帝的律令，就此说赞：纯粹的孝来自人的本性，人人无不具备。用心体究，人人具备，实践起来也不难遵循。从这里看其心志，无愧于父母养育的用心。在地就成为法度法则，在天就成为纲纪准则。人民安然饮食，君子彰显言行。父母天伦之乐，这些都平淡无奇，而是本自率真的心性。如果人人都遵守，家国共贺太平。放之则可以充塞宇内，广布则可以塞满天地。孝行布满天下，尘世即是仙境。

【原文】

说赞未毕，声周三界[1]。惠日蔼风，一时拥护。尔时，有朱衣真君，恭敬稽首[2]，深会妙旨，演为慈孝钧天大罗妙乐[3]，以广圣化。爰命金童玉女[4]，著五色霞衣，按歌起舞，奏曰：

教孝有传经，奏恺成声。母慈昱昱[5]，父爱甄甄[6]，子色循循。妻婉婉，夫闾闾[7]；兄秩秩[8]，弟恂恂[9]，姑仁媳敬承。父携子，祖携孙，恩勤[10]。室蔼蔼，家溱溱，俱是父母一般心。乐衍衍[11]，何地不生。至性中笃[12]，实天情[13]。欢腾普天下亿兆馨蒸，气洽门屏，俱如家人父母一般心。有身有亲，始信有君有臣有民。师弟良朋，咸归于贞，邦家总孝成。愿人生过去父母，早升紫庭[14]；现在父母，祺禄享遐龄。化遍乾坤，中和瑞凝，九光雯[15]，百和音。漠漠天钧[16]，潚潚六宇[17]，听雏鸣[18]，并坐长春，并坐鸾笙，直上瑶京[19]，达帝闻。

尔时，乐舞三寻，天龙凤族，声和翔集，众籁腾空，香花围绕。真君喜悦，手举如意，更示大众：我方演教，宣扬妙道。慈孝感洽，化应曛征[20]。遂如是观。众等宝之，传写广劝。劝一人孝，准五百功。劝十人孝，准五千功。自身克孝，当准万功。事后母孝，准万万功。亲亡事祖，如孝父母，准万万功。善哉善哉！谛听吾言。于是朱衣魁星，天聋地哑[21]，及诸仙众，欢喜踊跃，命诸掌籍[22]，载之玉册[23]，信受奉行。

【注释】

①三界：欲界、色界、无色界的合称。皆处在"生死轮回"的过程中，是有情众生存在的三种境界。欲界是最低一层，为具有食欲与淫欲的众生所

住之地。色界位于欲界之上，为已绝食、淫二欲而享受种种精妙物质的众生所住之地。无色界更位于色界之上，为脱离物质享受、心地清净的众生所住之地。

②稽首：古人最恭敬的一种礼节。行礼时，跪直，双手合抱至胸前，头低到手上，后双手掌朝上放在膝前地上，头也至地。《尚书·尧典》："禹拜稽首。"

③钧天：天的中央。古代神话传说中天帝住的地方。《吕氏春秋·有始》："中央曰钧天。"大罗：指大罗天，道教以大罗天为最高的天界。《元始经》曰："大罗之境，无复真宰，惟大梵之气包罗诸天。"

④金童玉女：道教把供仙人役使的童男童女称为"金童玉女"。

⑤昱昱：明亮。

⑥甄甄：小鸟飞的样子。

⑦訚訚：谦和恭敬的样子。

⑧秩秩：肃敬的样子。

⑨恂恂：恭顺的样子。《论语·乡党》："孔子于乡党，恂恂如也，似不能言。"

⑩恩勤：指父母抚育子女的慈爱与辛劳。《诗·豳风·鸱鸮》："恩斯勤斯，鬻子之闵斯。"

⑪衎衎：和乐的样子。

⑫中笃：即深中笃行。谓内心廉正，行为淳厚。

⑬天情：人自然具有的情感。犹是天理，天意。

⑭紫庭：神仙所住宫阙。

⑮九光：五光十色，形容光芒色彩绚烂。《海内十洲记·昆仑》。

⑯漠漠：云气弥漫不清晰。

⑰瀜瀜：和畅的样子。

⑱雝：同"雍"，和谐。

⑲瑶京：玉京，天帝所居。泛指神仙世界。

⑳曛：昏黑。

㉑天聋地哑：道教民俗神梓潼帝君的陪侍神童。据称，天聋名叫玄童子，地哑名叫地母。之所以由此二位作为文昌帝君侍从，是因为帝君为文章司命，关系读书人一生前途，科举考题的天机不可泄露，故以言者不知的天聋与知者不言的地哑侍卫，可免漏题。一说文昌帝君为读书人的守护神，用聋哑二童负责登记和收藏文人禄运的簿册，可免向凡人泄漏其中秘密；此二神之残缺造型为象征性地喻示世人耳不进乱言，远离是非，口不出恶言，以免祸从口出，人在特定环境下应学会装聋作哑。

㉒掌籍：掌经籍、教学、笔纸、几案等事。

㉓玉册：指仙道之书。

【译文】

说赞尚未完毕，声音已传遍三界。和煦的阳光与轻风，立即围上拥护。这时，有个朱衣真君，恭敬地跪拜作礼，深深地领会了其中的精深旨意，演绎为慈孝钧天大罗妙乐，以广泛传播圣人的教化。于是命令金童玉女穿上五色霞衣，闻歌起舞，演奏唱道：教化孝道有相传的经典，奏出动听的乐曲。母亲的慈爱放出光明，父亲的慈爱飞扬涌动，子女循规蹈矩。妻子委婉和顺，丈夫谦和恭敬；兄长肃敬，弟弟恭顺；婆婆仁爱，媳妇恭顺。父亲提携子女，祖父提携孙子，恩爱勤劳，家庭和睦繁盛，都与父母一样的心。和和乐乐，无处不在。内心廉正，行为淳厚的品性，是与生俱来的。欢腾遍及天下亿兆人民，家家和气融洽，都如家人父子一般心。有己身有双亲，才开始相信有君主、臣子、人民。老师、弟子和好友，同归于正直，家国总是由孝而成就的。希望人们去世的父母，早日升到天庭。现时的父母，福禄双全，享有长寿。教化遍及天地，中和祥瑞之气凝聚，有五光十色的云彩，和谐的乐音。云蒸霞蔚的天空，和畅的天地四方，听雝融音乐和鸣声。同坐长春宫，听笙的乐声，直升到玉京仙境，知晓帝君的说法。

当时，音乐歌舞演了三遍，天龙凤鸟，声音和在一起，飞集在一处。各种声响升空，香花围绕。文昌帝君欢心喜悦，手举如意，再次开示大众：我正致力于弘扬教义，宣扬高妙的道法，慈孝互相感通融洽，随顺化除昏暗。就做如此看法。大家珍爱这部经书，广泛地传写劝化。劝一人行孝，准有五百功德。劝十人行孝，准有五千功德。自己能够恪守孝道，应该准有万个功德。孝敬后母，准有万万个功德。双亲亡故后事奉祖先，如同孝敬父母一样，准有万万个功德。好啊！好啊！注意地听我说的话。于是朱衣魁星，天聋地哑，及众多神仙，欢喜雀跃，命令各位掌籍，记载在玉册之上，相信接受，并且遵照实行。

【原文】

又赞：元皇孝道，万古心传，通天彻地妙行圆，仙佛亦同然。化度无边①，中和位育全②。南斗文昌元皇大道真君。

【注释】

①化度：指感化众生，使之过渡到佛道乐土。

②中和：儒家伦理思想。指不偏不倚的谐调适度。用来形容具体事物谐和的性质或状态。《礼记·中庸》："喜怒哀乐之未发谓之中，发而皆中节谓

之和。中也者，天下之大本也；和也者，天下之达道也。致中和，天地位焉，万物育焉。"

【译文】

源自元皇的孝道，万古以来心心相传，通天彻地妙行圆满，仙佛也都是与此相同，感化救度众生法力无边，中正平和，万物都能够各得其所而生长发育。南斗文昌元皇大道真君。

《文昌孝经》原典详解

第九章　劝孝歌

百孝篇

天地重孝孝当先

一个孝字全家安

为人须当孝父母

孝顺父母如敬天

孝子能把父母孝

下辈孝儿照样传

自古忠臣多孝子

君选贤臣举孝廉

要问如何把亲孝

孝亲不止在吃穿

孝亲不教亲生气

爱亲敬亲孝乃全

可惜人多不知孝

怎知孝能感动天

福禄皆因孝字得

天将孝子另眼观

孝子贫穷终能好

不孝虽富难平安

诸事不顺因不孝

回心复孝天理还

孝贵心诚无他妙

孝字不分女共男

男儿尽孝须和悦

妇女尽孝多耐烦

爹娘面前能尽孝

尽孝才是好儿男

翁婆身上能尽孝

又落孝来又落贤

和睦兄弟就是孝

这孝叫作顺气丸

和睦妯娌就是孝

这孝家中大小欢

男有百行首重孝

孝字本是百行原

女得淑名先学孝

三从四德孝为先

孝字传家孝是宝

孝字门高孝路宽

能孝何在贫和富

量力尽心孝不难

富孝鼎烹能致养

贫孝菽水可承欢

富孝孝中有乐趣

贫孝孝中有吉缘

富孝瑞气满潭府

贫孝祥光透清天

孝从难处见真孝

孝心不容一时宽

赶紧孝来孝孝孝

亲由我孝寿由天

亲在当孝不知孝

亲殁知孝孝难全

生前尽孝亲心悦

死后尽孝子心酸

孝经孝义把孝劝

孝父孝母孝祖先

为人能把祖先孝

这孝能使子孙贤

贤孝子孙钱难买

这孝买来不用钱

孝字正心心能正

孝字修身身能端

孝字齐家家能好

孝字治国国能安

天下儿孙尽学孝

一孝就是太平年

戒淫戒赌都是孝

孝子成材亲心欢

戒杀放生都是孝

能积亲寿孝通天

惜谷惜字都是孝

能积亲福孝非凡

真心为善是真孝

万善都在孝里边

孝子行孝有神护

为人不孝祸无边

孝子在世声价重

孝子去世万古传

善孝为先歌

（一）

人生五伦孝为先

自古孝是百行原

为人子女应孝顺

不孝之人罪滔天

父母恩情深似海

人生莫忘报亲恩

世上唯有孝字大

孝顺父母为一端

好饭先尽爹娘用

好衣先尽爹娘穿

穷苦莫教爹娘受

忧愁莫教爹娘耽

出入扶持须谨慎

朝夕伺候莫厌烦

爹娘都调莫违阻

吩咐言语记心间

呼唤应声不敢慢

诚心敬意面带欢

大小事情须禀命

禀命再行莫自专

时时体贴爹娘意

莫教爹娘心挂牵

宝局钱场我休往

花街柳巷莫游玩

保身惜命防灾病

酒色财气不可贪

为非作歹损阴德

惹骂爹娘心怎安

每日清晨来相问

冷热好歹问一番
到晚莫往旁处去
侍奉爹娘好安眠
夏天爹娘要凉快
冬天宜暖不宜寒
爹娘一日三顿饭
三顿茶饭留心观
恐怕饮食失调养
有了灾病后悔难
休说自己劳苦大
爹娘劳苦更在先
人子一日长一日
爹娘一年老一年
劝人及时把孝尽
兄弟虽多不可扳
此篇劝孝逢知己
趁早行孝莫迟延
父母恩情似海深
人生莫忘父母恩
生儿育女循环理
世代相传自古今
为人子女要孝顺
不孝之人罪逆天
家贫才能出孝子

鸟兽尚知哺乳恩

养育之恩不图报

望子成龙白费心

幼儿咒骂我

我心好喜欢

父母嗔怒我

我心反不甘

一喜欢

一不甘

待儿待亲何相悬

劝君今后逢怒

也将亲作小儿看

儿辈出千言

君听常不厌

父母一开口

便道多管闲

非闲管

亲挂牵

皓首白头多谙练

劝君钦奉老人言

莫教乳口胡乱言

夫妻携钱包

买衣又买糕

罕见供父母

多说饲儿曹

亲未膳

儿先饱

爱护心肠何颠倒

劝君多为老人想

供养父母光阴少

市上检药物

只买肥儿丸

老亲虽病弱

不买还少丹

儿固瘦

亲亦残

医儿如何在父先

割股还是亲的肉

劝君及早驻亲颜

富贵孝亲易

双亲未曾安

贫贱养儿难

儿女无饥寒

一条心

分两般

亲则推贫儿不言

劝君莫推家不富

薄食先亲自然安

（二）

天地重孝孝当先

一个孝字全家安

孝顺能生孝顺子

孝顺子弟必明贤

孝是人道第一步

孝子谢世即为仙

自古忠臣多孝子

君选贤臣举孝廉

尽心竭力孝父母

孝道不独讲吃穿

孝道贵在心中孝

孝亲亲责莫回言

惜乎人间不识孝

回心复孝天理还

诸事不顺因不孝

怎知孝能感动天

孝道贵顺无他妙

孝顺不分女共男

福禄皆由孝字得

天将孝子另眼观

人人都可孝父母

孝敬父母如敬天

孝子口里有孝语

孝妇面上带孝颜

公婆上边能尽孝

又落孝来又落贤

女得淑名先学孝

三从四德孝在前

孝在乡党人钦敬

孝在家中大小欢

孝子逢人就劝孝

孝化风俗人品端

生前孝子声价贵

死后孝子万古传

处事唯有孝力大

孝能感动地和天

孝经孝文把孝劝

孝父孝母孝祖先

父母生子原为孝

能孝就是好男儿

为人能把父母孝

下辈孝子照样还

堂上父母不知孝

不孝受穷莫怨天

孝子面带太和相

入孝出悌自然安

亲在应孝不知孝

亲死知孝后悔难

孝在心孝不在貌

孝贵实行不在言

孝子齐家全家乐

孝子治国万民安

五谷丰登皆因孝

一孝即是太平年

能孝不在贫和富

善体亲心是子男

兄弟和睦即为孝

忍让二字把孝全

孝从难处见真孝

孝容满面承亲颜

父母双全正宜孝

孝思鳏寡亲影单

赶紧孝来光阴快

亲由我孝寿由天

生前能孝方为孝

死后尽孝枉徒然

孝顺传家孝是宝

孝性温和孝味甘

羊羔跪乳尚知孝

乌鸦反哺孝亲颜

为人若是不知孝
不如禽类实可怜
百行万善孝为先
当知孝字是根源
念佛行善也是孝
孝仗佛力超九天
大哉孝乎大哉孝
孝矣无穷孝无边
此篇句句不离孝
离孝人伦颠倒颠
念得十遍千个孝
念得百遍万孝全
千篇万篇常常念
消灾免难百孝篇

孝顺歌

母氏怀胎十月时
高低踏步恐伤儿
子将此意终身记
正己尊亲两不亏
医儿作热与颠寒
恨不抠心揠肺肝
父母倘然烦恼处

也须百计去承欢

怒来吓鬼与惊神

一见孩提满面春

为子也须常若此

对亲莫带半分瞋

抱儿教语学声音

笑骂爹娘也快心

他日堂前来听训

纵然责杖莫呻吟

爹娘儿子莫分居

试看刑曹滴血书

更有不堪离异处

一声啼破脱胎初

兄弟原来本一根

天生枝叶好扶撑

若思割裂分家计

便是推开父母恩

富贵贫穷在此身

王侯仆隶不相因

劝君穷莫呼亲怨

富贵无忘生我人

孝道常移夫妇情

劝君独认二亲明

夫死妇亡重嫁娶

那能亲殁再投生

父母原来树木同

那能免得落秋风

劝君尽力生时养

死后悲啼总是空

七尺躯儿世上存

终天难报二人恩

劝君葬祭勤时节

常到山头扫墓门

孝顺经

人生天地间

百善孝为先

孝顺父母亲

行孝第一贤

作为儿女身

自觉孝双亲

全心意敬亲

尽力食敬亲

甜语喜敬亲

善行报亲恩

孝心是真金

真孝万事顺

孝顺诀

父母恩情似海深

人生莫忘父母恩

生儿育女循环理

世代相传自古今

为人子女要孝顺

不孝之人罪逆天

家贫容易出孝子

鸟兽尚知哺育恩

父子原是骨肉情

爹娘不敬敬何人

养育之恩不图报

望子成龙白费心

人人若能都孝顺

老人乐观多寿星

代代教育要尽孝

人人遵行孝顺经

家家敬老又爱幼

社会家庭乐融融

全民提倡孝德观

文明家庭社会安

尽孝奉养自得福

知恩图报福自增

劝孝篇

世有不孝子

浮生空碌碌

不念父母恩

何殊生枯木

百骸未成人

十月居母腹

渴饮母之血

饥餐母之肉

儿身将欲生

母身如刀戮

父为母悲辛

妻对夫啼哭

唯恐生产时

身为鬼眷属

一旦见儿面

母命喜再续

自是慈母心

日夜勤抚鞠

母卧湿簟席

儿眠干裀褥

儿眠正安稳

母不敢伸缩

全身在臭秽

不暇思沐浴

横簪与倒冠

形容不顾渥

动步忧坑井

举足畏颠覆

乳哺经三年

汗血计几斛

心苦千万端

年至十五六

性气渐刚强

行止难拘束

朋友外遨游

酒色恣所欲

日暮不归家

倚门至昏旭

儿行千里程

母心千里逐

一娶得好妻

鱼水情和睦

母若责一言

含怒嗔双目

劝孝歌

妻或骂百般

赔笑不为辱

母被旧衫裙

妻著新罗襦

父母或鳏寡

长夜守孤独

健则与一饭

病则与一粥

弃之在空房

犹如客寄宿

将为泉下鬼

命苦风中烛

怏怏至五常

孤棺殡山谷

暴露在草中

谁念茔坟窟

才得父母亡

兄弟分财屋

不识二亲恩

唯念我之福

或谓此等人

不如禽与畜

慈乌尚反哺

羔羊犹跪足

劝汝为人子

经史曾览读

黄香夏扇枕

冬则温衾褥

王祥卧寒冰

孟宗哭枯竹

郭巨尚埋儿

丁兰曾刻木

如何今世人

不学故风俗

勿以不孝头

枉戴人间屋

勿以不孝身

枉著人衣服

勿以不孝口

枉食人五谷

天地虽广大

不容忤逆族

早早悔前非

莫待鬼神录

报恩歌

天下孝子如繁星

报恩方式有万般

古今孝行书不尽

千家万户述大同

享乐须在父母后

吃苦应于父母前

子德淡薄燕窝苦

亲情浓厚菜根甜

早顾起居晚顾睡

冬予温暖夏予凉

出入扶持勤关照

朝夕侍候未厌烦

辛酸莫教爹娘受

忧愁勿分父母担

爹娘良言勿逆耳

子女遵循带笑颜

内外事务须禀命

商定行止莫自专

凡事多顺父母意

勿令爹娘心挂牵

爹娘偏心护闺女

莫与姐妹结仇冤

父母偏心顾兄弟

只当自身有不贤

好男不得父母业

好女无需嫁时妆

勿与手足争财产

迫使爹娘当家难

烟馆赌场休驻足

花街柳巷莫流连

破财伤身累亲属

违法损德辱亲颜

务农做工经商贸

安分守己切勿贪

奉公守法少灾祸

心安理得亲开颜

父母年迈牙齿坏

粗硬切莫往上端

起居饮食细调养

不然染病后悔难

一旦双亲身患病

赶紧医治莫等闲

熬汤煮药细护理

端屎倒尿从不嫌

不惜自身心力瘁

但求父母早安康

万一爹娘有过错

一勿恶语伤高堂

转弯抹角相规劝

和风细雨诲椿萱

宁可自身受委屈

莫使爹娘太难堪

为阻双亲陷不义

十劝百劝不厌烦

二勿是非全不辨

曲意逢迎岂那般

若使双亲铸大错

乃是不孝又不贤

须知奉养与劝谏

皆为孝敬义相同

勿重财帛轻父母

莫厚妻儿薄爹娘

爹娘双全当庆幸

父母鳏寡须慰怜

日间清冷常沉闷

夜里寂寞叹孤单

单亲有意寻老伴

儿当支持莫阻拦

民主新风多树立

封建陋习应推翻

请君细看檐前燕

新雏老鸟各成双

枯树亦盼春雨润

晚霞常伴夕阳红
忍得一时风浪静
退让数步天地宽
宁可自身受委屈
不使爹娘太心伤
继父继母有偏见
冷言冷语等闲看
爹娘不幸身丧世
无须鼓乐闹喧天
扶柩送终尽子职
按节祭扫把坟添
父母生前不孝敬
死后讲孝成空谈
灵前千滴怜离泪
不及一句慰亲言
墓前百杯祭亲酒
莫如敬亲一碗汤
山珍海味灵前摆
亡灵何能到嘴边
不如在生敬一口
即使淡饭亦香甜
扪心自问无愧疚
举头三尺有青天
拙笔写出世情事

警钟敲醒梦中人

善恶因果无差错

孝逆报应有承传

为人时常敬父母

便是世间好儿男

但愿世人皆孝道

和风瑞气满人间

二十四孝简歌

二十四孝古人言

简明扼要谈一番

书有三千八百卷

卷卷不离圣人言

大舜耕田孝感天

戏彩娱亲父母欢

郯子鹿乳医亲眼

仲由负米性笃孝

曾参打柴不辞艰

芦衣顺母家和睦

文帝尝药孝母亲

蔡顺采葚与娘餐

郭巨埋儿富贵全

董永卖身把父葬

刻木事亲有丁兰

涌泉跃鲤真情现

陆绩怀橘奉家慈

黄香扇枕孝亲眷

行佣供母贤江革

王裒守墓显至孝

孟宗哭竹冬笋鲜

王祥卧冰鱼自现

杨香扼虎救父难

吴猛恣蚊孝义全

黔娄尝粪心虔诚

唐氏乳姑多淑娴

亲涤溺器黄庭坚

千里寻母朱寿昌

二十四孝古今传

留于大家做典范

第十章　孝道文化

一、家文化与家天下

提到中华文化，我们习惯用"源远流长"来形容。得益于汉字数千年来的传承和缓慢的演变，我们的文化也被很好地保存下来。今天一个小学五年级的学生都可以阅读几百年前的小说、一千年前的诗词，甚至几千年前的历史。正是由于这种得天独厚的文化绵延之基础，古往今来的思想中最被认同的部分也保留了下来，今天我们提到国学的时候，首先想到的那些经典、文献和人物就是经过数次筛选和淘汰之后留下来的代表。

四川郭沫若故居的门口挂着"传家有道唯存厚，处世无奇但率真"的对联。从这副对联中我们就可以知道郭家的家风和对家族成员的要求。"家学"是中华文化中很重要的一部分，家训、家书、治家格言和府第正门的匾额对联中都会不同程度地体现出

郭沫若故居

中国人的普世观点。中华文化以"家"为主体，可以说，家对中华文化的传承起到了不可估量的作用。很多珍贵的史实在家谱里得以记载，很多精湛的

手艺靠家庭代代相传，很多思想和学问在家族的传承中发扬光大。

那么，如果你要问中国文学的核心是什么，我们可以从一本最简单、最具普世价值的读物——《三字经》中寻找答案。

人之初，性本善，性相近，习相远。苟不教，性乃迁，教之道，贵以专。昔孟母，择邻处，子不学，断机杼。窦燕山，有义方，教五子，名俱扬。子不教，父之过，教不严，师之惰。子不学，非所宜，幼不学，老何为？玉不琢，不成器，人不学，不知义。为人子，方少时，亲师友，习礼仪。香九龄，能温席，孝于亲，所当执。融四岁，能让梨，弟于长，宜先知。首孝悌，次见闻，知某数，识某文。……父子恩，夫妇从，兄则友，弟则恭。长幼序，友与朋，君则义，臣则忠。

从《三字经》的开头部分就可以看出，这本书注重讲述美德的重要性，认为孩童时期端正态度比掌握知识更重要。每个人来到这个世界，首先要从父母师长那里学习孝悌、礼仪，其次才是儒学思想、生活。

《三字经》自问世已有七百多年，哪怕在战火纷飞的年代里，中国人依然要用这本不到两千字的小册子来教育孩子，可以说其中的思想已经深入我们的民族气质当中。而其中最重要的思想，就是如何在家庭中接受父母长辈的训导。另一本蒙学读物《弟子规》更是详细地说明了如何应答父母的提问，如何请安问好等。"父母呼，应勿缓。父母命，行勿懒。"家庭礼仪的教育是中国孩子成长中最重要的一课。家庭，既是社会的细胞，又是文化传承最初开始的地方。从家庭到家族、到国家、到家天下，中国人以"家"为纽带，安身立命、构建社会、管理国家、治理天下，世代传承。

家庭是以血缘为纽带的。父子关系是整个家庭中最核心的部分，夫妇、君臣、长幼、友朋等都是对父子关系的一种扩大延伸。这种从家庭伦理延伸出来的各种人际伦理，构成了中国传统社会伦理的基础，也就是我们常说的

"五伦"。"父慈子孝"是对父子关系的一个精辟的总结和期望，孝成为一切伦理的基础。

传统的中国士大夫希望自己"穷则独善其身，达则兼济天下"。个人的自我完善也关乎天下的太平，中国人推崇居庙堂之高则忧其民、处江湖之远则忧其君的文人，因为他们的人格和志向都已经达到了寻常人所向往的最高境界。而这样的人最基本的，是做一个孝子。

和西方对人才的观点不同，我们非常看重一个人是否孝顺。《史记》中记载卫国人吴起到鲁国跟着孔子的弟子曾子学习，他知道母亲去世的消息后，却始终没有回去奔丧。曾子知道此事后，觉得吴起这个人人性凉薄，从此便不再与他交往。而在《郑伯克段于鄢》中，庄公与母亲武姜关系彻底破裂，他发誓说：不到黄泉之下，再不见面！但看到颍考叔在"国宴"上把羊腿的好肉割下来不吃，恭恭敬敬地放在一边等着回家给母亲吃，顿时改变了与母亲断绝关系的决定，后来史书上赞扬颍考叔"纯孝也。爱其母，施及庄公"。

在主流历史观和道德观中，一个人的能力高低并不是决定其水平档次高低的标准，只有在孝顺的基础上，才有谈论一个人品行高下的意义。正所谓"不孝其亲，不如禽兽"。

"没家教"对中国人来说是一种非常严厉的责骂，《弟子规》《礼记·曲记》《颜氏家训·教子》等古书中，通过细微的"礼"教，达到"其止邪也于未形，使人日徙善远罪而不自知"的效果。《孝经》里有"夫孝，始于事亲，中于事君，终于立身。"它将孝道分成三个阶段，幼年时期承欢膝下，事奉双亲；中年为国尽忠，为民众服务；到了老年，反省自己的人格道德，尽量不留缺欠和遗憾，这便是立身。整个过程囊括了人一生存在的价值，因此一个人无论怎样发展都离不开"孝"这个主题。读书也好，成家也好，都是为了实现"孝道"。孝,是整个中华民族的共识,也是我们认识传统文化、发扬传统文化的基础。

二、"孝"字考略

两千多年来,《孝经》中的养老、敬老、尊老、亲老、送老思想被反复地强化,成了中华民族固有的传统美德,甚至具有了法律的功能。

要理解中国文化,就得认识中国的孝道;要理解中国的孝道,就得先从"孝"字谈起。

汉字是象形文字,它的优点就是可以望文生义,我们可以从"孝"字的字形,推测它最初的意思。"孝"字的最早的意思,并不是今天我们理解的孝道,而是"祭祀"的意思。从字形上看,"孝"字的上部是"尸",下部是"子",像行礼的孝子;单就字形来理解,就是一群孝子在祭祀祖先。下面,我们先来分析"孝"字上部的"尸"字。理解了"尸"的含义,也就知道"孝"字的本义了。

先秦时期,在说"尸"的时候,不完全是我们今天所说的尸体的意思,"尸"字与中国古代"祭必有尸"的习俗有关。先秦时期,尤其是西周时,在举行盛大的祭祀活动中,其中最为重要的事项就是"尸祭"。"尸"字在先秦文献中随处可见。《诗经》是西周历史的重要文献,且是先秦少有的几部文献中争议最少的一部文献,其真实性较强。《诗经》中,说到"尸"字的共有七篇。这七篇是:《召南·采苹》《小雅·祈父》《小雅·楚茨》《小雅·信南山》《大雅·既醉》《大雅·凫鹥》《大雅·板》,其中的"尸"字,多是与祭祀有关。如《小雅·楚茨》:

孝孙徂位,工祝致告,神具醉止,皇尸载起。鼓钟送尸,神保聿归。

　　姚际桓先生在《诗经通论》中对此的解释是："此农事既成，王者尝烝以祭宗庙之诗。"在先秦时期，祭祀宗庙是一年四季都必须举行的。祭祀之中，是少不了"尸"的，这句诗中的"皇尸""尸"是同一个意思，只不过，"皇"是大的意思，指的是在农业丰收的仪式上，由活人扮成"尸"，作为祖先的神灵，接受其他人的祭拜。孝子、孝孙，通过这种祭拜的方式来得到祖宗神灵的保佑，以取得来年的丰收。又《诗经·大雅·既醉》：

　　昭明有融，高朗令终。令终有俶，公尸嘉告。

　　这是《诗经》中反映周王在祭祀完毕之后用飨的情况，意思是说，周王祭祖结束之后，他借"公尸"之口，向主祭人祝福。通常，这里的"公尸"是由卿大夫来充当的。唐朝的孔颖达在解释这句诗时说，"周公祭天，用太公为尸"，也就是说，以太公来扮演"尸"，接受周公的祭拜。这只是在理解这句诗的意思上有一些差异而已。

　　先秦时，多种情况下都会用尸，如祭祀社稷、祭祀祖先等。同样的情况在《尚书大传》中有详细的记载：

　　天下诸侯之悉来，进受命于周，而退见文武之尸者，千七百七十三诸侯。皆莫不磬折玉音，金声玉色。然后周公与升歌，而弦文武。诸侯在庙中者，侃然渊其志，和其情，愀然若复见文武之身。

　　这段文字说的是在周公时举行的一次大规模的尸祭仪式，事因是当时将洛阳定为成周（拱卫镐京宗周之意），要举行盛大的祭祀。这段文字虽然语焉不详，但祭祀的对象是文王和武王，倒是说得很清楚，因祭祀仪式上有"文（王）武（工）之尸"，参加祭祀的诸侯王有一千七百七十三人，可知这次祭祀文、武的规模是空前的，从这次尸祭的场面可以看出西周初期的国力空前强盛。在《尚书大传》中，还记载了一次周公时期的尸祭仪式，此次祭祀的对象只有文王，地点是在太庙（穆清庙），说周公在祭祀仪式上，见到文王之尸，仿佛见到了文王本人，周公脸上现出了忧伤。

有关尸祭的情况，在《仪礼》中有详细的记载，《仪礼·士虞礼》中有"祝迎尸"的说法，郑玄的解释是："尸，主也。孝子之祭，不见亲之形象，心无所系，立尸而主意焉。"这里的"祝"，相当于主持人。显然，在祭祀中"立尸"的目的，是让孝子、孝孙们看到尸而移情于死去的祖先，借助祭祀来祈福。

尸祭是一个非常烦琐的过程，要举行一系列的仪式，里面有许多表演的成分，现在甚至有人将尸祭的过程当作戏剧过程来研究，将尸祭分为三个阶段。第一阶段是"筮尸"，意思是通过算卦的方式选定尸，让选定的尸得到神灵的认可，也就是通过这一阶段使尸的扮演者得到合法的地位。在选定尸之后，还有一件事要做，那就是要给选定的尸选择一个配偶，这就是"女尸"，这种情况记载在《仪礼·士虞礼》中："女，女尸；必使异姓，不使贱者。"郑玄的解释是，这个扮演女尸的，应当是"庶孙之妾"，若不是嫡出、正室，则没有资格做"女尸"，也就是说，要做女尸，得有一定的身份才行，并不是谁都可以做。

确定了尸之后，就进入第二阶段的"宿戒尸"。"宿"是"进"的意思，至于"戒尸"，是指告诫，指在正式举行仪式之前，告诫诸官要斋戒，斋戒之后就是祭日。

第三个阶段就是在祭所进行尸祭。这是尸祭的主要阶段，是尸祭的高潮。这一阶段，涉及尸所穿的服装、尸的受祭过程、尸的形体动作、尸的言谈、尸饮酒食菜、尸的举止等的规定、程序等。这一过程非常烦琐，由一些固定的仪式组成，尸要在祝的主持之下，完成尸祭的过程。从文献资料来看，正式的尸祭大致有以下一些程序：首先是"尸入"到"尸坐"，也就是尸如何进入尸祭场所，包括尸坐的方向，都有规定。尸坐定之后，男祭主和女祭主都得悲伤地哭。之后是"献尸"，就是祭主拜尸，尸酬拜主人。随后是尸、主人等象征性地吃饭、饮酒。最后是"利成""尸出"。所谓的利成，就是在仪式结束时，祝要说的一句话，就叫"利成"，表示仪式即将结束。"尸出"，就是在仪式结束时，尸随着祝之后，离开尸祭场所。

幸运的是，我们现在获得了两个尸祭的考古文物，这两件文物形象地再现了古代尸祭的场景。一处是江苏六合的尸祭残图，尸者双手扶膝，垂足安坐，两边是祭祀者，此图来源于春秋时期的刻纹铜残片。另一处是在云南晋宁石寨山获得的尸祭雕像一组，雕像上共有56人，跪着，十分虔诚地向尸行礼，此雕像源于西汉时期的墓室之中。有关这两组考古文物的含义，存在着争议，尤其是后者，因云南在汉朝时是否受中原的文化影响，还是一个问题。但无论怎样，对这两起考古文物的解读，为我们认识古代的尸及尸祭，提供了新的视角。

在我国一些地方，现在仍然有古代尸祭的残迹。有的地方，在死去祖辈或父辈的丧葬仪式上，餐桌的北方右手位，也就是最为尊贵位置上，通常是不坐人，但仍摆着碗筷，那是给"尸"坐的，也就是"尸位"，只不过现在显得简单一些罢了。

通过以上的分析，我们就很容易理解"尸"的意思了，由"尸"字组成的"孝"字的意思也就很清楚了，原来，"孝"是一些人在那里祭祀祖先，举行祀祖敬神的活动。

既然在先秦古籍中的"孝"字表示祭祀，那先秦时期的孝道到底用哪个词语表达呢？先秦在表示孝养父母时，另有专词，那就是"畜""养"。在谈到这两个字时，我们先从《周易》开始。《周易》中有"大畜"的卦辞："不家食，吉。"古人解释"不家食"的意思，说是"养贤也"，《康熙字典》中解释为"教养"之意，总之，畜有养的意思。至于"养"字，则与畜字同义，都有养育之意。在《诗经》中，"孝"与"畜""养"的差别就更加清楚了，《诗经》中有多处使用"孝"字，由孝字组成的词有"孝思""孝友""孝子""孝孙"等，但此处的孝字，多是指与祭祀有关的活动。《诗经》中的"孝子""孝孙"与我们现在所说的"孝子""孝孙"并不是同样的意思。《诗经》中所谓的"孝子"，指的是主人的嗣子，也就是在庙堂中能够纪念祖先业绩而举行盛大的祭祀活动的人。至于"孝孙"，《诗经·小雅·楚茨》中说："孝孙徂位，工祝致告。"意思是说孝孙前往祭位，祝官开始致告辞。这里的"孝孙"，指的是替代祖父的尸，也就是供人祭拜的尸。也有人将"孝孙"解释为在盛大的祭祀活动中的主祭之人。不论是何种解释，"孝子""孝孙"都是与祭祀活动有关的。"畜""养"两字，在《诗经》中有数处提到，指以食物喂养，表示父母养育儿子或丈夫抚养妻子。

后来意义上的孝，虽然在《周易》《三礼》中难以找到，但在《诗经》中有形象生动的写照，毕竟《诗经》是从民间采风来的。《诗经》三百篇中有三首诗是表达孝子之思的典范之作，这三篇是《陟岵》《鸨羽》和《蓼莪》。其中的《陟岵》一诗，是表达孝子行役，思念父母的。其背景是说，因魏国太小，不得不让本国人为大国服役，本国的人远离家园，这些远离家园的人们就有了父母之思。相较于《陟岵》，《诗经·唐风·鸨羽》更为有名一些。《鸨羽》是哀叹"王事"征战过多，没有时间在家里种植各类庄稼来奉养自己的父母亲，以下仅引其中的第二章：

肃肃鸨翼，（野雁沙沙扑双翅，）

集于苞棘。（落在酸枣树丛里。）

王事靡盬，（徭役一直无休无止，）

不能艺黍稷。（不能种植高粱和黍子。）

父母何食？（父母拿什么来吃？）

悠悠苍天！（高远的苍天啊！）

曷其有极？（这样的日子到何时是个了结？）

《鸨羽》出自《唐风》，唐是传说中的尧帝的所在地，就是今天的山西南部一带，故尧又称作"唐尧"，今山西也称"唐"。这首诗的背景，应当发生在今山西，一般认为是在晋昭王到武公这数十年间。这其间，战事频繁，从军入伍的战士，不能养其父母，特作此诗，表达孝子之心意。《鸨羽》是《诗经》中表达孝子之心的名篇，唐宋八大家之一的曾巩说，苦于征役，而不得养其父母，则有《鸨羽》之嗟。《蓼莪》是《诗经》中表达孝子之思的最为著名的一篇，也是最为感人的一篇。其主旨也是说游子征战在外，不能孝养父母，表达孝子希望奉养父母的急切的心情。此处仅引其第一和最后一章。

蓼蓼者莪，匪莪伊蒿。（高高的是莪蒿，不是莪蒿，是蒿草。）

哀哀父母，生我劬劳。（可怜父母亲，养我真辛苦。）

南山律律，飘风弗弗。（南山多险峻，暴风真强劲。）

民莫不穀，我独不卒。（人人光景好，独我不得尽孝心。）

此诗说的是穷人终年劳作，却没有能力养活自己的父母，诗中的人物哀叹自己太穷，对自己不能报答父母的养育之恩感到愧疚。一千多年之后，西晋营陵（今山东乐昌市）人王裒，每次读《诗经》的"哀哀父母，生我劬劳"句时，仍泪流不止，因这个原因，他的弟子就不再讲此篇诗。王裒何以读到此诗如此伤心，这得从他的父亲说起。王裒的父亲王仪，是魏将军司马昭的司马，司马昭在与吴国的一场战役中战败后问王仪，此仗失败，责任在谁，王仪说，责任在元帅（指司马昭），司马昭为此杀了王仪。王裒因父亲无端地被杀而怀恨在心，就不仕于朝廷，隐居教授，筑室于墓侧，旦夕拜跪，攀柏悲号，涕泣著树，树为之枯。二百多年后，南朝齐吴兴盐官（今浙

江海宁）人顾欢，他与王裒一样，也是每次读到《诗经》的"哀哀父母，生我劬劳"时，就执书痛泣. 于是，授学者废《蓼莪》篇，不再讲授。顾欢是南朝梁齐间的著名的道士，早孤，后隐居天台，讲黄老之学。唐朝末年的东平巨野（今山东巨野）人孟元方，在他十八岁中举时，父母相继去世，孟元方未尝有笑容，每读到《蓼莪》篇时，必哀咽号咷，情慕不已，必定到父母的墓上抱树而哭，有时到傍晚才停下来，即使在荒郊野外过夜，亦无恐惧之色。即使是贵为皇帝，读到《蓼莪》时，也不能免于悲伤。一次，唐太宗在自己的生日宴会上，读《蓼莪》篇，泪泣数行而下，左右皆悲。有人在评价《蓼莪》篇时说："喻父母生长我身，至于长大乃是无用之恶子，不能终养也。此孝子自怨其身之辞也。"魏陈思王有诗曰：

蓼莪谁所兴，念之令人老，

退咏南风诗，洒泪满袆袍。

三、教化与孝文化

无论是儒家、佛家还是道家，都对孝持肯定的态度，从社会的安定、个人的成长和人的本性来说，孝都是每个人从出生就开始面对的一个问题。三教的共识也可以看作是我们整个中华文化的共识，可以说，中华民族是一个讲孝道的民族。

"孝"本身是一个会意字。从耂，从子。"耂"字从土从丿，读为"不土"，意为"不耕作"；"子"指儿女。"耂"与"子"联合起来表示"放弃耕作，专心侍候老人"。田间耕作是古代一个农业家庭的主要生活来源，但家中老人生病也需要子女花费时间照顾。能够舍弃生业专心侍奉老人就是一种孝。孝不应是一种子女的自我牺牲，而应是爱的艺术，子女要善待自己的父母，父母同样应善待子女，而不是以孝之名去责咎子女，限制子女的自我成长与自我追求。

"教"字从孝从文，对普通百姓的教化，就是孝文化。今天社会的几个大的问题，如诚信缺失、离婚率高等，从根本上说，与一个人在诚实、慎独、宽容、自制等方面的修养是直接相关的，而要培养这些美德，首先应该做到的就是孝顺。

我们知道，传统的中国人成长的过程中，蒙学是必学科目，一个人在学会诗词之前，先要念《论语》《三字经》这些基本的读本。而这些读本中最主要的思想就是孝与仁。但是到了近代，由于战争、贸易、竞争等环境的影响，中国人几乎彻底地抛弃了过去的生活方式，私塾完全被现代化的学校所替代，而传承传统文化的老师被训练有素的教师替代，孩子们所学的既有语言知识也有科学知识，独独缺少了传统的道德方面的教育，加上现代父母接受了西方"自由""民主"的教育方法，不再要求孩子像过去那样对父母之命毕恭毕敬，有的家庭鼓励孩子直呼长辈的名字，觉得那样更加亲切平等，这些对于传统的中国人来说都是一种颠覆。本来，吸纳新的文化，学习别人的优点可以帮助我们进步，但是在自我定位就模糊不清的基础上学习别人的文化，或者是不假思索地直接拿来就用，也未必适合我们生活的环境。

当整个社会都面临文化缺失、精神缺失的时候，能有一种坚定的信仰或者是为人的准则是一件幸福的事情。但现在多元化的追求允许每个人都按照自己渴望的方向发展，要达成共识，回复到像过去一样对帝王的崇拜时期的虔诚盛况已经不可能了，而唯有孝道是适合今天的社会，适合不同追求的人，适合不同成长环境和经济实力的家庭的一味精神良药。如果我们想要恢复真正的文化繁荣，想要成为"文化大国"，那么我们先要认识自己，定位自己。

著名的国学大师钱穆说，近代的国人"对满清政权之不满意，而影响到对全部历史传统文化不满意"。这已成事实。传统文化受到彻底地质疑，若全部传统文化被推翻，一般人对其国家以往传统之共尊共信之心也没有了。

以往传统能够赢得民众共同的尊敬和信仰，这是一个民族凝聚力的来源。所谓团结，就是众人齐心协力之意。"齐心"即思想统一，"协力"即行动一致，而"齐心"正是"协力"的基础。凝聚力即指"齐心"的力量，凝聚力的本质就是思想意识的趋同性，或者说是精神追求。唯有整个民族有共同认可共同尊奉的精神追求，才能够将一盘散沙变成一堵坚固的长城。

从中国的第一本史书《尚书》至今，中国历史没有缺少过记载，更没有出现断代。虽然江山不断更换君主，但他们都遵照前代的传统，继续修史、为政。从井田制到一条鞭法，任何制度的改革都是在前一朝的基础上调整和完善的。可以说中国是世界上将传统保存得最好的一个国家，在我们的传统中，很多道德上、生活上的制度都是有章可循的，追根溯源，可以找到一个满意的答案。

我们现在缺少的，是对传统的认可和信任。就像钱穆所举的例子：譬如我们讲考试制度，这当然是中国历史上一个传统极悠久的制度，而且此制度之背后，有其最大的一种精神在支撑。但孙中山先生重新提出这一制度来，就不免要遇到许多困难和挫折。因为清代以后，考试制度在中国人精神上的共尊共信的信念也早已打破了。我们今天要重建考试制度，已经不是单讲制度的问题，还得要在心理上先从头建设起。换言之，要施行此制度，先要对此制度有信心。如在清代两百多年，哪一天乡试，哪一天会试，从来也没有变更过一天。这就因全国人对此制度，有一个共尊共信心，所以几百年来连一天的日期也都不摇动。这不是制度本身的力量，也不是政治上其他力量所压迫，而是社会上有一种共尊共信的心理力量在支持。当知一切政治、一切制度都如此。

我们并不是没有传统，但是如今似有还无，传统等待着从故纸堆中走向普通人的生活。孝道文化，也需要重新被拿出来学习和研究，走进我们普通人的家庭生活中，重新成为我们真正身体力行的一项文化，成为我们整个社会环境的大气候。

四、善事父母

孝是普遍的社会法则。孝源于血缘关系，既然任何人都有父母，那就意味着，上至天子，下到百姓，都得讲孝道，都得受孝的约束。

二十四孝是原先，己人听讲未曾见，

谁人记得传今古，后来命好去坐天。

孝顺还生孝顺人，忤逆还生忤逆儿，

不信但看檐头水，点点落地不差移。

《孝经》一千多字，解读多种多样，但多是抽象的理论说教。还有一点便是，在对《孝经》的解释中，有过宽之嫌，竟使一部《孝经》包罗万象，许多解读是很牵强的。最后便是《孝经》的解释，成了一门专门的学问，主要由学者来完成，对于大多数的老百姓来说，这些解释只不过是空泛的说教而已。这就需要对《孝经》进行另一种解释，这种解读针对的是普通老百姓，必须通俗易懂，这就是《二十四孝》。《二十四孝》表达的主题，非常朴素，只有一个，那就是善事父母，这也是每一个人都能做得到的。

在《孝经》"开宗明义章"中，孔子就说得很清楚，"身体发肤，受之父母，不敢毁伤，孝之始也"；"夫孝，始于事亲，中于事君，终于立身"。孔子将孝定位于父母与子女之间的关系，其他的一切，都是从这一关系延伸出来的。在五等孝中，天子之孝是养民，诸侯之孝是和其民，卿大夫得守其宗庙，这三等之孝，都不提养父母，并不是说父母不该养，而是对于天子、诸侯、卿大夫来说，他们有着更为重要的事要做。不过，士章和庶人章（第四、第五等孝）就不一样了。士之孝，要"资于事父以事母而爱同，资于事父以事君而敬同"。就是说士之孝，要由自己的父母推及至君。庶人之孝只有一个要求："用天之道，分地之利，谨身节用，以养父母，此庶人之孝也。"不难看出，孝分五等，侧重点不同，在"庶人章"中的第二句话即是"故自天子至于庶人，孝无终始，而患不及者，未之有也"。虽然说，天子、庶人都得孝敬父母，但天子更多的是讲政治，庶人更多的是孝敬父母。

《二十四孝》所表达的孝的本质是善事父母、孝养父母，这是孝的本质，也是最为原始的，是其他孝的基础。在《孝经》中，对父母之孝，盖定得比较宽泛。孔子有"生，事之以礼；死，葬之以礼节，祭之以礼"，这是其一。其次是，身体发肤受之父母，不敢毁伤，也就是说，子女的身体来源于父母，毁伤自己，就等于毁伤了父母，就是不孝。曾子可以说是这方面的代表，在《论语》中有"启予足，启予手！《诗》云'战战兢兢，如临深渊，如履薄冰'"，这句话是说，曾子牢记了孔子的话，至死都是好好地保护自己的身体，直到临死之时，叫自己的门徒小心地掀开被子，看自己的身体受了伤没有。接下来是引用《诗》中的话，说自己这一辈子为了保护好自己的身体，是战战兢兢，如临深渊，如履薄冰般地爱惜自己，以便不要伤着了自己。

作为子女，除了在物质上孝养父母外，在精神上也得敬爱父母，继承父母之道。《礼记·祭义》有："大孝尊亲，其次弗辱，其下能养。"看来，物质上的供养是最低的层次，要想真正地孝养父母，还得更加上升一步，向精神上的孝养发展。孔子说"事父母几谏，见志不从，又敬不违，劳而不怨"，朱熹的解释是"父母有过，下气怡色，柔声以谏"，"谏若不入，起敬起孝，悦则复谏"，所以，进谏也是孝养父母的形式之一。继承父志，即"承道"，也是讲孝，也就是《孝经》中所谓的"父在，观其志；父没，观其行，三年无改于父之道，可谓孝矣"，要子女完成父母尚未完成的事业，以此来报答父母亲。《孝经》为什么提"三年"不改父之道呢？这一条是对当时的卿大夫、诸侯说的，并不针对一般的百姓。这种提法，与当时的社会背景有关，当时的诸侯、卿大夫在父死之后，易变先君之政，所以才有这种说法。曾子因为庄子终身不改父志之事而赞扬过他，事见《论语》："吾闻诸夫子：孟庄子之孝也，其他可能也；其不改父之臣与父之政，是难能也。"

以上只是简单地谈了一下《孝经》中体现的孝养父母的言论，《二十四孝》则是直接讲孝养父母的故事，比起《孝经》来，更通俗易懂，也是一般人所喜闻乐见的。李延仓根据孝养的方式不同，将二十四孝分门别类。第一类是孝亲类，根据故事，还可以分为先馈孝、嗜养孝和贫养孝。所谓的先馈孝，在《论语·为政》中，孔子曰："有事，弟子服其劳，有酒食，先生馔。"意思是，家里有役使之事，弟子要承担起来，有酒食，要让父亲、兄长先吃。《二十四孝》中，最为典型的就是东汉陆绩怀橘遗亲的典故。陆绩，字公纪，三国时吴人，他的父亲陆康是汉末庐江太守。就在陆绩六岁那年，他在九江见到袁术，袁术拿橘子招待陆绩，陆绩乘人不备，将三个橘子藏到了袖子中，走的时候，不小心，橘子掉在地上，袁术见后说："陆郎作宾客而怀橘乎？"陆绩跪答曰："欲归遗母。"袁术很是惊奇。此类故事中，姜诗孝亲也是这一类故事的典型。东汉姜诗涌泉跃鲤的故事广为流传，姜诗在《汉书》中无传，只是在《后汉书·补逸》中记有短暂的几句话："姜诗，性至孝。母常饮江水，儿取水溺死，恐母知，诈曰：行学。俄而，涌泉出，舍侧日生鲤一双。"另外，姜诗的事迹倒是在其妻子的传中提到一些，姜诗妻子的传在《后汉书》卷114 "列女"中。夫妻二人都以孝著称，以下此诗，即是讲的姜诗夫妻孝养的故事：

　　日常供鲤鲙，旦辄汲江流，

　　儿溺言游学，妻还感遗羞。

　　第二类是爱亲的故事。这一类的代表人物，主要是黄香、吴猛、黄庭坚等。东汉黄香，其传在《后汉书·文苑》110卷上中，江夏安陆（今在湖北）人。他的孝行其实很简单，九岁时，他的母亲去世，思慕憔悴。夏天暑热之时，他就为父亲扇凉枕席，冬天寒冷时，就以身体为父亲温暖被子。黄香享有文名，但其著作多不传，今只能见其《九宫赋》一首，收录在《历代赋汇》卷105中。另外，三国时期的黄盖，就是黄香之孙，南阳太守黄守谅的后人。晋朝吴猛爱亲的故事，叫恣蚊饱血，冬月常温席，炎天每扇床，也是历代为人称赏。吴猛传在《晋书·艺术》卷95中，他是豫章（今南昌）人。据《晋书》记载，他的孝行是，每到夏日，便手不驱蚊，怕蚊子离开自己去咬父亲。不过，《晋书》中把他作为道士来看。吴猛在四十岁时得道，据说有次过江，只见波涛汹涌，吴猛不乘船，而用手中的白羽毛扇子向水中一划，就过了河。庾亮在任江州（今九江）刺史时，吴猛算庾亮的死期，非常准确。在爱亲这类人物中，黄庭坚（1045—1105年）的名气最大，他是北宋大词人，是苏轼（1037—1101年）的四大弟子之一，比苏轼小九岁。苏轼在朝廷做侍从时，推荐黄庭坚来代替自己，特写了推荐词，词中有"瑰伟之文妙绝当世，孝友之行追配古人"之语，可见苏轼是非常重视这位德才兼备的学生的。黄庭坚的孝行在《宋史》中的记载也很简单："丁母艰，庭坚性笃孝，母病弥年，昼夜视颜色，衣不解带。及亡，庐墓下，哀毁得疾。"可见，黄庭坚曾在其母亲的墓旁搭茅屋守孝。《宋史》的记载与《二十四孝》中的记载有些不同，《二十四孝》中的所谓"涤亲溺器"，就是说黄庭坚每日替母亲洗刷便桶，以安亲心。

　　第三类是侍疾。这类代表人物有南朝南阳新野人庾黔娄，其传在《梁书·孝行》卷47中，其父有高名。庾黔娄年少之时，就讲诵《孝经》，未尝失色于人。起家本州岛主簿，迁平西行参军。县境内老虎很多，庾黔娄到后，老虎就渡河到临沮界（今湖北当阳一带），当时以为仁化所感。齐永元初，庾黔娄迁为孱陵（今湖北公安）令，到县任职不到半旬，其父庾易在家患病，庾黔娄忽然心惊举身流汗，即日弃官归家，到家之后，知道父亲确实得了病。医生告诉庾黔娄说，要想知道病情的好坏，得有人尝尝大便的味道。庾黔娄就毫不犹豫地尝了尝父亲的大便，感觉是味转甜滑，庾黔娄的心逾忧苦。不久，其父就病逝了。这就是著名的"尝粪心忧"的孝行故事，宋林同在《孝诗》中咏庾黔娄道：

　　惊心已云异，尝粪不妨难，

　　庾令何为者，凭君着眼看。

　　第四类是容亲。这类的代表人物有闵子骞，《二十四孝》中称作"单衣顺母"。在二十四孝中，只有两起是孝顺后母，一起是晋朝王祥的卧冰求鲤，再就是这一起。二十四孝中，孔子的弟子有三人，仲由、曾子，再就是闵子骞。子骞是其字，闵损才是名，是孔子的七十二贤之一，也是孔子在《论语》中唯一称赞过孝的弟子，孔子有"孝哉！闵子骞。人不间于其父母、昆弟之言"。闵损有兄弟二人，母死之后，他的父亲又娶了一个女人，这就是后妈。闵损为父亲驾车，不慎将马绳弄掉了，他的父亲摸了一下闵损的手，发现闵损穿的衣服很单薄。回家之后，闵损的父亲要赶走闵损的后妈，闵子骞上前劝父亲说："母在，一子单，母去，四子寒。"后母听后，非常感动，待闵子骞如同亲生的儿子。

　　第五种是悦亲类。此类的代表人物是周朝的老莱子。老莱子的生平不详，只知道是春秋时人，与孔子同时，最早的记载见于《战国策》。《战国策》中有"公不闻老莱子之教孔子"，从这句话中，老莱子当是孔子的老师。老莱子与老子一样，都是楚国人，且都在道家学说上颇有建树。老子著《老子》五千言，老莱子也著道家十五篇，但不传。老莱子的孝养之事是，在七十高龄时，身穿彩色衣服，在堂上故意跌倒，有时学小孩哭啼，或装扮成雏鸟的样子，逗父母高兴，这就是戏彩娱亲的故事。后世有诗云：

七十已中寿，人生似此稀，

绝怜老莱子，犹自作儿嬉。

第六类是思亲。思亲类的主要代表有曹娥、丁兰等故事，此两人另处再说，这里就不详述。

五、忠孝不两全

忠与孝之不同，孝是由己及家，再到国；忠则是倒过来，由国及家。孝强调的是忠于君主，忠则是强调上下一心。

忠孝从来只一原，此道于今识者寡。

慈湖先生遗墨在，光焰万丈追风雅。

发挥天经与地义，为怜世人多聋哑，

跋语流传壮矣哉，忠由孝出非外假。

厥今边庭尚绎骚，其势飙欻陵诸夏，

孤忠步步踏实地，纸上陈言付土苴，

报国即是报亲恩，忠孝断断非二者。

此诗是南宋袁甫的《忠孝诗》的一部分，诗的意思非常清楚，就是主张忠孝两全，忠孝一体，故诗中有"忠孝断断非二者"句。袁甫，庆元鄞县

（今浙江宁波）人，字广微，号蒙斋。其父袁燮是庆元四先生之一，是陆学杰出的弟子之一。袁甫少师事四先生之一的杨简，嘉定七年（1214年）进士第一，是坚定的抗金派。

元朝时，江西程文海有《赵一德季润忠孝诗》，是诗较长，全诗赞扬了赵一德的忠孝事迹。据《元史》记载，赵一德是龙兴新建（今江西南昌附近）人，至元十二年被元兵俘获到燕都，做郑留守家奴，历时三十年。有一天，他忽泣拜请于主人，要南归看望父母亲，主人答应了他。但赵一德在三十年之后回家时，父亲和兄长已亡，只有母亲还在，年已八十多。于

甲骨文的老字　甲骨文的孝字　楷书的孝字

"孝"字的演变

是，赵一德祭祀了父兄，如期回到主人家，主人感叹赵一德的孝心，就放他回家。赵一德正打算回家时，正好主人被冤枉遭到诛杀，其他的奴仆各自逃亡，只有赵一德留了下来，为主人诉冤，主人家得到了昭雪。主人分田庐给赵一德，赵拒绝了，最后，他选择了回老家。皇庆初，旌表其门。

（一）孝子与忠臣

忠孝一体。忠孝之间的关系，历来都是辩论的对象，但多数情况下，古人持"忠孝一体"的看法。忠即是孝，孝即是忠。忠的观念，较孝的观念要晚出一些，忠是指的君臣关系，这种关系当然只能在国家政权出现之后才有。甲骨文中尚不见忠字，金文中已有。《论语》中有"君使臣以礼，臣事君以忠"，《左传》有"公家之利，知无不为，忠也"，这些都是说的臣子对国君应当尽忠。《说文》是这样解释忠的："忠，敬也，尽心曰忠。"孔子大

讲孝道，但同时也是大讲忠君思想的，既讲孝道，又讲忠君，那是否矛盾呢？显然，在孔子那里，忠、孝是一体的，孔子在处理这两者之间的关系时，正是这样的。将事君与事亲视为同一，两者是不矛盾的。孔子以为，事亲孝，则忠可移于君。《论语·微子》中，有一段孔子与子路之间的对话，可以很好地解释孔子对忠、孝关系的诠释。有一次，子路见到一个老者，手持莜丈，于是，就告诉了孔子。孔子说，这是个隐者，叫子路回去找这个人。子路返回之后，老者已经走了。子路就说："不仕无义，长幼之节不可废也；君臣之义，如之何其废之？欲洁其身，而乱大伦。君子之仕也，行其义也，道之不行已知之矣。"这句话的意思是说，虽然天下无道，但不能不出仕，若是因为天下无道而不出仕，就是无义。长幼之节，不及君臣之义，孔子、子路在这里，甚至于将君臣之义看得高于长幼之节。接下来的意思是，一身之洁，不若大伦之不乱。意思是说，不要只顾着自己隐居，而不管天下大乱，不管怎样，不让天下大乱，都比你只顾一个人的洁身自好要重要得多。故孔子、子路都对这位荷莜丈的隐者持批评的态度，以为这位隐者是知长幼之节，而不知君臣之义，知洁其身，而不知大伦。这正是精辟之论，即使在今天，仍然有着积极的意义。不过，《论语》中的许多说法是互相矛盾的，按照上面的说法，孔子以为，在乱世隐居，是对社会不负责的，要积极地参与政治，才算得上是事君如同事亲一样值得赞扬。于是，就有人拿这点来问孔子："子奚不为政？子曰：《书》云：孝乎惟孝！友于兄弟，施于有政，是亦为政，奚其为为政？"有人问孔子，你说在乱世，应当积极参政，而不要隐居，现在正是乱世，那你为什么不参政呢？孔子的回答很有意思，他用孝这个无所不在的概念来自圆其说。孔子在此引用了《周书·君陈篇》中的"孝乎惟孝"句来为自己辩护，孔安国的解释对孔子是很有利的："言其有令德，善事父母，行己以恭，言善事父母者，必友于兄弟，能施有政。

今其言与此小异，此云：孝乎惟孝者，美此孝之辞也；友于兄弟者，言善于兄弟也，施行也，行于此二者，即有为政之道也，是亦为政，奚其为为政者，此孔子语也。是此也，言此孝友，亦为政之道，此外何事，其为为政乎？言所行有政道，即与为政同，不必居位，乃是为政。"在孔子这里，及后来解释孔子学说的人那里，别人在乱世隐居，是为不忠孝，然在孔子身上，只有孔子尽了孝，即使不在官位，也是尽了忠，所以才有"孝友，亦为政之道"的说法。

事实上，孔子及其弟子一直都在做一种解释，那就是如何将忠与孝、事君与事亲很好地结合起来，最终能够形成一种理论。事实证明，孔子的解释是非常成功的，至少站在正统的角度来看，历代的统治者，都是大力提倡孝，其目的就是倡导忠。这也说明，统治者是认同孔子关于忠孝的学说的。现实中，忠孝可能确实能够两全，明朝邓州人李贤，在送好友彭纯道返乡省亲时，写了《送兵部尚书兼翰林学士彭先生省亲诗序》，其中有："臣子所当尽者，忠与孝也。说者谓'忠孝不能两全'，予以为不然。夫为人子者。终身事亲。不干仕进。是固不能尽忠于君矣。若见用于世者，登要津跻朊仕，立身扬名，以显其亲，谓之忠孝不能两全可乎？"

（二）忠孝之辩

历史上记载过一起著名的忠孝之辩，此事记载在《三国志·魏志·邴原传》卷11中：太子（曹丕）燕会众宾百数十人。太子建议曰：君父各有笃疾，有药一丸，可救一人，当救君邪？父邪？众人纷纭，或父或君。时原在坐，不与此论，太子咨之于原，原勃然对曰：父也。太子亦不复难之。这个主张应当先救父亲后救君王的是邴原。邴原，字根矩，北海朱虚（今山东临朐）人，在曹操当政时，曾做过丞相征事、五官将长史。当曹丕为五官中郎将时，唯有邴原不为所动，与曹氏家族始终保持一定的距离，曹操派人问邴原为何如此，结果得到的回答是："吾闻国危不事冢宰，君老不奉世子，此典制也。"曹操听后，责怪了他，并将邴原贬官。邴原如此回答，可能与他的经历有关。他十二岁时丧父，邻有书舍，邴原有次经过其旁而泣，老师问他：你为何这般悲伤？邴原回答说：孤者易伤，贫者易感。那些读书的人，必定都有父亲、兄长，一则羡慕他们不孤，二则羡慕他们有机会学习，我心中悲伤，因而也就哭了起来。老师亦哀叹邴原之话，并为之悲伤，于是就对邴原说，你想读书吗？邴原回答说没有学费。老师说，要是你真的想读书，我教你，不收你的学费。于是，邴原就开始读书，一个冬天，邴原就诵读完了《孝经》《论语》，在几个学生之中，嶷然有异。及长，金玉其行，欲远游学。看来，邴原回答要先尽父孝，再谈忠君之事，可能正是因为他自小没了父亲的缘故，才使得他有一种强烈的欲望，要尽父孝。

（三）两难选择

虽然在古籍中，多数情况下将忠孝并列，但古人仍然认为忠和孝之间是有差别的，并将这两者分得很清。孝主要是对父母、长辈应尽的义务，多数时候是不涉及君主的。若将孝的意思扩大，当然情况就不一样了。曾子有"居处不庄，非孝也；事君不忠，非孝也；莅官不敬，非孝也；朋友不信，非孝也；战阵无勇，非孝也"的说法，显然，曾子在这里是将因果关系倒置过来了，一般是从孝到忠，由孝及忠，但此处，曾子是由忠及孝，反过来解释。《忠经》给忠字下的定义是："忠者，中也。至公无私，天无私四时行，地无私万物生，人无私，大亨贞。忠也者，一其心之谓也。为国之本，何莫由忠，忠能固君臣，安社稷，感天地，动神明，而况于人乎？夫忠，兴于身、著于家、成于国，其行一焉。是故一于其身，忠之始也；一于其家，忠之中也；一于其国，忠之终也。身一，则百禄至，家一，则六亲和，国一，则万人理。《书》云：惟精惟一，允执厥中。"

　　这是《忠经》中第一章天地神明一开始给忠下的定义。从忠的定义可以看出，忠与孝之不同：孝是由己及家，再到国，忠则是倒过来，由国及家。孝强调的是忠于君主，忠则强调上下一心，由忠可以达到惠及万物之功效。在《忠经》的随后几章中，给不同的人的忠下了定义，为臣的"在乎沉谋潜运，正国安人，任贤以为理端委而白化尊"。《忠经》给百工之忠下的定义是"故君子之事上也，入则献其谋，出则行其政，居则思其道，动则有仪，秉职不回，言事无悍，苟利社稷则不顾其身，上下用成故昭君德，盖百工之忠也"。至于为官者之忠，"君子尽其忠，能以行其政令而不理者，未之闻也。夫人莫不欲安，君子顺而安之，莫不欲富；君子教而富之、笃之，以仁义以固其心，导之以礼乐以和其气，宣君德以宏大其化，明国法以至于无刑，视君之人如观乎。子则人爱之，如爱其亲，盖守宰之忠也"。至于老百姓的忠，"是故祇承君之法度、行孝悌于其家、服勤稼穑以供王赋，此兆人之忠也"。虽然《忠经》是仿照《孝经》写的，但忠与孝是完全不同的概念，忠与孝一样，各个层次的人是不一样的，各司其职。

　　在和平时期，通常忠孝是可以统一，但在国难当头之时，忠孝常常会发生冲突。在封建社会，君主通常要求"文臣死谏，武将死战"。实际上，对于部分人来看，忠君赴难，并不是所有人的愿望，若是弃忠行孝，就会落得个"不忠"的罪名。东汉初期，邳彤是典型的忠孝冲突的人物，他在忠孝发生冲突之时，毅然将忠看得比孝更重要。邳彤（？－30年），字伟君，信都（今河北冀州市）人。西汉末年，做过王莽的和城卒正，后来投靠了刘秀，是刘秀创业的重要人物之一。在王朗占据河北，威胁到刘秀的生存之时，邳彤坚决地站在刘秀一边。王朗为了威胁邳彤，就将邳彤的父弟妻子拘押，并致书邳彤："降者封爵，不降者族灭。"邳彤见信之后哭泣着说："事君者不得顾家，彤亲属所有至今得安于信都者，刘公（指刘秀）之恩也。公方争国事，彤不得复念私也。"后来援军及时赶到，邳彤的家属才得保全。《后汉书》中的赵苞也是一个典型的忠孝冲突的例子。赵苞是武威人，以为官清廉著称，后迁辽西太守，期间，派人将母亲、妻子等接到辽西。途经柳城（今营州南）时，被鲜卑人截获作为人质。于是，鲜卑族两万人，押着赵苞的母亲、妻子在阵前给赵苞看，赵苞悲号着对母亲说："为子无状，欲以微禄奉养朝夕，不图为母作祸，昔为母子，今为王臣，义不得顾私恩、毁忠节，唯当万死无以塞罪。"有意思的是赵苞母亲的回答："人各有命，何得相顾以亏忠义。昔王陵母对汉使伏剑，以固其志，尔其勉之。"看来，赵苞母子两人对忠孝的看法是一致的，在生死危难之时，以一死来全忠节。赵苞实时进战，贼悉摧破，其母妻皆为所害。赵苞母亲在回答赵苞之时，提到了一个人，就是王陵的母亲。王陵的传在《汉书》之中，他是汉初时人，与刘邦是同乡。最初，他不肯追随刘邦，等到他打算投靠刘邦之时，项羽就将王陵的母亲扣押在军营中，作为人质来威胁王陵，希望王陵改变初衷。王陵派使者去看望母亲，他的母亲对使者说："愿为老妾语陵，善事汉王，汉王长者，毋以老妾故持二心，妾以死送使者。"遂伏剑而死。项羽一怒之下，将王陵母亲的尸体给蒸了。王陵最终追随刘邦，打败了项羽。在这里，赵苞的母亲提到这个典故，当然是表示自己忠于朝廷的决心。这种情况，在战乱之时，对于在朝廷做官的人来说，忠孝之间的冲突，尤其如此。

《元史》载，布延布哈，字希古，蒙古人。元末，布延布哈正与治书侍御史李国凤同时经略江南，当到建宁时，正遇陈友谅起义，李国凤镇守延平，陈友谅手下攻克了延平镇，李国凤逃走了。布延布哈则发誓要与城共存亡，前后激战六十四天，打败陈友谅。第二年，在山东益都时，被朱元璋的手下攻破，布延布哈告诉母亲说："儿忠孝不能两全，有二弟当为终养。"随后，布延布哈及其妻子，布延布哈二弟之妻，各抱幼子及婢妾溺舍南井死，比阿尔展欲下井填塞，不可容，遂抱子投舍北井，其女及姜女、孙女，皆随溺焉，真可谓满屋忠孝。就在这个时候，在山东东昌，申荣正镇守此处，见列郡皆降，就告诉他的父亲说："人生世间，不能全忠孝者，儿也。城中兵少，不敌战，则万人之命由儿而废，但有一死报国耳！"遂自刭。明朝时的张训，黄梅人，官鸿胪，序班告归养亲，闻建文遇难，拜辞其父士英曰："忠孝不能两全矣。"乃正衣冠，望北拜，毕，投井死。后因名曰：忠井。子孙环井而居。

历代朝廷都是在讲孝之时，同时也强调忠。在正史之中，首先立孝友传是《晋书》，此后的正史，多仿此例，以宣讲孝道。首先立忠义传，也是《晋书》。也就是说，《晋书》将忠、孝是分开立传的，这也说明了，历代将忠孝是分得很清楚的。

忠、孝显然是一个较为模糊的概念，互相联系、互相渗透、互相转化。和平时期，讲忠、孝两全，战乱、危难之时，更多地讲忠。

六、佛教之孝

佛教是从印度传来中国的，其中有大量的内容讲到孝行。若就数量上看，其"孝行"的内容并不比中国少。但它宣扬的"出家奉佛"思想，在中国人看来仍然是不孝的，原因是佛教之孝与世俗之孝完全不同。

佛教教义的本身是讲孝的，但是，当佛教传到中国来后，中国人认为佛教是不讲孝的，为什么会出现这种冲突呢？

（一）《阿含经》中的孝道

《阿含经》是佛教早期的经典，确实有大量的内容是讲孝道的。以下我们来看一看它是如何讲孝的：

善生者，夫为人子，当以五事敬顺父母。云何为五？一者供养，能使无乏。二者，凡有所为，先告父母。三者，父母所为，恭顺不逆。四者，父母正令，不敢违背。五者，不断父母所为正业。善生，夫为人子，当以此事敬顺父母。父母复以五事敬亲其子。云何为五？一者，制子不听为善。二者，指授示其善处。三者，慈爱入骨彻髓。四者，为子求善婚娶。五者，随时供给所须。善生，子于父母敬顺恭奉，则彼方安稳，无所忧畏。

善生，弟子敬奉师长复有五事。……善生，夫之敬妻亦有五事。……善生，夫为人者，当以五事亲敬亲族。……善生，主于僮使以五事教授。……善生，檀越当以五事供奉沙门、婆罗门……

以上是佛教经典《长阿含经》卷 11 中的一段经文。不难看出，释迦牟尼的思想与孔子、曾子的思想是相通的，对照《孝经》，它们的意思是一样的，都强调对父母亲的孝。

佛教中的《盂兰盆经》，因讲述释迦弟子目莲入地狱救拔母亲的故事，而被誉为中国"佛教孝经"，此故事在中国广为流传，有不同的注本。佛教所宣讲的盂兰盆会已成为中元节的主要形式，无论僧俗，都得参加，中元节成了孝子表达孝思的重要节日。在古籍文献中，有众多的有关中元节孝子孝思的诗歌，如赵必象在中元日有《代老亲荐祖母疏语》："萱草堂空，重孝子思亲之念。盂兰场设正地官宥过之，时枕块呼天瓣香饭佛。伏念先妣，某宽以立心，和于待物，四十守寡，坚誓节于栢舟，百指远游，复堕身于茅苇，喜继世联龙门之选，念仲孙未凤偶之谐，尤冀享于长年，获尽观于美事。奈菽水之奉弗，逮而薤露之悲，忽兴逝者如斯。继二雏而长往养，而不待独一子之送终，床头余药犹存，耳畔遗音如在，难掘泉而相见，痛触地以兴哀，梦幻七十六年。谁料弃生于东邑间关二千余里，何当归葬于北邙。"此文的作者赵必象是宋宗室，是南宋末人，曾参与文天祥的复国运动。从文中不难看出，赵必象在盂兰节那天，想起了逝去的祖母，文章虽不长，但对祖母的生活细节回顾得很是细腻，最后提到了祖母不能归葬北邙的遗恨。

（二）僧人孝子

佛教中，有一个著名的孝子，在敦煌卷子中叫"闪子"，其故事大致如下：

闪子者，嘉夷国人也。父母年老，并皆丧明，闪子晨夕侍养无缺，常着鹿皮之衣，与鹿为伴，担瓶取水，在鹿郡（群）中。时遇国王出城游猎，乃见山下有鹿群行，遂止，张弓射之。恬（误）中闪子，失声叫云："一箭煞三人！"王闻之（知）有人叫，下马而问。闪子答言："父母年老，又俱丧明。侍养无人，必定饿死。"语了身亡。诗曰：

闪子行尊孝老亲，不恨君王射此身。

父母年老失两目，谁之（知）一箭煞三人。

这个敦煌卷子中的闪子，是印度人，在佛典《六度集经》卷5、《杂宝藏经》卷1、《大正大藏经》卷3中的《佛说睒子经》《佛说菩萨睒子经》等经文中，都记载着同样的故事：佛祖释迦在修行时，见到嘉夷国的一对盲人夫妇贫寒无子，愿意入山修道。于是，菩萨为帮助他们免受饥饿与虎狼之灾，愿意托生做他们的儿子。盲人夫妇得子之后，非常喜爱，给他取了个名字，叫作睒子。睒子穿着鹿皮做的衣服，与鹿交上了朋友。一次，睒子提着瓶到河边去打水时，遇上了嘉夷国王在山上打猎，国王误将睒子看成是鹿，射了睒子一箭。中了毒箭的睒子大叫起来，嘉夷国的国王才知道射到了一个人，就向睒子谢罪。睒子对自己受伤倒是没有抱怨，只担心自己死后，父母无人奉养，就托嘉夷国的国王，说自己死后，要国王代自己来奉养父母。嘉夷国王就陪伴着睒子的父母来到睒子的遗体旁，睒子的父母号啕大哭，哭声震天，感动了天帝释，帝释拿来神药水灌入睒子之口。结果，毒箭自己拔了出来。睒子复活了，于是大家都很高兴。

睒子的故事，当然是随着佛教经典一同传入中国的，但是何时传入中国，则难以确定。从文献的记载来看，睒子故事当是在南北朝时传入中国，现在最早记载睒子故事的是南朝梁代释僧佑的《出三藏记集》卷3中的《新集安公古异经》，此后隋唐时期的佛教经典都有此故事。

那么，中国化的睒子是个什么样子呢？南宋杰出的书画家赵孟頫的族兄赵孟坚画有《赵子固二十四孝书画合璧》，其中就有睒子的故事。赵孟坚对自己所画的睒子，有一条记载，说："周睒子，性至孝，父母年老，俱患双目，思食鹿乳。睒子乃衣鹿衣，去深山入鹿群之中，取鹿乳供亲。猎者见而欲射之。睒子具以情告，乃免。"这个睒子在中国变成了周朝时期的人了；在佛教中是打水，在中国则变成取鹿乳；最后，佛教中的睒子中了毒箭，但在中国则没有中过毒箭。

从以上简单的分析比较可以知道，佛教中有大量的内容是讲孝行，若就数量上来看，并不比中国的少。虽然说佛教中的孝，经过了中国人的改造，或者在翻译时经过加工，尽可能地让它中国化，但出家奉佛在中国仍然被视为是不孝的，原因在哪里呢？这就涉及三个方面的问题：第一，也是讨论得最多的问题，是沙门敬王者的问题；第二是出家人理发受戒问题；第三是佛教徒出家意味着不能赡养父母。这三个方面都与中国的文化传统直接抵触，故佛教在初期传播阶段，就遭到了中国部分人的猛烈抨击，双方进行过多次论战。

（三）沙门敬王者

关于沙门敬王者的问题，这是朝廷最为担心的事，但在印度，这则不是个问题。《佛遗教经》对出家人的要求是，"不应参预世事，好结贵人"，以为僧人的地位要高于世俗之人，哪里有僧人向王者行礼的事。另外，《梵冈经》也有规定："出家人法，不礼拜国王、父母、六亲，亦不敬事鬼神。"《涅槃经》也说："出家人不礼敬在家人。"佛教的这些规定，在中国被视为大逆不道，是重罪。因为佛教中的这些规定，直接与王权发生冲突，最为不安的是朝廷，朝廷也最先对此做出反应。咸康六年（340年），东晋庾冰曾两度代晋成帝下诏书，其一是《代晋成帝沙门不应尽敬诏》，此诏书下达之后，立即就遭到了何充等人的反对，何充有《奏沙门不应尽敬表》《沙门不应尽敬表》及《重奏沙门不应尽敬表》等。这表面上看起来是沙门敬王者一事，实际上，是晋朝当时门阀士族之间的斗争。庾冰为了回敬何充等人，就又有《重代晋成帝沙门不应尽敬诏》重申沙门敬王者的重要性。不过，此事后来不了了之。

事隔六十三年之后，东晋元兴元年（402年）太尉桓玄再次提出沙门礼拜王者的问题，桓玄有《与八座论沙门敬事书》重提沙门敬王者事。

此次，桓玄吸取了庾冰辩论失败的教训，在文中拿出老子这样的人来做比方：即使是老子这样的圣人，也得尊重王侯，哪有沙门不尊王者的道理。这次辩论的规模要远远大于六十多年前的那一次，参与的人较多，《弘明集》中就收录有桓玄的书信及诏书十三篇。而反对桓玄的也不在少数，桓谦、王谧、卞嗣之、袁恪之、释慧远、释支遁等僧俗者一同上阵，与桓玄论战。不过，这次与庾冰那次论争一样，表面上看起来是僧、俗之争，实际上，还夹杂着权力之间的争斗。有关沙门敬王者事，在唐朝以前就多有争论，每次都是不了了之。到唐朝，唐玄宗曾两次发布诏书，一次是在开元二年（714年），一次是在开元二十一年（733年），下敕命僧尼道士女冠例行致敬父母。这场持续了几百年的争论，最后以朝廷的胜利而告终。

（四）沙门的剃发

至于沙门之剃发，向来被认为是不孝的重要证据之一。沙门剃发，直接违反了《孝经》中的规定，《孝经》中有"身体发肤，受之父母，不敢毁伤，孝之始也"的说法，故沙门剃发，常常就成了中国人攻击的对象。不过，在《广弘明集》卷10中，收录了一段替沙门剃发辩护的文章，文章虽然不长，但确实有一定说服力：

余昔每引《孝经》之不毁伤，以讥沙门之去须发，谓其反先王之道，失忠孝之义。今则悟其不然矣，若夫事君亲而尽节，虽杀身而称仁，亏忠孝而偷存，徒全肤而非义。论美见危，而致命礼，防临难而苟免，何得一概而诃毁，伤雷同而顾肤发，割股纳肝伤则甚矣，剃须落发毁乃微焉？立忠不顾其命，论者莫之咎，求道不爱其毛，何独以为过汤恤蒸民，尚焚躯以祈泽墨，敦兼爱欲摩足而至顶，况夫上为君父，深求福利，须发之毁，何足顾哉？且夫，圣人之教有殊途而同归，君子之道，或反经而合义，则泰伯其人也。废在家之就养，托采药而不归，弃中国之服章，依剪发以为饰，反经悖礼，莫甚于斯。然而仲尼称之曰：泰伯，其谓至德矣！其故何也，虽迹背君亲，而心忠于家国，形亏百越，而德全乎，三让，故泰伯弃衣冠之制而无损于至德，则沙门舍缙绅之容，亦何伤乎妙道。虽易服改貌，违臣子之常仪，而信道归心，愿君亲之多福，苦其身意，修出家之众善，遗其君父，以历劫之深，庆其为忠孝不亦多乎？谓善沙门为不忠，未之信矣。

此段辩护文章，虽可能是出自沙门之手借俗人之口说出来，但是立论确实较为成功，辩论非常有力。文章的意思是说，一个人是否忠孝，不看他是否剃须发，即使有须发的人，若是不忠不孝，留着须发，又有何用呢？既然剃须发是不孝，那割股纳肝就是孝吗？作者在最后得出结论，以为孝与不孝，不能拿须发、服饰等表面上的东西来判断，只要忠于家国，"形亏"是没有关系的。

（五）武帝灭佛的本意

出家人不能奉养父母，这在《孝经》中是最为本质的东西，也是最为严重的。孝道，本质上就是讲在物质上对父母的赡养。在这一点上，中国之孝与佛教之间是论战不断。东汉时的牟融曾著述有《理惑论》，站在佛教的立场上为其辩护。但查《后汉书》牟融传，只字未提牟融信佛一事。据《理惑论》序言称，牟融是在晚年才信佛教的，至于《理惑论》是否是出自牟融之手，在此就不去讨论，但其中一些辩论的观点倒是值得注意。对于俗家人指责佛教徒出家不能孝养父母一事，牟融是这样说的：

五经之义，立嫡以长，太王见昌之志，转季为嫡，遂成周业，以致太平。娶妻之义，必告父母，舜不告而娶，以成大伦。贞士须聘，请贤臣待征召，伊尹负鼎干汤，宁戚叩角，要齐汤以致王，齐以之霸。礼男女不亲，授嫂溺则援之以手，权其急也。苟见其大不拘于小，大人岂拘常也。须大挐观世之无常，财货非己宝，故恣意布施，以成大道，父国受其祚，怨家不得入，至于成佛，父母兄弟皆得度，世是不为孝，是不为仁，孰为仁孝哉？

牟融的观点可归结为，沙门出家得度，也可以帮助父母兄弟都得度，怎么能说是不孝呢？

《弘明集》及后来出的《广弘明集》，都是出自佛徒之手，故有偏袒释迦之意。但其中系统的资料，使我们有幸一窥唐朝之前的僧、俗之争之大概。由于其中的内容太多，以下仅举一例加以说明。中国历史上有著名的三武灭佛的说法，其中以北周武帝的灭佛规模最大，影响最为深远。武帝曾多次下诏书，叫僧徒还俗，好奉养父母。

在《弘明集》中的《叙释慧远抗周武帝废教事》，记录有慧远与武帝之间的一场辩论，摘如下，可知释迦是如何看待孝养父母的。

远曰：诏云，退僧还家，崇孝养者。孔经亦云，立身行道，以显父母，即是孝行，何必还家。帝曰：父母恩重，交资色养，弃亲向疏，未成至孝。

远曰：若如来言陛下左右，皆有二亲，何不放之，乃使长役五年，不见父母。

帝曰：朕亦依番上下得归侍奉。

远曰：佛亦听僧冬夏随缘修道，春秋归家侍养。故目连乞食饷母，如来担棺临葬，此理大通未可。

以上是慧远与武帝之间的一段对话。从中可知，佛教也是讲孝养的，只是与世俗不同罢了。辩论的结果，以武帝"无答"而告终。

七、道教之孝

道家学说的开创者老子、庄子都是讲孝行的；之后，历代道家的代表人物莫不强调孝行，认为学道之人，首先要学会尽孝。

道教是中国土生的教派，虽然和儒学之间有矛盾和冲突，但它更多的是对儒学的补充。在中国，士人有"入世则持儒学，出世则信道教"的说法。道教在许多教义上，受到儒学的影响，有的甚至直接借用儒学的思想。以下，先来看看道家是如何看待"孝"的：

桂宫列楹联，百行孝为先。

文祖能行孝，馨香万万年。

故其于一身，成道即成仙。

成仙即成圣，成圣即兼贤。

光明开日月，爱慕通地天。

世人欲希孝，孝真百行原。

此诗是道士张三丰的《天口篇》的部分，其实，它的内容是通篇讲孝道的。诗的内容强调一点，要想成仙，先得尽孝。

（一）老庄论孝

道教的教义，有大量的内容是讲孝道的。我们可以先看看老子在《老子》中是如何讲孝的。《老子》第十八章有"六亲不和，有孝慈"，又说，"国家混乱，有忠臣"，第十九章有"绝圣弃智，民利百倍；绝仁弃义，民复孝慈"等言论。老子孝的思想中，更加强调不睦之时的孝、国乱之时的忠。可见与儒家正面的阐述是有差别的。

《庄子》有"以敬孝易，以爱孝难"之说，意思是说，以敬礼来行孝是容易做到的，但是，以赤诚之心去行孝，是比较难做到的。又如"忘亲易，使亲忘我难"，意思是说，做子女的容易忘掉父母亲，而父母亲则不易忘掉自己的子女。

道教关于孝的思想，基本上是继承老庄的思想。《太平经》中有"父母者日衰老，力日少不足也。夫子何男何女，智、贤、力有余者，尚乃当还报其父母功恩而供养之也"，"佃家谨力子，平旦日作，日入面临卢，不避劳苦，日有积聚，家中雍雍，以养父母"等一些劝孝的言论，非常通俗易懂。《太平经》也有诸如"夫天地至慈，唯不孝大逆，天地不赦"，"孝善之人，人亦不侵之也；侵孝善之人，天为治之"等一类的言论，仿佛就是《孝经》的另一种说法。《太平经》还强调忠、孝两全："为帝王生出慈孝之臣也。夫孝子之忧父母也，善臣之忧君也，乃当如此矣。"学术界一般将葛洪视为道家学说的集大成者。他之所以著名，就是因为他有一套炼丹成仙的理论。但是，他在道学名著《抱朴子·内篇》中虽然介绍了炼丹成仙的技术秘诀，却不忘告诫那些想成仙的人，仅仅掌握了成仙的秘诀还不够，还有更为重要的事情要做，那就是要忠、孝。忠、孝是修炼成仙的必备条件，"欲求仙者，要当以忠孝和顺仁信为本。若德行不修，而但务方术，皆不得长生也"。

道教讲成仙，仙道与人道之间毕竟存在着矛盾。如何处理这一关系，就成了道教所必须面对的；解决这一矛盾，也是道教所面临的任务之一。《无上秘要》卷15中有"父母之命，不可不从，宜先从之。人道既备，余可投身。违父之教，仙无由成"。又说，"仁爱慈孝，恭奉尊长，敬承二亲"。《洞玄安志经》强调，学道之人，则要先学会尽孝。

（二）《净明忠孝全书》

道教是中国土生的教派，在许多方面都受儒家学说的影响。儒家在读经的顺序上，第一个要读的就是《孝经》，实际上就是要蒙童先学会做人、尽孝。道教也一样，在两宋时，中国产生了一个道教教派，这个教派就是净明道，它有一个特别之处，就是讲孝。净明道主要传播的范围在江西南昌一带，它将晋朝道士许逊奉为祖师。许逊是南昌人，西晋司马炎太康元年（280 年）为蜀旌阳令，师事女真谌母。永嘉末，海昏大蛇断道，遂仗剑斩之，宁康二年四十二口与鸡犬皆上升，今封为真君。将许逊奉为净明道的祖师，是早在唐朝就有的事，只是影响不大。到了宋朝，有道士周真公、何守证等，再次利用对许逊的信仰，聚众传道，影响不断扩大，至此，净明道正式形成，但其影响仍然有限。直到进入元朝之后，情况为之一变，这个让净明道重新发展壮大的人，是刘玉。然而，对于这个刘玉，史载不详，元朝确实有个叫"刘玉"的，著述有《诗缵绪》一书，这书是研究《诗经》的，主要发挥了朱熹的观点，但刘玉似乎没有学过什么仙外之术。《江西通志》卷103记载的"刘玉"，应当就是我们这里要说的"刘玉"，但其生平实在是太简单，没有给我们留下有价值的线索："刘玉，字颐真。随父徙居洪州，遇胡洞真，张洪崖授以秘术，许旌阳亲降其家，授以中黄大道《八极真诠》。五十二岁化去，三年启窆视之为空函，人称为刘玉真。"

那么，净明道的教义《净明忠孝全书》到底讲的什么呢？"净明传教法师黄言，净明只是正心诚意，忠孝只是扶持纲常。但学人习闻此语烂熟了，多是忽略过去，此间却务真践实履工夫，方与四字符契。且大忠者，一物不欺；大孝者，一体皆爱；净者，一物不染；明者，一物不触。不染不触，忠孝自得。又曰：忠者，忠于君也。心君为万神之主宰，一念欺心，即不忠也。"这是将"净明忠孝"四个字进行了解释，"净明"说的是修行，而"忠孝"则是修行必须要具备的基础。《净明忠孝全书》中忠孝的言论较多，如在卷5中，有"忠孝者，臣子之良知良能，人人具此天理，非分外事"。显然，这些言论是吸收了王阳明的良知之说，完全是理学化的净明道。卷3中则说："心君为万神之主宰，一念欺心，即不忠也。……明理只是不昧心天，心中有天者，理即是也。谓如人能敬爱父母，便是不昧此道理，不忘来处，知有本源。"这些话，实际上来源于陆九渊的学说。陆九渊在与朱熹辩论时，朱熹批驳陆九渊剽窃了佛教的理论，而陆九渊则攻击朱熹盗取了历史上道家的理论。其实，学问原本就是互相影响的，这从《净明忠孝全书》中能够清楚地看出来。该书从传统的儒学、后来的陆学、朱熹之理学、明朝的王学等之中，均多有吸收借鉴。

道教以教派多而著称，但是，将忠孝二字作为教派的名称，这在中国历史上是绝无仅有的，而将忠、孝二字纳入教派名称的，就是刘玉。元朝初年的道教经典《太上灵宝净明四规明鉴经》的言论，颇能说明问题。由于此篇形成于元初，是净明道的全盛之时，它的理论无疑具有一定的代表性："道者性所有，固非外而烁；孝悌道之本，固非强而为。得孝悌而推之忠，故积而成行，行备而造日充，是以尚士学道，忠、孝以立本也，本立而道日生也。"中国历史上，公开宣传以忠孝立教的，只有净明道了。这和汉朝以来朝廷所谓的以孝治国，在本质上是一样的。忠孝在净明道的修行中的作用是非常强大的，要想立功，先得忠孝，《太上灵宝明四规明鉴经》中有："忠孝备而可以成本，可以立功，立功之道无阳福，无阴骘，无物累，无人非，无鬼责，所以上合于三元，下合于万物也。下土呼符水治药饵已人之一疾，救人之一病而谓之功？非功也，此道家之事方便法门耳。"净明在此处所说的立功，类似于佛教中的普度众生，所谓"立功"，不是只救一人一物，而是施救于万物，惠及于万民，要做到这一点的，就是忠、孝。修道的目的是成仙，那么忠、孝在成仙的道路中起着怎样的作用呢？同样《太上灵宝明四规明鉴经》给了我们答案："学道以致仙，仙非难也，忠孝者先之不忠不孝而求乎道而冀乎仙，未之有也。比干杀身以成忠，生者人之所甚爱，比干不爱其身而全身以求道，信道有备知其不误，其为仙也。大舜终身以成孝，劳者人所甚畏，大舜不惮其劳，而服劳以求道，依道有备知其不误，其为信也。忠孝之道非必长生，而长生之性存，死而不昧，列于仙班，谓之长生。"此段经文中提到的比干是中国历史上最为著名的忠臣，而舜是中国历史上第一大孝子。尤其是比干，因忠诚而被剖心，所以，这里说比干杀身以成忠。同样，要想成仙，就得像比干、大舜一样，尽忠尽孝，即使是死也在所不辞。只有那样，才能最终达到成仙的目的。

(三)《文昌孝经》

要说元朝时的净明忠孝道，是以忠孝作为修行的手段，通过忠孝来达到修行成仙的目的，道教中，还有一部著名的经典，就是《文昌孝经》，是名副其实的道教中的《孝经》。是书的作者不详，据明代少保大学士耶浚仲所著《文昌孝经原序》称，作者应当是宋朝人，只不过是借文昌帝之口，劝人尽忠尽孝而已。显然，这个《文昌孝经》是仿照《孝经》而做的，言论上，实际是对儒家学说的解读，如《辩孝章第三》："百先之行，根从心起"，"始知百行，惟孝为源"。又如"孝治一身，一身斯立；孝治一家，一家斯顺；孝治一国，一国斯仁；孝治天下，天下斯升；孝事天地，天地斯成"。《文昌孝经》中说："养亲口体，未足为孝，养亲心志，方为至孝；生不能养，殁虽尽孝，未足为孝，生既能养，殁亦尽孝，方为至孝。"看了这种表达，对照我们前面已经谈到的孔子的所谓的"色养"，就知道这是对儒家孝道的另一种解释。但是，这里与儒家的孝道理论有所不同，道教通常比较重视生前的修行，不太看重死后之事。父母在世，做子女的要尽孝，父母死了，也尽孝，当然称得上是孝。若是父母在世，子女没能尽孝，死后再尽孝，则就不能成其为孝了。也就是说，道教更加重视生前之孝，这不同于孔子、曾子之孝，孔子及曾子非常强调死后的祭祀，大约也是出于先秦时期祭祀的习俗。

《文昌孝经》涉及面很广，它是仿照《孝经》制定出来的，像《孝经》一样，它也涵盖了社会生活的各个方面，这里就不再展开讨论了。

八、《论语》中的孝

孟懿子问孝。子曰：无违。樊迟御，子告之曰：孟孙问孝于我，我对曰：无违。樊迟曰：何谓也？子曰：生，事之以礼；死，葬之以礼，祭之以礼。

孟武伯问孝。子曰：父母唯其疾之忧。

子游问孝。子曰：今之孝者，是谓能养。至于犬马，皆能有养；不敬，何以别乎？

子夏问孝。子曰：色难。有事，弟子服其劳；有酒食，先生馔；曾是以为孝乎？

以上四段出自《论语》中，孔子与四个学生讨论孝，也就是"四子问孝"。

孟懿子向孔子请教什么是孝。孔子说：不要违背。之后，樊迟为孔子驾车时，孔子告诉他这件事说："孟孙问我什么是孝，我回答他：不要违背。"樊迟问：这是什么意思呢？孔子说：父母在世时，要依礼来侍奉他们；当他们去世之后，又要依礼来安葬及祭祀他们。

为何孔子在此要分两段解释无违呢？有学者以为孟懿子的父亲孟僖子贤而好礼，所以孔子只要他能做到不违其父之志向的行为就可以算是孝了。但是一般人的父亲言行未必一定合礼，此时子女就不应以不违背父亲为孝，而应该以不违背礼为孝了。

孟武伯向孔子请教什么是孝。孔子说：让做父母的只因为子女的疾病而忧愁烦恼。此章言外之意是因为疾病并非人力所能控制，其他各方面则人的主控力较强，所以做子女的必须在其他各方面勤勉努力表现良好，使父母不会因为除了疾病之外的事情，为子女担心操劳。

子游向孔子请教什么是孝。孔子说：今日所谓的孝是指能够供养照顾父母。但是家中的狗和马也一样有人供养照顾啊！假若心中少了敬意，那又如何可以分辨这两者呢？

子夏向孔子请教什么是孝。孔子说：晚辈长保恭敬和悦的神色是最难做到的。当有事时，年轻人去做；有丰盛美食时，由长辈吃；这样就可以算是孝了吗？

父母在世时，与父母相处自己要秉持恭敬的心意；保有和悦的神色；行为要合义合礼；另外也必须努力做好一切事情，以尽量不使父母为自己担忧；父母过世之后，丧祭亦应合义合礼；且必须时常缅怀他们，并效法他们合义合礼的言行，如此都能做到，才算是孝吧。

孔子的思想中，孝是最明显的一个主题。他要求年轻人首先要做到孝，才能谈人生志向和美德。那他自己又做得如何呢？我们都知道孔子是个大思想家、教育家，其实，他也是一个很孝顺的孩子。孔子三岁时，父亲叔梁纥就去世了。母亲颜徵年轻守寡，将所有的精力都放在了抚养和教导孔子上。为了养育孔子，颜徵吃了很多苦，身体也累垮了，在孔子十六七岁时，她去世了，当时的年纪也不到四十岁。孔子因为自己没有机会好好地尽孝于父母，因而一提到孝的话题就非常痛心。于是便告诫弟子，一定要记住父母的生日年岁。"父母之年，不可不知也，一则以喜，一则以惧。"

孔子的弟子宰予问孔子："听说父母去世了，要给他们服三年丧（古代的礼制），是不是啊？可是我觉得旧的不去，新的不来，干吗要那么长时间呢？一年也就够了。"孔子说："父母去世不到三年，你便吃白米饭，穿锦缎衣，你心里安不安呢？"宰予说："能心安。"

孔子气得脸色发白，说："你要觉得那样做心安，你就做去吧！一个有德行的人在守孝期间，心里念念不忘的都是父母，吃美味也不觉得爽口，听音乐也感觉不到快乐，所以才不那样做。你既然心安理得，就去那样做好了。"

宰予退出去后，孔子对大家说："宰予说了些什么话！小孩子生下来后，爸爸妈妈要在怀里抱他三年，然后才能脱离怀抱。所以子女要为父母守孝三年，宰予难道没有得到过父母的爱抚吗？"

《论语》中还有别人对孝的一些议论，如：

有子曰：其为人也孝弟，而好犯上者鲜矣；不好犯上而好作乱者，未之有也。君子务本，本立而道生；孝弟也者，其为人之本与？

有子说：一个人对待父母有孝心、对待兄长十分恭敬，却喜欢冒犯长辈上司，这样的人是很少的；不喜欢冒犯上级却到处作乱的，我从来没有见过。做人首先要从根本上做起，根本树立了，"道"就出现了。孝敬父母、尊敬师长，就是做人的根本吧！

九、《弟子规》中的孝

提到蒙学的时候，我们顺口就说出《三字经》《千字文》《百家姓》。其实，除了这三本书之外，还有一本非常重要的蒙学读物，就是近几年开始得到人们关注的《弟子规》。

《弟子规》原名《训蒙文》，作者李毓秀是清朝康熙年间的秀才，在山西绛州做教书先生，历史上对他的记载很少，我们所知道的就是他一生都在钻研《大学》《中庸》等儒家典籍，《训蒙文》就是他的研究成果之一。

《弟子规》的名字是一个名叫贾有仁（或者是贾存仁）的人对李毓秀的《训蒙文》加以修订之后定名的。它以《论语》"学而篇"中"弟子入则孝，出则悌，谨而信，泛爱众，而亲仁，有余力，则学文"为中心。分为五个部分，具体列述幼童在家、出外、待人、接物与学习上应该恪守的守则规范。

孝感动天

和《三字经》《千字文》中给孩子灌输各种知识不太相同，《弟子规》主要是从言行上对孩子有所要求，它更加具有操作性。如果说《三字经》更多的意义在于传授文化，那么《弟子规》所看重的则更多的是文明。一个人既要在知识储备上有文化，也要在言行上体现出教养和文明。

《弟子规》首句就是"弟子规，圣人训，首孝悌，次谨信，泛爱众，而亲仁，有余力，则学文"。这本书把孝悌放在首要的位置，最大的特点，就是告诉孩子们要通过哪些规矩来体现"孝悌"。

父母呼 应勿缓 父母命 行勿懒 父母教 须敬听 父母责 须顺承
冬则温 夏则清 晨则省 昏则定 出必告 反必面 居有常 业无变
事虽小 勿擅为 苟擅为 子道亏 物虽小 勿私藏 苟私藏 亲心伤
亲所好 力为具 亲所恶 谨为去 身有伤 贻亲忧 德有伤 贻亲羞
亲爱我 孝何难 亲憎我 孝方贤 亲有过 谏使更 怡吾色 柔吾声
谏不入 悦复谏 号泣随 挞无怨 亲有疾 药先尝 昼夜侍 不离床
丧三年 常悲咽 居处变 酒肉绝 丧尽礼 祭尽诚 事死者 如事生
这些是从对待父母的态度和自我要求上讲如何行孝。

兄道友 弟道恭 兄弟睦 孝在中 财物轻 怨何生 言语忍 忿自泯
或饮食 或坐走 长者先 幼者后 长呼人 即代叫 人不在 己即到
称尊长 勿呼名 对尊长 勿见能 路遇长 疾趋揖 长无言 退恭立

骑下马 乘下车 过犹待 百步余 长者立 幼勿坐 长者坐 命乃坐
尊长前 声要低 低不闻 却非宜 进必趋 退必迟 问起对 视勿移
事诸父 如事父 事诸兄 如事兄

这些是由孝延伸到对待兄长，该如何做。

从上面这两部分的选文中就可以看出，《弟子规》不像别的经典那么关注历史人物榜样和道德要求，而是从问答、请安、见面、行礼等细节处来给孩子们立下规矩。其实我们看看史料，包括外国人对清朝时候的中国的描述，可以发现这些行为规范其实是深入我们的民间生活的。"步从容，立端正，揖深圆，拜恭敬。"这正是传统的中国人认为最得体的举止。"执虚器，如执盈，入虚室，如有人"这是培养孩子们的敬畏心和自律的精神，做到"慎独"。

朝起早 夜眠迟 老易至 惜此时 晨必盥 兼漱口 便溺回 辄净手
冠必正 纽必结 袜与履 俱紧切 置冠服 有定位 勿乱顿 致污秽
衣贵洁 不贵华 上循分 下称家 对饮食 勿拣择 食适可 勿过则
年方少 勿饮酒 饮酒醉 最为丑 步从容 立端正 揖深圆 拜恭敬
勿践阈 勿跛倚 勿箕踞 勿摇髀 缓揭帘 勿有声 宽转弯 勿触棱
执虚器 如执盈 入虚室 如有人 事勿忙 忙多错 勿畏难 勿轻略
斗闹场 绝勿近 邪僻事 绝勿问 将入门 问孰存 将上堂 声必扬
人问谁 对以名 吾与我 不分明 用人物 须明求 倘不问 即为偷
借人物 及时还 后有急 借不难 凡出言 信为先 诈与妄 奚可焉
话说多 不如少 惟其是 勿佞巧 奸巧语 秽污词 市井气 切戒之
见未真 勿轻言 知未的 勿轻传 事非宜 勿轻诺 苟轻诺 进退错
凡道字 重且舒 勿急疾 勿模糊 彼说长 此说短 不关己 莫闲管
见人善 即思齐 纵去远 以渐跻 见人恶 即内省 有则改 无加警

唯德学 唯才艺 不如人 当自砺 若衣服 若饮食 不如人 勿生戚
闻过怒 闻誉乐 损友来 益友却 闻誉恐 闻过欣 直谅士 渐相亲
无心非 名为错 有心非 名为恶 过能改 归于无 倘掩饰 增一辜
凡是人 皆须爱 天同覆 地同载 行高者 名自高 人所重 非貌高
才大者 望自大 人所服 非言大 己有能 勿自私 人所能 勿轻訾
勿谄富 勿骄贫 勿厌故 勿喜新 人不闲 勿事搅 人不安 勿话扰
人有短 切莫揭 人有私 切莫说 道人善 即是善 人知之 愈思勉
扬人恶 即是恶 疾之甚 祸且作 善相劝 德皆建 过不规 道两亏
凡取与 贵分晓 与宜多 取宜少 将加人 先问己 己不欲 即速已
恩欲报 怨欲忘 报怨短 报恩长 待婢仆 身贵端 虽贵端 慈而宽
势服人 心不然 理服人 方无言 同是人 类不齐 流俗众 仁者稀
果仁者 人多畏 言不讳 色不媚 能亲仁 无限好 德日进 过日少
不亲仁 无限害 小人进 百事坏 不力行 但学文 长浮华 成何人
但力行 不学文 任己见 昧理真 读书法 有三到 心眼口 信皆要
方读此 勿慕彼 此未终 彼勿起 宽为限 紧用功 工夫到 滞塞通
心有疑 随札记 就人问 求确义 房室清 墙壁净 几案洁 笔砚正
墨磨偏 心不端 字不敬 心先病 列典籍 有定处 读看毕 还原处
虽有急 卷束齐 有缺坏 就补之 非圣书 屏勿视 蔽聪明 坏心志
勿自暴 勿自弃 圣与贤 可驯致

　　在后文的谨、信、泛爱众、亲仁的章节中，虽然看起来与"孝"的关系
不大，更多是侧重于待人接物上，但实则是对"孝悌"的一个推而广之。也
就是一个孝子应该在哪些方面自我要求、自我约束。可以说，整本《弟子
规》从开头到结尾都是写给中华孝子的一本行为指南。

十、《礼记》中的孝

　　《礼记》是战国至秦汉年间儒家学者解释说明《仪礼》的文章选集，它的作者不止一人，写作时间也有先有后，其中多数篇章可能是孔子的七十二弟子及其学生们的作品，还兼收先秦的其他典籍。《礼记》主要记载和论述先秦的礼制、礼仪，解释仪礼，记录孔子和弟子等的问答，记述修身做人的准则。这部九万字左右的著作内容广博，涉及政治、法律、道德、哲学、历史、祭祀、文艺、日常生活、历法、地理等诸多方面，是先秦儒家的政治、哲学和伦理思想的精华。

　　汉代把孔子定的典籍称为"经"，弟子对"经"的解说是"传"或"记"，《礼记》因此得名，即对"礼"的解释。《礼记》与《仪礼》《周礼》合称"三礼"。宋代的理学家选中《大学》《中庸》《论语》《孟子》，把他们合称为"四书"，用来作为儒学的基础读物。《诗》《书》《礼》《易》《春秋》为五经，四书五经就是这样来的。

　　前面我们说过，《礼记》是部儒学杂编，从这部书里可以看到儒家对人生的一系列的见解和态度。"大道之行也，天下为公，选贤与能，讲信修睦。故人不独亲其亲，不独子其子，使老有所终，壮有所用，幼有所长，鳏寡孤独废疾者皆有所养，男有分，女有归。货恶其弃于地也，不必藏于己，力恶其不出于身也，不必为己……是谓大同。"这个著名的"大同世界"的构想就出自《礼记·礼运》。

　　《礼记》中也有不少篇章讲修身做人的，像《大学》《中庸》《儒行》等篇就是研究儒家人生哲学的重要资料。《学记》专讲教育理论，《乐记》讲音乐理论。《曲礼》《少仪》《内则》等篇记录了许多生活上的细小礼节，人们从中可以了解古代贵族家庭成员间彼此相处的关系。

　　丧祭之类的篇章占了《礼记》很大的比重。这类文字琐碎、难懂，但这些正是我们了解先秦文化的重要资料。《礼记》中还有不少专篇是探讨各种礼仪制度的深意的，例如《昏礼》一开始就解释为什么要重视婚礼，之所以要在家长主持下搞一套隆重礼节，是因为婚礼密切两个家族的关系，祭祀男方的祖先，也是为了传宗接代。结婚是家族中的一件庄重的事，不仅仅是两个人的幸福。先秦时"昏礼不贺"，因为传宗接代意味着新陈代谢，人子不能无所感伤。

　　《礼记》中认为教育目的在于"明明德，亲民，止於至善"，提出了格物、致知、诚意、正心、修身、齐家、治国、平天下的人生步骤。这些思想一直流传到今天，言及先秦必引用。

　　《礼记》中的孝道思想涵盖的内容也非常全面，既论述了孝之起源、地位与作用，孝与忠、礼、政、教的关系等宏观理论问题。又有关于孝道本身的总体与个别义项和孝行的微观具体论述。

　　《礼记》或早于或与《孝经》为同时代之作品，内容上《孝经》雷同于《礼记》之处较多，但作为一篇专门论孝的文篇，《孝经》在系统性、易于传播推广方面，要优于《礼记》、两者同列十三经。

　　《孝经》不足两千字，历代统治者的大力推广，唐玄宗御注等使得普通百姓都有机会接触到它，而《礼记》只能影响有一定儒学文化修养的读书人。《礼记》中之孝行部分则得之于如《二十四孝》《弟子规》《女儿经》等诸多童蒙与家训之书而予以流传，长期影响中国人的家庭生活礼仪与社会交往方式，成为礼仪之邦的生活方式。因此，我们不可低估《礼记》对中国孝道的形成、发展以及对中国人传统生活方式的巨大影响。

十一、制度对孝的强化

将"孝悌"列入人才录用的意向考核标准是从汉代开始的。汉代的地方共分两级，即郡与县。有一百多个郡，一个郡管辖十个到二十个县。汉代郡长官叫太守，俸禄两千石，与九卿同等。《后汉书·百官志》中记录：掌教化。凡有孝子顺孙、贞女义妇、让财救患，及学士为民法式者，皆匾表其门，以兴善行。孝悌一职是在汉高后时设置的，文帝时，孝悌可享受两千石的俸禄。也就是说，一个孝子一旦享受了"国家津贴"可以享受"太守级"待遇了。

武帝时候已经有了太学，就像现在的国立大学。当时的国立大学只有一个，这里面的学生，考试毕业分甲乙两等，当时称科。甲科出身的为郎；乙科出身的为吏。郎官属于九卿中光禄勋下面的皇宫侍卫。一般来说，郎官都是二千石官的子侄后辈。他们在皇帝面前服务几年，等到政府需要人，就在这里面挑选分派。这样，官职虽不是贵族世袭，但贵族集团也就是官僚集团，仕途仍然被贵族团体所垄断。

汉武帝时定制，太学毕业考试甲等的就得为郎，这样一来郎官里面便出现了许多知识分子，知识分子并不都是贵族子弟。考乙等的，回到其本乡地方政府充当吏职，也就是地方长官的掾属，辅佐地方官行政。

这些学生平时读什么书呢？就是我们先前讲到的五经。

汉代的选举制度，历史上称之为"乡举里选"。另一种是定期的选举。汉代一向有诏令地方察举孝子廉吏的，但地方政府有时并不注意这件事，应选人也不踊跃。汉武帝时，曾下了一次诏书说：你们偌大一个郡，若说竟没有一个孝子一个廉吏可以察举到朝廷，那太说不过去了。地方长官的职责，不仅在管理行政，还该替国家物色人才。若一年之内，连一个孝子一个廉吏都选不出，可见是没有尽到长官的责任。不举孝子廉吏的地方长官就要接受处罚，这一来，就无形中形成了一种定期的选举。无论如何，每郡每年都要举出一个两个孝子廉吏来。

汉代有一百多个郡，每年至少有两百多孝廉举上朝廷。这些人到了朝廷，不能像贤良般很快有好的位置，大都还是安插在皇宫里做一个郎官。这样一来，一个太学生如果考试成了乙等，分发到地方政府充当吏属之后，他还有希望被察举到皇宫里做一个郎。待他在郎署上几年班，再分发出去。自从武帝以后，一年一举的郡国孝廉逐渐成形了。

每年全国各地有两百多个孝廉进入郎署，十年就有两千个。从前皇宫里的郎官侍卫一共也只有两千左右。二三十年后，皇宫里的郎官，就全都变成郡国孝廉，而那些郡国孝廉又多半是由太学毕业生补吏出身的。慢慢皇帝的侍卫集团，无形中就全变成太学毕业的青年知识分子了。于是从武帝以后，汉代的做官人渐渐都是读书人。待分发任用的人才太多，那些无定期选举、特殊选举就搁下了，到了东汉，仕途只有孝廉察举的一条路。

一开始察举分区进行，后来变成按照户口数比例分配。满二十万户的郡得察举一孝廉，孝廉成为一个参政资格的名称，原来孝子廉吏的原义便不再了。由郡国察举之后，中央再加上一番考试。这一制度，将教育、行政实习、选举与考试四项手续融为一体。

在南北朝时期，政府为了鼓励人们尽孝，特意为那些死刑犯设立了留养制度。留养制度规定，即使某人犯了死罪，如果他（她）的家中有没人赡养的父母或者祖父母，为了让犯人尽到赡养的义务，可以赦免他们的死罪。

在孝行上做得好的人，会被举荐成为国家栋梁，而一旦有人在孝行上被人非议，也很容易招来灾祸。例如西晋时的陈寿。陈寿是《三国志》的作者，因此在历史上小有名气。但是他曾经因为对父母不孝而遭到贬谪。第一次是在蜀汉之时，陈寿父亲去世了，他在家服丧。由于自己身体不适，便在服丧期间吃了几服药。结果这个事情被人知道后，招来非议。因为按照规定，服丧期间是不可以吃药的。还有一件事情是陈寿按照母亲的遗愿，将她安葬在洛阳，没有迁回老家四川，因此有人清议陈寿说他不孝。因为这两件事情，陈寿被贬官。

《红楼梦》中有一节讲元妃省亲。省亲是一项别具孝顺意味的制度，准许官员每年有一定的时间回家探望父母，如果父母亡故可以回家丁忧，或者是给长辈迁坟回家，都是允许的。只是在元朝的时候，省亲制度被取消了，到了明代又恢复了。

从历史资料来看，无论是对读书人所读经书的规定，还是对官员的考核，都可以看出古代从政策上是保护孝子、提倡孝行的。

十二、孝与顺

孝不等于彻底的顺从，"孝顺"不等于"孝"加上"顺"。

有一次，孔子的弟子因为做错事情被父亲拿着大杖一顿猛打。这个人因为性情淳孝，也没有逃跑，就由着父亲打。孔子知道这件事情之后非常生气，告诉他"小杖可受，大杖则要逃"，这样傻里傻气地任由父亲暴打，万一出了什么三长两短，岂不是让父亲遗憾终身？

从孔子的这个逻辑来看，他并不主张孩子一味地顺从父母的意思，如果孔子能够得知焦仲卿的问题，一定不会同意他休妻自缢，因为这不是孝顺，是愚蠢。

《论语》中也说，"事父母几谏"，真正的儒家提倡的孝道不是对父母唯命是从，当父母做得不对的时候也要和颜悦色地提出来，不能眼睁睁看着父母犯错误。

同样，传统社会虽然提倡忠于君王，但也不是对君王的一切都全盘接受。当君王荒淫无度，或者是荒废正业的时候，为人臣子要冒着杀头的危险给皇帝提建议。纵容皇帝犯错误，一味地顺从，就会留下"奸佞之臣"的名声。传统的道德观念虽然很强，但也不是没有宽容度。比如历史对于陈汤的记载。

陈汤是我国历史上笔墨不多的一位，只在《汉书》中有一段传记。他年少时没有回家为父亲奔丧，被视为"不孝之人"。尽管他不是一位完美理想的英雄楷模，但他也有为后人称道至今的地方。

据史书记载，陈汤少年时喜欢读书，思路也比较开阔。但是他的家庭贫困，有时要靠乞讨度日，在古代以门第看人，所以乡邻们都看不起陈汤。既然家乡不是他的安身之所，加上他从书上也学得了一些人生道理，于是他决定离开家乡，到繁华的长安去。

流浪到长安之后，他认识了富平侯张勃。张勃欣赏他的才能，就借机会向朝廷推荐了陈汤。但陈汤没有顺利当官，而是走了一段冤枉路。原来，在等待分配期间，陈汤的父亲去世了，按照当时的民风，陈汤应该马上回家给父亲奔丧。但是他没有回家，因为这件事，他被人检举为缺乏起码的孝道，不遵守常规行事。举荐他的张勃，也被"罚款"，陈汤被拘捕下狱。

好在陈汤这个人气宇不凡，谈吐也有大丈夫的风范。后来又有人为陈汤说情，他终于被任为郎官。陈汤主动请求出使外国，被任为西域都护府副校尉，与校尉甘延寿一起出使西域。

当时的郅支单于剽悍残暴，称雄于西域，陈汤就预言"如果他再发展下去，必定是西域的祸患"。果然，郅之单于先是征服了北部的小国，连汉朝的大使也被他杀了，明显在挑衅汉朝。陈汤于是劝甘延寿说："我们现在趁他们还没有安稳的城池，一举拿下，正好建功立业。"

甘延寿要奏请朝廷同意后行动，陈汤说："这是一项大胆的计划，那些朝廷公卿都是些凡庸之辈，一经他们讨论，必然认为不可行。"但是甘延寿还是觉得不应该擅自行动。不巧他又大病一场，陈汤见到朝廷还没有下达文件，就假传圣旨，调集汉朝屯田之兵及车师国的兵员。甘延寿一听，立即制止陈汤这种举动，假传圣旨是要杀头的，但陈汤愤怒地手握剑柄，以威胁的口气呵斥甘延寿："大军已经汇集而来，你小子还想阻挡大军吗？不抓住战机出击，还算什么将领？"甘延寿只好依他，大张旗鼓向北进发。

在陈汤的指挥下，汉军获胜，甘延寿、陈汤先斩后奏，给汉元帝写了一个报告：

"郅支单于惨毒行于民，大恶逼于天。臣延寿、臣汤将义兵，行天诛，赖陛下神灵，阴阳并应，陷阵克敌，斩郅支首及名王以下。宜悬头槁于蛮夷邸间，以示万里，明犯强汉者，虽远必诛！"

陈汤虽然假传圣旨，也犯了杀头之罪，但将在外君命有所不受。陈汤最终还是得到了朝廷的肯定。

无论是对父母还是长辈、领导，顺从的态度是好的，但是自己也应该有辨别是非黑白的标准。一旦明白自己所谓的顺从是在逃避责任，或者是在纵容错误发生，这样的顺从在任何时代都不值得推崇。

十三、孝与悌

《孝经》中说：孝悌之至，通于神明，光于四海，无所不通。孔子认为，如果把孝悌之道发扬到极致，就可以通达神明，光照天下，在任何地方都可以感应相同。也就是说孝顺的人不但可以与父母心意相通，还可以与天地呼应，从而使天地垂怜，使之如愿。

悌专指兄弟之间的感情，也是孝的一种延伸。身在一个大家庭之中，不仅要敬爱父母，也要与自己的兄弟相亲相爱，孝感天地的虞舜，就是一个很好的例子。

兄弟同心，其利断金。在以农业为基础的传统社会里面，兄弟团结、姑嫂和睦不仅仅可以帮助提高生产力，更重要的是让父母少一些琐事纷扰，颐养天年，也能够得到同族同村人的敬重。

我国历史上，情谊深厚的弟兄代表莫过于一门三苏中的苏轼和苏辙。他们之间的感情不仅为我们留下了感人的诗词，更为我们展示了兄弟之间不仅是血浓于水的亲情，也有高山流水遇知音的友情。

苏辙说苏轼："抚我则兄，诲我则师。"苏轼说苏辙："岂独为吾弟，要是贤友生。"

苏洵在给两个儿子起名字的时候，特别有一番用心。"轼"意指车上的扶手，"辙"意为车碾过的痕迹。兄弟二人从小在一起读书，未曾一日相离。苏辙在《祭亡兄端明文》中写道："手脚之爱，平生一人。幼而无师，受业先君。兄敏我愚，赖以有闻。寒暑相从，逮壮而分。"

晚唐五代的词描写男女柔情的不计其数，而对于兄弟亲情却绝少涉及。苏轼的一些关于兄弟亲情的词，比之当时笼罩文坛的艳科词，不管在思想上还是艺术上，都给人以新鲜的感觉。《满江红·怀子由作》便是这类词中比较著名的一篇。

清颍东流，愁目断、孤帆明灭。

宦游处，青山白浪，万重千叠。

辜负当年林下意，对床夜雨听萧瑟。

恨此生、长向别离中，添华发。

一尊酒，黄河侧。

无限事，从头说。

相看恍如昨，许多年月。

衣上旧痕余苦泪，眉间喜气添黄色。

便与君、池上觅残春，花如雪。

这首词是苏轼在颍州任知府时作的，词的上片即景生情，抒发了"恨此生、长向别离中"的深深感慨。下片追忆从前多次的相会与离别，希望能有机会与弟弟见一面，词的语言苍劲浑厚，寄寓深远，感情全自胸臆自然流出，读来颇为动人。

苏东坡最为有名的作品之一《水调歌头·明月几时有》，就是在中秋节怀念弟弟苏辙而作。"丙辰中秋，欢饮达旦，大醉，作此篇，兼怀子由。"但愿人长久，千里共婵娟。这一句寄托了哥哥对弟弟的思念和对天下离别人美好的祝愿，成为千古传诵的名句。"兄唱弟随"，第二年，苏辙也写了一首《水调歌头·徐州中秋》来和，只是在艺术价值上与其兄相去甚远，因此极少为人所知。

当时苏轼出任徐州知府，四月离家赴任。苏辙与之偕行，并在徐州停留百余日。临别之际，适逢中秋佳节，他们一同泛舟赏月，苏辙就写了这首词来告别其兄。苏轼读了也即席写了一首同调和韵之作，抒写二人久别重逢接着又将分别的依依难舍之情。全篇语调凄凉，笼罩着浓厚的"愁"与"忧"的气氛，生动地表现出苏轼兄弟亲密无间的手足之情。

自从踏上官宦仕途，兄弟二人就是聚少离多。但兄弟之情反而愈加浓厚。东坡生性华大，但有时候难免做事情冲动，相比而言苏辙则性情沉静，他常常提醒哥哥不要过于犀利，以免招来祸患。但是当哥哥陷入危险境地，也就是苏东坡经历乌台诗案的时候，他主动站出来对皇帝上书请求贬官以替代哥哥受过，保全他的性命。

苏轼被贬海南儋州，苏辙也因为哥哥而受牵连被贬雷州。两人一南一北隔海相望。苏轼的一篇《西江月》正写于此时。

世事一场大梦，人生几度新凉？

夜来风叶已鸣廊，看取眉头鬓上。

酒贱常愁客少，月明多被云妨。

中秋谁与共孤光？把盏凄然北望。

苏轼的《和子由渑池怀旧》也是根据弟弟《怀渑池寄子瞻兄》一诗而来的。

一唱一和间，兄弟间互相珍重的心情跃然而现。除此之外，两人还留下了大量唱和之作。苏东坡生活出现困难的时候，苏辙总是第一个帮助哥哥，当苏东坡在外漂泊无着的时候，也总是将家人托付给弟弟代为照顾。是什么让兄弟之间能够维持如此美好的感情？当然一方面是哥哥苏东坡的才华，另外一方面也是弟弟对"悌"之道的诚心践行。当然，这其中也有父母教育的功劳。

今天的兄弟反目之事时有耳闻，为兄长的自然应该多一分气度，对兄弟多一点忍让和照顾，而做弟弟的，更加应该对兄长多一分尊敬，正所谓"长兄如父"。

从孝到悌，看似是一步小小的跨越，其实是泛孝的开始。从孝悌推而广之，忠诚、减信、正直、清廉等美德也从这个源头生发开去。

十四、孝之怀念

母爱是博大的，是一种任何力量难以代替的永恒动力，也称为"原动力""永动力"。母亲可以改变一个人的性格，可以塑造一个人的形象。往往一个人功成名就的时候，最难忘的也许就是自己的母亲。

1966年一位外国记者采访朱德元帅，记者问："对你一生影响最大的人是谁?"

朱德元帅回答说："是我母亲。"

朱德在《母亲的回忆》一文中写道："得到母亲去世的消息，我很哀痛。我爱我的母亲，特别是她勤劳的一生。"接着又写道："我应该感谢我的母亲，她教给我与困难做斗争的经验。我在家庭已饱尝艰苦，这使我在三十多年的军事生活和革命生活中再没有感到过困难，没有被困难吓倒。母亲又给我一个强健的身体，一个勤劳的习惯，使我从来没有感到累过……她教给我生产的知识和革命意志，鼓励我走上革命的道路。在这条路上，我一天比一天认识到：只有这种知识，这种意志，才是世界上最宝贵的财产。"

1919年毛泽东在湖南长沙任教，忽闻母亲病重，立即返回韶山，把母亲接到省城治疗。可是由于诸病并发，母亲还是谢世了。

毛泽东万分悲痛，跪于灵前，以泪和墨，含悲挥毫，写下了长达446字的《祭母文》："呜呼吾母，遽然而死……养育深恩，春晖朝霭。报之何时，精禽大海。呜呼吾母，母终未死。躯壳虽殒，灵则万古。有生一日，皆报恩时。有生一日，皆伴亲时。今也言长，时则苦短。唯挈大端，置其粗浅。此时家奠，尽此一觞。后有言陈，与日俱长。尚飨!"

同时还写了两副挽联：

其一是"疾革尚呼儿，无限关怀，万端遗恨皆须补；长生新学佛，不能住世，一掬慈容何处寻"。

其二是"春风南岸留晖远；秋雨韶山洒泪多"。

读后感人肺腑，催人泪下。毛泽东同志在新中国成立前就指出："要尊敬父母，连父母都不肯孝敬的人，还能为别人服务吗？不孝敬父母，天理难容。"

母亲不见得是一个伟人，但所有的伟人都有自己的母亲！拿破仑曾说过这样一句话："是母亲生育伟人们。"

美国记者波尼·安杰洛写了一本书《第一母亲——培养了总统的女人们》，书中讲述了入住白宫的罗斯福、杜鲁门、艾森豪威尔、肯尼迪、卡特、里根、克林顿、布什等11位总统母亲的故事。通过讲述这11位母亲的日常生活、思想感情以及对子女的培养教育和影响熏陶，揭示了母亲的伟大，每个人读后都能引起深思与共鸣。

正如高尔基所说："世界上一切光荣和骄傲都来自母亲。"

林肯也说："我之所有，我之所能，都归功于我天使般的母亲。"

一个人事业的成功自然归功于母亲，相反当一个人不听母训，触犯了法律锒铛入狱，感到惋悔后的第一句话也往往是："我对不起生我养我的母亲！"

如果因为工作忙，或者其他什么原因，长期没有回家看看，甚至连一封信也没有，一旦父母仙逝，那将是追悔莫及的。

2005年被评为"十大文化人物"之一的中国当代著名学者季羡林先生写的《赋得永久的悔》中有这样一段话："古人说：'树欲静而风不止，子欲养而亲不待。'这话正应到我身上。我不忍想象母亲临终时思念爱子的情况，一想到，我就会心肝俱裂，眼泪盈眶。当我从北平赶回济南，又从济南赶回清平奔丧的时候，看到了母亲的棺材，看到那简陋的屋子，我真想一头撞死在棺材上，随母亲于地下。我后悔，我真后悔……这就是我的'永久的悔'。"

青年时的季羡林

俗话说："难活不过人想人。"亲人之间离别后的"相思"是痛苦的，甚至会相思成病。父母与子女间由血缘天性决定的"苦离别"和"长相思"是难以用语言形容的，盼望重逢的心情和渴求团圆的愿望也是令人难以想象的。

唐朝狄仁杰为官清廉、秉政以仁、朝野赞誉。他常年在外做官，日夜思念父母，只要一有空闲时间就登上高山，遥望家乡方向的白云，回忆父母的嘱托，时刻不忘做一个好官。这就是历史上传诵的"望云思亲"的故事。

人们用一首诗赞美狄仁杰曰："朝夕思亲伤志神，登山望母泪流频。身居相国犹怀孝，不愧奉臣不愧民。"元代著名学者陈高有一首《思亲词》也表达了对双亲的思念之情："泪滴东瓯水，思亲欲见难，水流终有尽，儿泪几时干。"

古人称寻找离别亲人为"寻亲孝"，《二十四孝》中"寿昌寻母，弃官不仕"就是一个典型的故事：朱寿昌，宋朝天长人。自幼与母亲离散后，从懂事那天起就日夜想念母亲，整天郁郁寡欢，愁眉不展。每与别人谈话，泪流如雨。寿昌常到各地寻访都无果而终。寿昌思母心切，寝食不安，他嘱咐家人，在没有找到母亲之前，每餐不设酒肉！为了找回母亲，寿昌弃官不做，临行前对家人说："此次出行不见母亲，誓不返还。"他自陕西到陕州，一路跋山涉水，四处奔波，历经千辛万苦，终于找到母亲。当时寿昌以年过半百，母亲亦七十有余。母子相认悲喜交集，泪下如雨，所见之人无不感动涕零。寿昌的孝行也感动了朝廷，皇帝诏谕寿昌官复原职，之后又升至郡守。

现代也有"小亮寻父，锲而不舍"的故事。2005年1月25日《民主与法制》报以"情动人寰，四十二年寻父路"为题，报道了这样一个动人的故事：

陈小亮自幼与父亲在成都失散后，从懂事那天起就日夜思念父亲。10岁那年，他瞒着母亲，只身一人离家出走，从陕西南下成都寻父。一个沿街流浪的孩子不但没有找到父亲，最后因生活无路被遣送回家。小亮心中寻父的烈火不但没有熄灭，而且越烧越旺，常常通过各种方式和途径探听父亲的下落。

时间一晃30年过去了，1992年小亮认为寻父的条件已经成熟，在妻子的陪同下，准备好相关资料与经费，又南下成都寻父。大海捞针，谈何容易，经半个多月努力，不但无果而终，连自己的积蓄也全部花光了。

小亮虽遇到挫折，但寻父梦不灭。为了给寻父创造条件，经夫妻商量又做出了一个惊人之举：2004年8月7日，小亮夫妻费尽周折，筹措资金，在成都开了一个小餐馆，一边经营餐馆挣钱，一边千方百计寻父。小亮为寻父所做的一切是难以用语言表达和形容的。功夫不负有心人，经过前后42年的努力，终于在成都一个偏僻的农村找到了父亲。

最动人的一幕终于显现了：八旬老人陈德华见到了自己的亲生儿子陈小亮，就像孩子一样放声大哭，老泪纵横，连一句完整的话也说不出来……陈小亮见到自己朝思暮想的父亲，双膝跪倒在父亲面前，捶胸顿足，失声痛哭，高声喊着："爸爸，爸爸，我终于找到您啦！"父子两人抱头大哭，在场的人无不感动落泪。

也许你的父母正在为你上大学而辛勤地工作；也许你的父母正在为你购房而四处筹集款项；也许你的父母正在为你的婚姻而发愁；也许你的父母正在为你解决后顾之忧而照顾着你的孩子；也许你的父母身心疲惫，却依旧期盼着你的到来；也许你的父母病倒了，怕影响你的学习、工作而不敢告诉你；也许你的父母在没有见到你之前就远远地走了，却在九泉之下为你祈祷祝福，无论父母身置何方，做何事情，在父母心中却永远惦记着儿女的一切……

妈妈您在哪

妈妈

我轻轻地叫一声妈妈

禁不住泪如雨下

您用甘甜的乳汁将我哺育

您用辛勤的汗水滋润我成长

望着您

被岁月压弯的身影

轻抚您

因操劳而日渐干枯的手臂

儿的心已碎

当青春在我们脸上绽放光彩

岁月的霜也染白了您的满头黑发

当我们长大后

像鸟儿一样远飞

您却被思念的皱纹

爬满了原本细嫩的脸颊

牵挂中

穿起了多少不眠的春秋

期许里

度过了多少无语的冬夏

母亲啊

您在每一个夜晚

枕着儿的名字入眠

您总说

孩子

回家的时候不必敲门

你的脚步声妈早已听见

望眼欲穿啊

听到风吹树叶都以为是儿回家的脚步声

可是儿却让您一次次失望

如今儿已回家

却再也听不到您那熟悉的声音

再也看不到您那慈祥的面容

无人再问我的冷暖

无人再解我的忧愁

妈妈啊妈妈

儿多想靠在您温暖的怀中

多想在此刻

您能突然在身后

叫儿一声乳名

可是遍访天涯却无处寻找您的踪影

孩儿忍不住将您轻轻地呼唤

又生怕惊醒了您的安宁

我只能等

等您走入我的梦境

为人子，当知父母生我受尽辛苦，生我育我细心照顾无微而不至，如今老而枯；

思父母，栽培儿女精神全部付出，长大娶媳女儿出户时时挂心思，几个念父母；

亲若在，未能照顾等了父母已死，何人问你长短自思有亲多幸福，无亲更孤单；

失父母，如同孤岛受风雨而淋湿，没人照顾暖窝何处哀声掉泪珠，白云雨飘浮；

坟凄凄，父母亲啊您今是在哪里，儿很想您眼泪滴滴湿透胸前衣，无人来理睬；

田野荒，孤坟断肠家乡是在何方，生前快乐穿美衣裳如今草凄凉，野鬼作良伴；

断肠人，思念儿乡阴阳之隔两旁，因何故我生世渺茫如今后悔长，哭诉老苍穹。

十五、孝之反思

《大学》云："为人父止于慈，为人子止于孝。"可见孝慈是维系家庭和谐的根本，也是做人的本分。论父慈，有过之而无不及。尤其当今社会，特殊家庭的结构比例是 4：2：1，六个大人爱一个孩子，当然孩子不会缺少慈爱了；相反谈子孝，恐怕有不及而无过之。这倒不是因为一个孩子孝顺不了六个长辈，而是因为温室里长大的孩子不懂得感恩与报恩，缺少为家庭分担与付出的意识与责任感，缺乏中国传统孝道的教育，孝心被物欲蒙蔽而导致的恶果。

一旦家庭产生了纠纷，而无法和睦相处时，孝慈的可贵就显现出来，"六亲不和，安有孝慈？"老子告诫世人，我们提倡什么，什么就有缺失。今天我们提倡孝道，这说明孝道出了问题，我们来看看各大报纸、杂志、电视、网络等新闻媒体所报道的种种不孝事件：

中央电视台曾报道，河南安阳市的古稀老人吴某守寡 38 年，含辛茹苦将三个儿子抚养成人并都成了家。三个儿子生活均比较富裕，但老人到了晚年，却连个住处都没有。分家时口头协议，她只住三儿子院里的两间房子，等老人去世后，房子归老三所有。

老三借口翻盖房子，让老人搬了出去，在三个儿子家轮流住，一家一个月。三个儿子、儿媳都把老人当成累赘，都不愿老人在自家住。

老人只好找村支书来调解，甚至跪在地上哀求，三个儿子还是不答应。老人终于绝望，便当着三个儿子的面喝农药身亡。这些不孝子不仅受到自己良心的谴责，也受到群众舆论的批评，更受到了法律的制裁：老三被判处有期徒刑三年，另两个儿子分别被判处有期徒刑两年和一年。

在旧社会，通常公婆虐待媳妇，把媳妇逼得走投无路，不是投河就是上吊；在如今，往往是媳妇欺负公婆，把公婆逼得活不下去，不是跳井就是服毒。

《法制日报》1990 年 7 月 21 日曾有一篇文章谈道，1989 年天津市法院，受理与赡养有关的案件 1134 件，比 1988 年增长 5%。1989 年仅上海市崇明区，老年人非正常死亡 135 人，其中 55% 是因为赡养问题无法落实而自杀身亡。

2006 年，《中国青年报》报道，黑龙江省人大代表翟玉和，率 7 人普查组对全国农村养老问题进行调查，结果显示：

5% 的老人三餐不保；

45.3% 的老人与儿女分居；

53% 的儿女对父母感情麻木；

67% 的老人生病了买不起药；

93% 的老人一年添不上一件新衣服……

在繁华文明的城市中，有的老人，甚至是著名演员或作家死在家中，尸体腐烂才被发现，老人在空巢中意外死亡的事情屡见不鲜。

数字也许枯燥无味，但这些毫无感情色彩的数字，却撕碎了中国传统美德——孝道。

悠悠华夏，上下五千年，我们素以"礼仪之邦"著称。孝道是一种被人们推崇与遵循的事亲奉上的传统美德，可以说是中国传统文化最为显著的特征之一，是数千年来最伟大的立国精神，是健全家庭组织的基本要素，更是完善人格的奠基石。千百年来，多少古圣贤的孝行故事，感天动地，激励着一代又一代的中华儿女力行忠孝。它在协调人际关系、维护社会稳定、促进社会发展的进程中发挥了巨大的保障作用。

然而，天经地义的孝道，为什么随着时代的前进，反而发生了危机呢？而且已经成为一个迫在眉睫的社会问题。究其原因，除了大周以后礼崩乐坏，正道失传，传统文化渐渐衰微之外，还有一个重要因素就是封建统治者出于私心，把孝道这个老祖先所传之瑰宝歪用，致使这一宝珠沾染了污泥而减弱了其本有的光辉。

我们先来看看传统封建孝道的糟粕所在：

一是在"君选贤臣举孝廉"的背后所引发的伪孝。

一个孝子，自然会忠君爱国，一个清廉之人当然不会贪赃枉法。选上这样的人肯定会利国利民，问题是人们为了升官发财，就会打着"仁义"的大旗，去做出欺世盗名之事。

曹丕与曹植为了争夺太子之位，一次曹操准备出征，曹植写了一篇歌功颂德的文章，曹操大加赞赏，文武大臣刮目相看。曹丕自知文采不如其弟，他的谋士出谋划策，让他上演了一场哭父的假戏。善于心机的曹丕，表演得非常成功，感动得曹操老泪纵横，也使文武百官哭了一通鼻子，收到了"大孝子"的美名。

无独有偶，古代宋国的一个居民死了双亲，由于哀伤过度，面容憔悴，形销骨立。宋国国君知道了此事，为了表扬他的孝行，乃封他做官师。当地人听到这个消息，逢着他们的父母去世，都拼命地伤害自己的形体，结果大半都因此而死去。

孝，虽然是赤子行为的自然流露，一旦掺拌了私心邪念，再高明的演技都将使"孝"变得丑陋不堪。

二是对子女自我意识和人身价值的根本否定。

有这样一个故事，说曾参小时候跟他爹一块儿去地里耨地，曾参初学农活，自然笨手笨脚，一不小心就把两棵禾苗锄断了，他爹曾点勃然大怒，拿起棍子狠揍曾参，大概失了手，竟把曾参打得昏了过去。吓得曾点抚"尸"大哭，而曾参醒过来后，为怕爹爹担心，没事人似的对曾点说："我得罪了父亲，你没有打累吧。"为表明自己没事，他假装一点也不痛，到屋里抚琴作诗，悠哉乐哉起来。于是这一段故事被传为佳话，大概中国流传数千年的

"棒打出孝子"就是从曾家父子这个故事引申来的。

但即使在当时，大力倡导孝道的孔子对曾家父子的做法也并不认同，对曾点与曾参"各打五十大板"，他认为，一是曾点不应该下此狠手，失了为父之道，如果真的打死了儿子，岂不犯了故意杀人罪；二是曾参在父亲的暴力面前应该逃跑，使父亲不至于犯下"不父之罪"，自己也不至于失去"蒸蒸之孝"。

在如何对待"孝"的分歧面前，历代统治者是推崇曾家父子的做法的，故有"君叫臣死，臣不得不死；父叫子亡，子不得不亡"之说。这一故事就是愚孝的集中体现。

三是为维护封建专制而服务。

自西汉始，统治阶级就把孝道扩大到社会生活的各个领域，以孝治天下，形成了系统的孝道，把忠君、孝亲引向愚忠愚孝的歧路。传统孝道成为统治阶级捍卫本阶级利益的道德武器，成为麻痹劳动人民的精神鸦片。

郭巨，晋代隆虑（今河南安阳林州）人，原本家道殷实，父亲死后，他把家产分作两份，给了两个弟弟，自己独取母亲供养，对母极孝。后家境逐渐贫困，妻子生一男孩，郭巨担心，养这个孩子，必然影响供养母亲，遂和妻子商议："儿子可以再有，母亲死了不能复活，不如埋掉儿子，节省些粮食供养母亲。"当他们挖坑时，在地下二尺处忽见一坛黄金，上书"天赐郭巨，官不得取，民不得夺"。得到黄金，回家孝敬母亲，并得以兼养孩子。

虎毒尚不食子，何况是一位孝敬父母的人呢？这个故事荒诞愚昧，迷信色彩甚浓，被统治者推崇，乃"醉翁之意不在酒"也，统治者深知自己德行不够，达不到臣民的敬忠，故提倡愚孝，意在培养愚忠。

鲁迅先生在《旧事重提》中说："童年时代的我和我的伙伴实在没有什么好画册可看。我拥有的最早一本画图本子只是《二十四孝图》。其中最使我不解，甚至于发生反感的是郭巨埋儿这件事。"鲁迅先生还不无讽刺地说道，不仅他自己打消了当孝子的念头，而且也害怕父亲做孝子，特别是家境日衰、祖母又健在的情况下，若父亲真当了孝子，那么该埋的就是他了。

四是用《孝经》搞迷信走极端，颠倒了纲常伦理。

历史上也曾出现过"案头置《孝经》治病""面北诵《孝经》退黄巾""父病跪诵《孝经》昼夜不息"等荒唐做法。

如《三国典略》载："徐陵的儿子徐份极孝，父病重就长跪不起，泪流满面地背诵《孝经》昼夜不息。所以林同写诗赞扬说：'父疾亦云笃，如何豁尔平。孝经唯泣诵，昼夜不停声。'"

当然，在我国历史中的愚忠更是不胜枚举。例如《水浒传》中的宋江，从上梁山那一刻起，一直盼望着"招安"，想当一个效忠皇帝的忠臣，最终成为统治阶级的帮凶。平定方腊，"出去一百单八将，回来七十二只灵"，得胜册封之时，被奸臣暗算，明知酒中有毒，却带头愚忠，害死身边几乎所有的将领。这种愚忠显然是一种封建糟粕，只能当作历史。

然而我们也必须看到，传统孝道作为一种家庭或社会伦理规范，其功能与作用具体来说，有以下几大优点：

1."孝道"作为教廷伦理规范，有维系家人和睦，维持家庭稳定的功能和作用。人们用孝来调节家庭关系，并使之扎根于家庭，风行于社会。

孔子一生立愿，老者安之，朋友信之，少者怀之。中国人也一直追求"老有所终，壮有所用，幼有所长"。让老年人安度余岁，终养天年是社会追求的共同目标。

在中国历史上，社会赋予老人权利和尊严。子女不听老人的话，老人只要告到官府就可以定子女"忤逆"之罪。因为从古至今，没有一位精神正常的父母冤屈自己的子女。

在"文革"时，常见到一个词"孝子贤孙"，当时这个词多用于贬义，其实自古以来，它就是褒义的：不仅儿子要孝，孙子也不能免责！一个犯罪的父母，可以受到法律的制裁，但他们依然有权得到子女的孝养。

2. 孝道中"老吾老以及人之老，幼吾幼以及人之幼"，这种由敬爱自己双亲推广到敬爱所有的长辈的道德观念，体现了中华民族扶困济危、尊老爱幼的民族性和普遍的人道主义精神。

毛泽东同志在 1959 年回故乡韶山时曾深有感慨地说："共产党人是唯物主义者，不信神鬼。但生我者父母，这还是要讲的。"又如"陆绩怀橘以孝母""李密陈情报母"等折射其对父母恭敬有加，眷爱情深。再如木兰代父成边等，则反映了奋不顾身救父辈于危难的孝行，千百年来为人们所颂扬。

1979 年春天，日本松下电器顾问松下幸之助首次访问我国，回国后，他对中国留下印象最深的就是："中国尊敬老人。"

敬老爱老养老是中国人的传统美德。不仅古代帝王如此，当今国家领导人也是如此。一次，我们的温家宝总理出访澳大利亚，在做报告时，他问在座的来宾是否有年龄超过 65 岁，有一些人举了手。温家宝走上前去搀起一位老华人，扶到自己的座位旁让老人家坐下。他对随同访问的 6 位政府部长、副部长说："部长们都起立，把座位让给老人们吧。"于是，全场除了老人们坐在一排用来合影留念的座位上外，人们都在站着听温家宝讲话。温总理这一敬老举动赢得了在场所有人的热烈掌声与好评。

3. 孝道提倡"国之本在家"的思想，将国家的精神命脉系于家庭，讲究"家齐而后国治"。所谓"教先从家始"，"家之不行，国难得安"，"正家而天下定矣"，就是说这个道理。

春秋战国时期齐国已有规定：70 岁以上老人免一子赋役，80 岁以上老人免二人赋役，90 岁以上老人免全家赋役。

汉文帝明令：80岁以上老人每月供给一定量的大米、酒和肉。"凡孝于亲者人帛五匹。"

唐朝、宋朝、元朝规定：男70岁、女75岁以上者皆给一子侍。

明朝提出："尊高年，设里正，优致仕。"

清朝大办"千叟宴"，1722年康熙帝宴请全国70岁以上老人2417人。后来雍正、乾隆两朝也奉办过类似的"千叟宴"。

4. 孝道在中国古时社会具有超出家庭伦理的社会政治意义。广泛而深刻的家庭教育使之成为中华民族虽历经劫难仍薪传不熄的道德传统，成为一种高尚的民族精神。

孔子、孟子、曾子、荀子的孝道思想是先秦孝道理论的代表，也为我们后人研究孝道、践行孝道打下了坚实的基础。

孙中山先生在《三民主义之民族主义》中说道："讲到中国固有的道德，中国人至今不能忘记的，首先是忠孝，次是仁爱，其次是信义，其次是和平。这些旧道德，中国人至今还是常讲的。……《孝经》所讲孝字，几乎无所不包，无所不至。现在世界中最文明的国家讲到孝字，还没有像中国讲到这么完全。所以孝字更是不能不要的。"

江泽民先生提出"以德治国"的方针，实则内涵了传统的孝道。

这些孝道精髓的继承，对我们社会主义精神文明的建设大有裨益，我们要采取实事求是的态度，对传统孝道做出正确评价，并使之古为今用。

孝道无论在过去、现在和将来，也无论是黄种人、白种人和黑种人，是人人必须遵循的人性原则和繁衍规律。孝道是全人类的共同财富、全球伦理、永恒的人文精神和"天下第一道德"。孝是"放之四海而皆准的真理"，穿越千古万年，生生不息。

十六、孝之衰落

孔子闲居在家，曾子在旁陪坐着。

孔子说："先代圣王尧、舜、禹、汤、文、武等，他们有至高无上的德行，极其重要的道理，可以用来指导天下人民，全国因此和睦相处，上上下下都不怨天尤人，你知道这种至德要道是什么吗？"

曾子听到孔子的教诲，立刻恭恭敬敬地站起来，走到孔子的面前说："老师，我实在不太聪敏，怎么能知道这种至德要道呢？还是请老师教导我吧！"

孔子说："孝道，是道德的根本，一切的教化都是从孝产生出来的。你坐下来吧，现在让我来告诉你。"

身体发肤是父母所生的，我们应当要谨慎地爱护它，丝毫也不敢损伤它，这是孝顺父母的头一桩事。然后，立身行道，有所建树，遵守仁德做事，止于至善，使名声能显扬于后世，来容显父母，这是孝道最高尚圆满的境界。

所以孝道这件事，起初在幼年时代如果能够孝顺父母，和兄弟和睦相处，到了中年时代，就能移孝作忠，侍奉君长，为国尽忠，到了老年时代，顶天立地，扬名于后世，道成天上，名留人间，这才是完成了最终圆满的孝道。

谁了时至当今，人伦荒废，孝道不能大行于天下，乃至酿成严重的社会问题，因此我们不得不面对这个残酷的现实。那么问题究竟出在哪里了呢？

第一，平心而论，谁不希望父慈子孝？谁不希望家庭和谐？谁又不希望教育好下一代？问题在于近百年来，中国传统文化发生断层，我们从小就缺乏圣贤教诲，不明孝道真谛，所以无法对下一代进行教化。我们总以为不缺父母吃穿就是尽孝了，其实这是远远不够的。

子夏是孔子文学方面的继承人，所以孔子希望他日后能大力弘扬孝道。但他为人又谨小慎微，十分严紧，不苟言笑，表情严肃。所以在与双亲相处过程中，态度难免有些呆板生硬，缺乏温和，让别人看了觉得有点生分。故当他问孝道的时候，孔子借机对他说："色难。有事弟子服其劳，有酒食，先生馔。曾是以为孝乎？"子女侍奉父母，最难的是天天都能和颜悦色。如果有事，有年轻子弟为长辈效劳，如有珍品佳肴时，先供父兄饮用，难道这样就算是尽孝吗？

即便如此，我们不妨扪心自问，就是这样再简单不过的孝敬我们又做到了多少呢？父母口渴时，你给他们毕恭毕敬地端过茶吗？父母疲乏时，你给他们诚心诚意地洗过脚吗？父母饥饿时，你给他们及时丰盈地做过饭吗？诸如此类，实在太多了……

那什么才是真正的尽孝呢？衡量一个孝子的重要条件就是"诚于中，形于外"。意思就是，孝敬父母，关键之处在于内心诚敬，只有这样，才能由内而外地自然表现出对父母的孝敬。

所以，孝道是有境界的：小孝养生，中孝怡心，大孝承志，大大孝立德。

第二，我们不能身体力行，有孝心没孝行，有理论没实践，所以我们讲得再好，也不能使孩子信服。

有一个公益广告的情景让人记忆犹新：当忙碌一天的你，不忘端着一盆热水，给妈妈洗脚，孩子正在你的身后默默地注视着，转了身，用稚嫩的小手端来满盆的水，轻声对你说："妈妈洗脚！"

因此，父母是孩子最好的老师，"身教更胜于言教"，父母也是人生第一个老师，当孩子没学会说话、走路的时候，父母的言行、家庭的氛围便在孩子心灵中，潜移默化地起着作用，后天品格的基础正在这个时候奠定。尤其幼童时期，孩子还听不懂普通的道理，他更重视的是事实与直接感受。所以以身示道胜过千言万语。

过去有一个不孝子，当他的父亲年老体衰时，他觉得父亲成了负担。于是他用担子挑着父亲上山，准备把父亲丢下，正当他要返回的时候，跟在身边的孩子突然问道："爹爹，为什么不带爷爷回家？"父亲说："爷爷老了，不中用了，我们走吧。"孩子说："那好，不过您要将这担子带回去。"父亲不解，问道："你要它做什么？"孩子说："等您老了，还得用它来担您呢！"父亲听后惊呆了，也许单纯天真的孩子以为人老了，都得用担子挑出家门，并无任何恶意。但是，这位父亲却听出了弦外之音："善有善报，恶有恶报，不是不报，时辰未到。"于是，他马上又用担子将父亲挑回了家，从此再也不敢不孝顺父亲。

这种不敢不孝，虽非发自内心，但对维护孝道起了一定的作用。起码老人不会流落街头，受冻饿之苦。故当天良丧失时，教化将起着巨大的作用。教育的核心就是因果，从古至今没有一个虐待老人的人，会生出孝子而善终。

第三，"孝道颠倒"，我们成了孝顺孩子的"孝子"，这是人类最大的悲哀，对社会危害极大。我们拿树来做比喻，我们浇水只滋润枝叶而不润其根，其树必死。父母就像是大树的根，枝干就是儿女，叶子以及果实就是我们的子孙，树根为果实无偿输送养分。那我们有没有润根，来孝顺我们的父母呢？还是一味地润枝，做一个孝顺孩子的老"孝子"呢？

英国有一句谚语："父母之爱为诸德之基。"说明人生德行的基础，大部分来自父母之爱。普天之下几乎没有不爱孩子的父母，爱是一种具有极大能量的行为。如果你在一味地爱孩子的同时，忽略了爱自己的父母，那么你的孩子长大成人之德行基础，便会缺少孝道的成分，他同样也会爱他的孩子而忽略了你！

多昂贵的玩具，只要孩子开口，父母就会买给他；多高档的服装，只要孩子喜欢，父母也都会满足。那么，我们是否给自己的父母买过一件名牌服装？孩子的生日我们知道，父母的生日我们知道吗？孩子的好恶，我们清楚；父母的喜好，我们也明白吗？孩子是皇帝，我们是奴隶，这样溺爱下去，不仅害了孩子，也给自己种下了苦果。

有的孩子自私自利，有好吃的不给父母吃；有的孩子从不帮父母干活，衣来伸手，饭来张口；有的孩子就不听父母劝告，一上网吧便不回家；有的顶撞父母，对长辈不恭不敬；还有的叛逆，专与父母作对；更有甚者，还威胁父母，甚至暴力对待。

这不都是"孝道颠倒"所造成的恶果吗？

2006年5月24日某媒体报道了这样一条消息，题目是《半百老农深夜电死亲生母亲》。50岁的安某是某地农民，1996年6月，他的父亲遭车祸受伤，不久去世，母亲身体多病。他为了独吞肇事者数千元钱的赔偿，一天夜里，趁母亲熟睡之际，将电线连在老人手部和头部，然后残忍地接通了电源，将亲生母亲电死。

无独有偶，有一个孩子，从小娇生惯养，父母把他从周一到周日要穿的衣服都安排得井井有条。他的父母按照自己的想法，给他设计好了人生轨道。

可能你会问，这样难道不好吗？我想让人管还没人管我呢？告诉你，这样溺爱的结果便是：孩子的天性与创造力被扼杀，甚至导致心态扭曲。

当这个娇生惯养的孩子与一个女同学相处时，遭到父母极力反对。这直接引发了他对父母的仇恨，趁父母熟睡的时候，他残忍地用斧子将父母砍死。

俗话说："冰冻三尺，非一日之寒。"事后记者采访发现，这个娇生惯养的孩子心态早已扭曲——在他家阁楼里，发现许多死麻雀，每只麻雀的头，都被他用钉子死死地钉在木板上，并且所有麻雀都是紧闭双眼、大张着嘴，这些麻雀临死之际，凄惨的神情惊人一致！想想大自然中千姿百态的麻雀，它们灵动的身影常令我们心动不已，两相对比，我们情何以堪？你能想象这幅场景竟是出自一个孩子之手吗？

2006年1月1日某媒体以《为骗百万保险，纵火烧死生母》为题，报道了一起"全国罕见的杀母骗保案"。初某，为实现一夜暴富的梦想，经过长达半年的精心策划，一日深夜制造家中意外失火的假象，将亲生母亲活活烧死。之后他向两家保险公司索要巨额的保险赔偿。天网恢恢，疏而不漏。经过警察缜密侦查，终于使其如实交代了令人发指的犯罪动机和经过，最终他受到了法律的审判。初某的这种恶行，还被国内媒体评为"中国五大不孝"之第二人。

这一幕幕触目惊心、丧心病狂的杀父害母的案件，不正说明了孝道颠倒所带来的严重恶果吗？难道这些还不足以引起世人的警醒与深思吗？

第四，在家庭教育、学校教育、社会环境中都"重视技能培养"，而"忽略了品格培养和人格完整"，使得孝道的风气没有蔚然成风。周弘被誉为"赏识老爸"，周弘创立的赏识教育被称为"中国家庭教育第一品牌"。在世界最著名的六种教育方法中，只有赏识教育是中国土生土长的，它是中华民族的教育瑰宝，是中国人民的骄傲！周弘曾说："任何成功都无法弥补教育孩子的失败！教育孩子的失败是天下父母心头永永远远的痛！"

谁都晓得先做人后做事的道理，但是一些父母至今尚未觉悟，一门心思地让孩子考大学，找好工作，升官发财，追逐名利；学校只注重技能培养和升学率，很少给孩子灌输做人的道理；而当你走上工作岗位后，老板更不可能跟你讲做人之道了。

孝道乃是做人的基础，是完整人格必备的条件之一。古人云："鸦有反哺之义，羊知跪乳之恩。"身为万物之灵首的人类，如果不去孝顺父母，又凭什么顶天立地做人呢？

有的家庭兄妹多，生活条件都很好，可是在赡养老人问题上却讲客观、摆条件、谈困难、找借口，相互推诿扯皮。

女儿说："嫁出的闺女是泼出去的水，父母应是兄弟们养活。"

弟弟说："我沾父母的光最少，父母应哥哥养活。"

哥哥说："从小我帮父母拉扯你们出力太多，父母现在应该轮到你们养活。"

相对困难的子女说："父母应该由富裕的子女养活。"

相对富裕的子女说："父母应该由大家共同养活。"推来推去，老人无奈，成了流浪汉，不得已沿街乞讨。

传统曲目《墙头记》中把古代兄弟二人相互推诿、不养父母的不孝行为表现得淋漓尽致。剧情是这样的：一位老父亲辛辛苦苦把两个儿子拉扯成人，安家立业，娶妻生子，日子过得红红火火。可是两个不孝之子却把父亲视为累赘，为赡养老父亲，兄弟二人还大打出手，并在两家之间砌上了一堵高墙，发誓老死不相往来。

可老父亲总得有人养啊，无奈之下兄弟二人签订了每人赡养一个月的"分养协议"。大儿子首先赡养了一个月，30 天后从墙头上把老父亲交给了二儿子。恰值第二个月是 31 天，二儿子认为自己要多赡养一天，吃了亏，于是到第 30 天就把老父亲送到了墙上。大儿子以"按月计算"协议为由，拒不接受老父亲，可怜的老父亲就在高高的、窄窄的墙头上饥寒交迫地坐了一天。

现在很多人都在赡养父母的问题上互相推诿，甚至闹上法庭。有些人或迫于舆论的压力，或碍于面子，最终才赡养了父母。

中国社会一向有"多子多福""养儿防老"的传统观念，但实际情况说明孩子多了却出现了"三个和尚没水喝"的尴尬局面。

2005年某媒体转载了这样一件令人寒心的事：一位年逾七旬的老太太，由于身患重病，五个儿子推来推去，都不愿扶养。小儿子对哥哥们有意见，居然在带母亲看病途中，将母亲遗弃街头。

中国古老的《诗经》对这样的现象也做过辛辣地讽刺："有子七人，莫慰母心。"意思是，有位母亲辛辛苦苦生有七个儿女，但到老了也无人慰藉母亲。所以《劝报亲恩篇》中告诫说："人子一日长一日，爹娘一年老一年。劝人及时把孝尽，兄弟虽多不可攀。"

辽宁老人张某，膝下三儿一女。儿媳、女婿都是干部，家家日子过得很红火。5月的一天，老人突发脑病，五天昏迷不醒。此时此刻儿女们想的不是如何救治老母，而是一起开会，将老人的房产和1万元现金及5万元存折瓜分了。正当他们等着老人咽气时，第九天老人却奇迹般地醒了过来。

这样的儿女哪有一点孝心可言，让人寒心！多子女的家庭把"争遗产之心"转换为"争赡养之行"，那该多好啊！

这样的"孝顺"在我们身边究竟还有多少？孝顺父母理应各尽其心，因人而宜，可以有力地出力，有钱的出钱，互相取长补短，共同来为父母颐养天年尽孝心。

有的父母宁可自己少花点，把节余的钱暗暗地补助给贫困的子女，这种现象在现实生活中也是常见的。十个手指虽然不一般长，但咬咬哪个都疼，父母不忍心看到自己任何一个孩子生活困难，富裕的子女在这一点上应该理解和宽容，这并不是偏袒，"此乃父母兼爱之心也"。

然而，同胞之间，怕吃亏，要求绝对平等，以牺牲老人为代价。不少农村老人由子女轮养，吃饭如同乞丐要饭，儿子媳妇脸色难看，说话难听，遇到一个子女不兑现，不是断炊就是无处栖身。老人治病无钱，只好小病忍，大病拖，听天由命，备受痛苦的煎熬。

这样不孝之人，我们还能称之为人吗？确实禽兽不如！

明初文学家宋濂在《猿说》中讲述了这样一个慈孝故事：福建武平地区，有一种毛似金丝，闪闪发光的猿猴。幼崽从不离开母亲，母亲也时刻机敏地保护着孩子。一次母猿不幸被猎人射中，它知道自己生命垂危，于是就拼命挤出自己的奶水，洒在石上，以留给幼崽吃，当乳汁挤尽后气绝而亡。为了抓住幼崽，猎人在树下用鞭子抽打着母猿，幼崽实是目不忍睹，便哀叫着从树上跳了下来，自投罗网。最后幼崽抱着母亲乱蹦乱跳，心痛至死。母亲死得多么惨烈，幼崽死得多么悲壮，母子情深，实是动人。

"驴子孝"墓碑

"驴子孝"的故事同样令人动容。2000年4月9日，敦煌地区于维明老人喂养的一头驴妈妈——"桑桑"，因在野外误食毒草而突然病倒了，刚刚出生三个月的驴宝宝——"毛毛"发现后拼命地用头拱妈妈，用蹄子推妈妈，企图把妈妈扶起来与其一起回家。

尽管"毛毛"想尽一切办法，但还是无济于事，无奈自己跑回家，领主人把"桑桑"运了回去。驴妈妈从发病到死亡的七天时间里，"毛毛"寸步不离妈妈，眼睛里总是不停地流着泪水，有时低吟，有时仰空嘶鸣，试图唤醒妈妈；在这七天里，"毛毛"总是不停地用舌头舔妈妈的身体和眼睛，试图让妈妈睁开眼睛再看看自己。

于维明的老伴看在眼里痛在心上，专给"毛毛"做了一锅平时最爱吃的稀饭，摸着"毛毛"说："孩子，我6岁时死了母亲，可我也得活呀。你也要挺过来呀，喝一点稀饭吧。"

"毛毛"看了看，又闭上了眼睛。就这样，"毛毛"不吃不喝，整天围着妈妈转啊、拱啊、舔啊、叫啊，身体一天天瘦下来。直到第七天妈妈死去，"毛毛"最后一次舔了舔妈妈的眼睛，一头栽到妈妈怀里，死去了。

牧人于维明含着热泪埋葬了它们。著名探险家、诗人乐荣华听说这个故事，心灵受到前所未有的震撼，在悲痛之中，为这对驴母子立了墓碑，墓碑前面刻着"驴子孝"三个大字，后面刻着墓志铭。

歌手王嘉铭根据这个故事创作了同名歌曲，歌中唱道："是谁在亲吻母亲的脸颊，从清晨到日暮守护着她？是谁依偎在母亲的腋下，用自己的身体温暖着她？哦，妈妈，孩子怎能将你丢下？哦，妈妈，养育之恩还未曾报答。快快醒来吧，我要牵着手和你一起回家……"

过去，农村不孝敬老人受到全社会的舆论谴责，还会引起公愤。不孝子女不敢为所欲为。现在舆论弱化，谁也不愿意得罪人。不少老人怕"家丑外扬"，子女更是无所畏惧，变本加厉地虐待不敢声张的老人。

还有一些子女受功利主义的影响，对老年父母采取实用主义态度，老人身体尚好，还能种菜、饲养、做家务，或者可以照看孙子孙女，就欢迎，一旦做不了了，反而需要别人服侍，而且生病花钱多，就厌烦，甚至怨恨。亲子之间的关系成为商品关系。一些子女强迫老人从事过重家务劳动，动不动就训斥，使老人从精神和肉体上遭受摧残。

所以有人用球来讽刺当今的不孝子，当父母有用的时候，当作橄榄球抢来抢去；不中用的时候，就当作足球，踢来踢去；父母老了、病了，就变成铅球，推得越远越好！俗云："孝顺父母天降福。"因此，看上去推走的好似负担，其实推走了自己的福德。

不孝子是如此这般的对待自己的父母，而父母又是如何对待不孝子的呢？

古时有个财主，不孝顺母亲，将母亲赶出家门，沦落为乞丐。有一天，母亲乞讨到儿子家门前，儿子正带着孙儿出来，老人急忙躲了起来，心中默默祈祷："我见我儿生了儿，别叫孙儿弃我儿，我儿不孝我无妨，但愿孙儿孝我儿！"不论你怎么对她，她都会原谅你，这就是母亲！做儿女的，于心何忍？

儒学大师曾国藩曾说过："孝顺父母、友爱兄长的人家，则可以绵延十代八代。"可见只有孝顺父母，友爱兄长才能使福禄增长，家势好运经久不衰：

邓小平赡养继母；许世友四跪慈母；温总理陪母；鲁迅敬母；著名歌唱家李双江冒着烈日背母看海，孝行感人；北京某上市集团的张总愿折寿延长父命，父亲病危期间，日夜守候，在走廊里度过一周的不眠之夜；金利来老总为母亲过生日，跑遍了全市，却买不到一块像样而又满意的蛋糕，于是他在心中发誓，将来一定为父母做一块最大最美丽的蛋糕，由于他的这片孝心，终于成就了蛋糕大王的美称；周大生金银珠宝行的周董事长感慨说道："我们所为父母做的一切是应该的；所做的一切与父母相比是微不足道的；孝顺父母不容等待，要好好珍惜与父母的这段因缘。"

当代的大孝子谢延信，曾被评为感动中国十大人物之一。他 30 年如一日地细心照顾自己的岳父岳母，从无推脱，这样的举动就连亲生儿女也未必能做到，可他这个女婿做到了。现在很多人都在赡养父母的问题上互相推诿，甚至闹上法庭。有些人或迫于舆论的压力，或碍于面子，最终才赡养了父母。

1998年春节晚会上，《常回家看看》这首歌让人们于不经意间想起我们这个民族传统的孝道。据歌手陈红说，她唱了这首歌后，有的老年人拉着她的手连声说："这首歌唱出了我们的心声。"然而，被这首歌所震撼的不仅是老年人，还有很多中年人、青年人……如果我们不缺少亲情，我们还会被这首歌所震撼吗?

英国有位孤独的老人，无儿无女，又体弱多病。随着年龄的增长，他一个人生活越来越艰难，他想来想去，最后终于决定搬到养老院去。在去养老院之前，老人宣布出售他漂亮的住宅。购买者闻讯蜂拥而至。住宅底价8万英镑，但人们很快就将它炒到了10万英镑。虽然价钱还在不断攀升，但老人却非常忧虑，这栋房子曾陪伴他度过大半生，这里有他熟悉的一切，他对这栋房子的感情非常深厚，是无法用钱来衡量的。若不是年老体衰，他是不会离开这栋房子的。

一个衣着朴素的青年来到老人眼前，弯下腰，低声说："先生，我也好想买这栋住宅，可我只有1万英镑。可是，如果您把住宅卖给我，我保证会让您依旧生活在这里，和我一起喝茶、读报、散步，天天都快快乐乐的——相信我，我会用整颗心来照顾您!"

老人颔首微笑，把住宅以1万英镑的价钱卖给了他。

其实，在今天这个物质已经很丰富的年代，对于消费相对较低的老年人群来说，缺少的更多是心理需求，而不是物质需求。从暴力到杀害，从威胁到遗弃，从孤独到空巢，从顶撞到叛逆，对父母双亲顾而不陪，陪而不养，养而不敬，敬而不顺，顺而不劝，劝而不诚，诚而不恒等种种社会现象，着实令人担忧、令人痛心。

俗云："教儿婴孩。"儿童天性未染前，善言易入；先入为主，及其长而不易变；故人之善心、信心，须在幼小时培养；凡为人父母者，在其子女幼小时，即当教以孝悌之道，以培养其根本智慧及定力；更晓以因果报应之理，敦伦尽分孝道；若幼小时不教，待其长大，则习性已成，无能为力矣！

所以，该到认祖归宗的时候了！我们今天重新提倡孝道，重振纲常伦理，唤醒世人之本性，使家庭幸福、社会安宁、国家和谐乃至世界大同，有着极其重要而又深远的意义。

十七、孝之原理

也许有人会问，我们为什么一定要孝顺父母？它的原理是什么？

从人之天性来讲，孝就是孝，没有为什么。子曰："夫孝，德之本也，教之所由生也。"孝是德行的根本，德之根本源于天赋之灵明，故由孝而生出教化，教化之根不离孝，不失根本方为正常合理。由此可见，爱养子女、孝顺父母是一件天生自然、不学就会的事情。就像太阳东升西坠一样的自然。难道是为了荣华富贵才孝顺父母吗？难道是怕舆论指责我们不孝才去孝顺父母吗？难道是为了登报、上电视吗？这里面容不得半点虚伪。

可是在某些国家，却需要签订"父母子女契约"：子女在未成年之前，父母有养育的责任，父母年老时，子女同样有赡养父母的义务。这是多么的荒唐而又可悲的契约啊！这契约完全背离了人之天性，父母与子女之间的亲养敬孝，本不该当作教化或定之于法律，它是一种天然的本性。在野生动物中，当你伤及它的孩子或父母，它们都会舍身相救，甚至记仇报复。乌鸦讲不出反哺的理论，羊羔不用教就会跪乳。从古没有一只狗嫌主人家贫，没有一匹马乱伦，也没有失序的雁群，此乃天性也。

清朝道光年间，烈山集有一屠户，叫张六子，一生杀牛无数。在他46岁那年，一次张六子从邻村依便宜价买来一头母牛和一头小牛犊，一天张六子准备杀掉这两头牛，当他磨好刀，到屋里去拿盛血的盆，回来后，刀不见了，这时只看到老牛在流泪，小牛蹲在一个墙角也在流泪，这时张六子走到小牛跟前，把小牛拉开，发现刀原来在小牛屁股下藏着。张六子明白了，原来是小牛为了保护老牛把刀藏在自己屁股下，这种保护母亲的孝道精神在牲畜中都存在着，小牛的行为感动了张六子，他流泪了，并当场发誓，从今日起永不做屠宰生意，并立即把刀扔到水坑里。这时老牛在小牛耳边低叫几声，只见小牛马上向张六子跪下……

从此张六子把这两头牛喂养起来，不再杀生，并走入佛门，信仰佛教，并终生吃素。母牛死后，小牛在张六子86岁去世时，不吃不喝，等张六子去世后的第七天它也死去了。所以说"孝道文化"可以改变人使之成为善人，也能使人与万物和谐。

有这样一个故事，美国曾发生了一起枪击事件，一位7岁的小女孩，为了保护母亲的安危，用自己的身体替母亲挡了歹徒7枪，经过及时抢救，小女孩总算脱离危险。我们可以试想一下，在这千钧一发之际，一个7岁的小女孩，根本顾不上思考什么，全凭天性而为。孝的天性是不分民族、国籍的，凡有血肉皆如此。

南北朝时期，南朝出了个少年英雄姓吉，他从小就非常孝敬父母，对年老多病的双亲十分体贴。邻居们都夸他是好孩子。

小吉11岁时，母亲病死了。此后不久，不幸降临到他的身上。他的父亲当县令不久，就被人陷害，抓进监狱，并准备押送京城处死。小吉得知父亲即将冤死，真是如雷轰顶，历尽千难万苦赶到京城，不顾守门卫士的阻

拦，闯到皇宫门口，击响了朝堂门前的登闻鼓。坐朝的梁武帝一看带进来的竟然是个小孩子，觉得很奇怪，厉声说："小小年纪有什么冤屈？你可知道乱闯皇宫是要杀头的！"

小吉向梁武帝陈说了父亲的遭遇，并请求代替父亲受死。这番孝心让梁武帝惊异，但梁武帝不相信一个孩子做得出这样的事情来，怀疑他一定是受人指使的。他命令廷尉蔡法度严加讯问。法庭上摆满了各种各样的刑具，几个如狼似虎的差役将小吉按倒在地，手中挥舞着刑具。蔡法度严厉地讯问："你是个小孩子，能懂得什么？一定是有人指使你来告状的！快将此人如实招来，免你一死！"

小吉镇定自若地说："我虽然年幼，但也懂得死的可怕。但想到幼年丧母，还有好几个弟弟，如果父亲死了，谁来照顾他们？所以我才下定决心冒犯皇上，请求替父去死。我已将生死置之度外，为什么还会受人指使呢？"

蔡法度又换上一副和颜悦色的面孔，说："皇上了解你父亲没有罪，就要把他释放了。我看你聪明俊秀，前途不可限量，为什么小小年纪就苦苦要求代刑受死呢？"

小吉回答说："鱼虾蝼蚁尚且爱惜自己的生命，更何况是人?! 谁愿意无缘无故地粉身碎骨呢？我只是因为父亲受人陷害，不久就要被处死，所以才要求替代父亲去死，希望父亲活下来。"

蔡法度见小吉说得义正词严，合情合理，不由得暗暗佩服。于是他命令狱卒为小吉除去沉重的脚镣手铐，换上一副小些的。哪知小吉坚决不同意，说："我既然要求替代父亲去死，怎么能减轻刑具呢？我只求早日释放我父亲，让我马上去死也心甘情愿。"

蔡法度把这些情况向梁武帝汇报了，梁武帝便宽恕了小吉的父亲。父子俩死路逢生，高高兴兴地回家了。

退一万步，从生命唯一的角度来说，也应该孝顺父母。俗话说："树有根，水有源，人有祖先。"没有父母，哪有我们？我们是父母的唯一，是父母生命的延续。有一首歌唱道："世上只有妈妈好，有妈的孩子像块宝，投进妈妈的怀抱，幸福享不了！"我们是父母的心肝宝贝，父母在我们心中又是什么呢？父母对我们照顾得无微不至，试问我们又对长辈怎样呢？

扪心自问，我们自愧不如：当我们吃得少，父母担心我们挨饿；我们穿得少，父母担心我们受冻；我们不小心摔倒，父母却自责不已；我们生病了，父母昼夜服侍，求医问卜；我们惹父母生气，父母虽然打我们，也是打在儿身，痛在娘心啊；我们成家了，父母又为我们的孩子操劳。

父母把我们带到这个世界上，仅凭这点就足够了，何况父母为我们辛苦操劳一生呢？如今父母老了，可以说见一次面就少一次，一旦父母去世，我们想要报答也没有机会了。因此，从及时的观点来看，也应该孝敬父母，但我们常犯的错误是，等我有了钱一定好好地孝敬他们，等我买了大房子一定接老人来住，等我忙完这段时间一定回家看他们。岁月催人老，和父母相处的时间从出生那天起就进入了倒计时，敬孝等不起时间，必须在当下，抓紧一切时间孝敬父母，要不然，只会留下无尽的后悔……

已过不惑之年的汤姆就害了这样的心病。每当回忆起自己的父亲，仍然是悔恨万分。当年在他快要大学毕业之时，父亲曾经答应要送辆新车给他，作为他毕业的礼物。毕业前夕他的父亲不厌其烦地带他跑了许多车行，终于选到了他的最爱。

毕业那天，他怀揣着证书奔跑着回家，眼前不断浮现出那辆崭新的汽车，他想到马上就可以驾着它出游而兴奋不已。可是，当他踏入家门的时候，却没有看到他心中期望的那辆车，心中掠过一丝失望。这时，父亲又捧出了一本《圣经》对他说："儿子啊，祝贺你毕业！"他彻底失望了，他伤心、怨恨，没想到自己所敬爱的父亲却是这样不守信用，他转头跑出了家门，而这一走就是 30 年。

经过 30 年的风风雨雨，他对父亲的怨气早已消失得无影无踪，取而代之的是对父亲的想念。一天，他收到了母亲的来信，母亲在信中告诉他，他的父亲病危，希望他能够回来见父亲最后一面。刹那间自责与懊悔涌上心头，他大脑一片空白，只知道要回去，要见到父亲，要告诉父亲，自己是多么的爱他，多么的想念他……

因为天气的原因，当天的航班都延迟起飞，他内心焦急万分，心里一直默默祈祷："上帝保佑！"终于他搭乘了最早通行的一班飞机，飞机到达机场，他便第一个冲了出来，急忙拦下一辆出租车，向医院飞驰而去。

在出租车上他回想起自己的父亲，其实父亲是个幽默而乐观的人，还记得有一次自己将刚买的冰棒掉到了地上，于是便哭了起来，这时候父亲微笑着对他说："汤姆，不要哭，你把鞋子脱掉，用脚踩在冰棒的上面，是不是感觉凉凉的，很有趣？听到了吗？冰棒还发出嘎吱嘎吱的笑声。汤姆，遇到任何事，总有让你开心的一面，我的儿子，你要乐观地去面对人生。"这时的父亲正在用尽全身的力气支撑着，他喊出了汤姆的名字，在一旁的母亲赶忙趴在他耳边安慰道："汤姆马上就到了！你一定能见到他！"

出租车终于到达了医院，他付了钱，根本等不到司机找钱给他，也顾不上身后司机的呼喊，只是往电梯方向奔去，电梯的门刚刚关上。现在对他来说，每一秒钟都是那么的重要，他跑向楼梯，嘴里不停地说着："爸爸，请等我！爸爸，请等我！"

其实，父亲一向是守信用的，记得有一年的圣诞节，父亲答应要送汤姆礼物，可是由于应酬而忘记了，当父亲走到家门口的时候，突然想起了对儿子的承诺，于是又开车跑了很多家玩具店，终于买到了儿子喜欢的玩具熊。

想到这里汤姆愈加地懊悔，30年前的事情，一定是有什么原因，可是自己就那么任性地离开了他们……

此时的父亲正躺在病床上，他已经无法讲话，但是眼睛却一直死死地盯着病房的门，那本《圣经》就在他的胸前，他的手牢牢地握着，他艰难地支撑着，呼吸渐渐地急促，就在门被推开时，他的眼睛永远地闭上了。

最终，汤姆没有对父亲说出自己想说的话，他静静地坐在父亲的身边，一遍遍地抚摸他的眼睛、头发，他的泪水打湿了父亲的衣服，这时他注意到了父亲胸前的那本《圣经》，他轻轻挪开父亲的手，双手捧起这本曾经因此而离家出走的《圣经》，心中充满了对父亲的无限哀思，汤姆缓缓打开《圣经》，发现了一封信，是父亲的笔迹，他急忙打开，里面写道："汤姆，我的儿子，其实父亲从没有忘记你的礼物，只是父亲想让你学会耐心和坚持。所以，你离家出走后，父亲也从没有解释过这一切，因为总有一天你会学会宽容和理解。我爱你，我的儿子。"

信封里还有一张发黄的支票：那票额正是他当初看中的那部车子的全款，而那日期正是他大学毕业的日期。此时，汤姆的惊诧是难以用文字形容的，他的悔意，也是无法用任何行为来减轻的。年轻的莽撞，竟然使他失去了一生最宝贵的父子亲情！只为一时失望的愤怒，竟然残忍地辜负了始终深爱他的父亲。

古哲云："树欲静而风不止，子欲孝而亲不待。"所以，不要让自己留下像汤姆一样永远无法弥补的遗憾！

常言道："受恩容易，知恩难；知恩容易，感恩难；感恩容易，报恩难。"从报恩来看，更应该孝顺父母。如果朋友帮我们一个忙，我们都会很感谢，时刻想着怎样回报他，甚至报答得更多一些。那么我们的母亲为我们洗了不知多少次脚，花了不知道多少金钱和精力在我们身上，又为我们洗了多少次衣服做了多少顿饭，我们为父母又做过些什么呢？我们有没有想过要如何报答呢？

一次一位女中学生放学刚回到家，就和母亲顶了嘴，母亲生气把她赶了出去，并说："别再回来吃饭了。"小女孩在大街上垂头丧气地走着，走到一个面馆旁，站住不走了，开饭馆的老奶奶看出孩子是饿啦，便招呼姑娘过来，说："姑娘，饿了吧？来吃碗面吧。"姑娘说："老奶奶，我没钱。"奶奶说："没事，没钱也让吃。"于是姑娘就坐下，老奶奶给她端上一碗热腾腾的面条。老奶奶问："姑娘多大啦？"答："14 岁。"说着说着女孩哭了。老奶奶说："哭什么？"女孩答："您不认识我，还给我做饭吃，俺亲妈还不给我做饭吃呢，我真感激您啊！"老奶奶说："不对，不对，你妈妈给你做了14 年饭啦，怎能说不给你做饭呢？感恩也要首先感谢你父母的恩啊！不能忘记父母之恩啊！"女孩听后又哭了。老奶奶说："吃完面条，赶快回家，你妈妈一定到处找你呢！"女孩吃完面条，向家走去。她妈妈早已在大门外等着她，并说："饭做好啦，快回家吃饭吧！"

这个故事说明两个道理：

其一，父母的养育之恩比天大，我们为父母所做的一切是理所当然的。绝不能因父母的一点小过失，而把大恩忘掉，况且还不一定真是父母有过失，往往还是自己的过错。所以，"不孝父母有理"的说法是永远站不住脚的，不孝父母永远无理，不孝父母天理不容！

其二，在我们生活当中，往往会出现这样一种情况：别人对我们有一点恩的时候，准想方设法去报答，但父母对我们之大恩，却熟视无睹，好像一切都是应该的一样，反而不思去报恩，值得反省啊！

有位作家过生日的时候，请父亲吃饭，父亲应邀准时来到了一家最豪华的西餐厅，让她感到奇怪的是，父亲好像换了个人似的，穿着笔挺的西装，头发理得非常精干，戴了一副小眼镜，宛如一位大学教授，不像以前老气横秋的样子。两人谈得很开心，忘记了时间，直到打烊才离开。

分手时，孩子说："我还要跟您约会、用餐。"父亲爽快地答应了，但条件是下次将由父亲来埋单。可是，女儿万万也没有想到，半个月后，父亲因心脏病猝发而去。不久她便收到一封信，里面有她与父亲约会的那家餐厅开出的收据，还有一张小纸条上写着："女儿，我确定自己不可能再有机会去赴你的约会了，但是我还是付了两个人的账——你和你的丈夫。你绝对想不到，那次相约，对我来说有多么重大的意义。我永远爱着你，亲爱的女儿。"

我们只请了父母一次，父母就满足了，我们所做的实在微不足道，欠父母的实在太多，太多了。有谁知道，我们一生中承受了多少的父恩、母爱？

所以无论从哪个角度来讲，都应该孝顺生我养我的父母，更何况人人皆有一颗与生俱来的天然孝心。绝大多数人孝敬长辈没有二心，顺乎天理，发于至情。天性如此啊！

十八、孝道是德行的根本

儒家十三经之一《孝经》指出，孝是诸德之本，国君可以用孝治理国家，臣民能够用孝立身。如果一个人不能孝敬自己的父母，必然会导致道德缺失和道德沦丧。

孝作为中国文化的一个核心观念，体现了儒家亲长尊长的基本精神，它既是纵贯天、地、人，祖先、父辈、己身、子孙的纵向链条，也是中国一切人际与社会关系得以形成的精神基础。

孝永远是一颗闪耀着人伦之光的璀璨明珠，是中华文化的瑰宝，也是我国人伦道德的基石。

（一）孝是一切道德的基础

中华民族是文明古国、礼仪之邦，孝意识、孝文化在我国可谓源远流长。有学者指出，我国的"孝观念形成于父系氏族公社时代"，"人知其亲，报答生养之恩，孝意识便缘此产生出来。"这是孝观念的历史，我国的孝文化，也早在殷商时期便已产生。而据考古可知，殷墟的甲骨文里，就有了"孝"字。

那么什么是孝呢？对于孝，中国最早的一部解释词义的著作《尔雅》下的定义是"善事父母为孝"；汉代贾谊的《新书》则界定为"子爱利亲谓之孝"；东汉许慎在《说文解字》中的解释是："善事父母者，从老省、从子，子承老也"。因此我们可以看出，孝是子女对父母的一种善行和美德，是家庭中晚辈在处理与长辈的关系时应该具有的道德品质和必须遵守的行为规范。

孝敬父母，尊重兄长，是中国封建社会中最基本的道德准则，是儒家文化的根基。而儒家思想的核心，就是一个"仁"字，儒家伦理道德学的核心，就是一个"孝"字。孔子说："仁者，人也。"从字形组合上看，"仁"就是两个人，代表人际关系。因此，"仁"实际上讲的就是做人之道，是孔子的最高道德名称，也是孔子心目中比生命更可贵的东西。孔子认为，要做到仁，首先要从行孝开始，要爱天下的人，首先要从爱生我们、养我们、教我们的父母开始。

同时孔子还说："其为人也孝弟，而好犯上者鲜矣；不好犯上而好作乱者，末之有也。君子务本，本立而道生。孝弟也者，其为人之本与！"

孔子大力提倡仁、义、礼、智、信，由礼及义，由义及仁，而孝悌乃为仁之根本。一个人只要做到孝悌，就会自觉遵守社会公德，就不会做伤天害理之事。君子只要专心致志，一心一意做好孝悌这样根本的事情，良好道德也就会由此而产生了。

明朝王友贤是山西宁乡人，官拜尚书，因买了一妾，被妻子嫉妒。有一次，王尚书与妾一起被他的妻子幽禁到一座楼上，饿得快要死了。那时。王尚书的儿子毓俊还只有几岁，他对母亲说："他们如果饿死了，别人就会讲母亲的不对，不如每天给他们一碗粥，使他们慢慢死亡，这样别人也不会认为母亲不贤良了。"

母亲听从了他的话。毓俊就偷偷地把饮食藏到一个小布袋里面，利用送粥的机会，暗中带给父亲，因此救了父亲的命。过了一年，王尚书的妾生了一个儿子后，就抛下儿子躲到别的地方去了。等到王尚书死后，毓俊抚养爱护弟弟，非常周到。

正是毓俊有孝心，所以他能善待自己的父亲，也能照顾自己的弟弟，因而也就成为一个仁义的人。

而不孝的人，就会对国家不忠，对朋友不义，对社会更不会有责任感。如果一个人道德品质很好，能博爱天下的苍生大众，那么他的爱就如同烈日下的一棵大树，让所有他所爱的人感受到烈日下的阴凉。如果仁爱是这样一棵大树，那么孝，就是这棵大树的根。根深，才能叶茂。

因此，在孔子看来，孝是一切人伦道德的根本。这是"孝"在儒家伦理道德学中的地位，也是在儒文化，乃至中国传统文化中的地位。也就是说，人的品德中，没有比孝顺更重要的了。

如今，虽然社会得到了很大发展，物质条件也极为丰富，人们的生活富裕安康。但是，很多人身上却出现了道德缺失的现象。

有一位年逾古稀的孤独老人，在 20 世纪 80 年代初，为了家在农村的两个儿子而自动辞去教师工作，回到农村种地，拼死累活把两个儿子送进学校读书至中专毕业。他们参加工作，娶妻生子。后来两兄弟都经商富裕了，成为富甲一方的大老板，可谁也不为住在破石棉瓦房子里的 78 岁的老父亲安排住房。每年春节他们谁也不接老父亲去自己家团聚。老人家孤苦伶仃孤身一人，在冰冷的小屋里煎熬着。

百善孝为先，一个连自己父母都不孝敬的企业老板，对他的兄弟姐妹、邻里乡亲和公司员工也不可能友爱亲切，这种道德的麻木和对亲情的冷漠，是令人不齿的。

一个人在社会中行善的基础是什么？就是首先要孝敬父母。在家不能孝敬父母，却在社会上行善事，那是装出来的假善，是做给别人看的。孝顺父母的人，自然心地善良，性情仁厚，与人礼让不争，喜行善事。他们会受到周围人的喜欢和敬重，甚至名扬四海，流芳百世！

儒家十三经之一《孝经》指出，孝是诸德之本，国君可以用孝治理国家，臣民能够用孝立身。如果一个人不能孝敬自己的父母，必然会导致道德缺失和道德沦丧。

孝作为中国文化的一个核心观念，体现了儒家亲长尊长的基本精神，它既是纵贯天、地、人，祖先、父辈、己身、子孙的纵向链条，也是中国一切人际与社会关系得以形成的精神基础。

孝永远是一颗闪耀着人伦之光的璀璨明珠，是中华文化的瑰宝，也是我国人伦道德的基石。

孝是民族认同的文化根基，孝是中华民族的传统美德，孝是天下为公的社会责任意识的源头，是一切道德的基础。发扬和继承孝文化对于塑造一个人的崇高道德和健康人格具有积极的作用。培养自己的孝心，激发自己的孝心，实践自己的孝心，良心就随之而发，人格自然得到健全。

总而言之，孝是一切道德的基础，是道德规范的核心，许多善行都是以

"孝行"为基础衍生出来的。所有的教育包括伦理教育、圣贤教育、道德教育，都是从孝道引申出来的。教人要从教孝道开始，做人要从行孝道做起。

古文讲："天下之人，不孝不教。"就是说，不懂得孝敬父母的人，不能教化。不管古时还是现代，不管境内还是境外，孝德这种道德品质都是普遍受到肯定和赞誉的。

对于我们青少年来说，目前更多的是学习课本知识和技巧，有些人可能就忽视了对自己孝心的培养。但是你要知道，分数高能力强只能说明你掌握的知识比较扎实，但是并不意味着你的道德品行就会被社会认可。

这是因为，道德是一个人立身处世之本，要让社会接纳你、认可你，单凭能力和才能是不够的，还得具有道德品质、责任心，而从某种角度讲，这些都是以孝心作为基础而发展起来的。

所以，我们每一个人青少年都应该从现在开始，善待父母，敬养父母，让自己成为一个有孝心的人，一个人格健全的人，一个有所作为的人！

（二）孝是最基本的品德

每个人都是父母生命的延续，父母对子女的关心和爱护总是最真挚、最无私的，父母为养育自己的儿女付出了毕生的心血，然而却乐此不疲，无怨无悔。这种恩情比天高，比地厚，是人世间最伟大的力量。

乌鸦尚有反哺之义，羔羊且有跪乳之恩，何况是人呢？孝敬父母是做人的本分，是天经地义的。人不能忘本，忘本者如无根之木、无源之水，也就不能立于人世间！

中国古人非常提倡和推崇孝顺，并专门写有一本《孝经》，认为："夫孝，天之经也，地之义也，民之行也。"也就是说，孝顺，是人的良知本性，是天经地义的，是每个人应当做的事情。古时候父母亡故，做子女的要服丧三年，在那个时代，这可算作是对自己刚出生时父母耐心守候的报答。

而且在古代，不论是天子、镇守各方的诸侯、九卿官员，还是读书的士人以及一般的庶人百姓，都以恪守孝道作为立身之本。

汉文帝是汉高祖刘邦的第四个儿子，他是嫔妃所生。原本不是太子。后因孝顺贤能，而被群臣拥立为皇帝。汉文帝即位之后，没有一点骄慢之气，侍奉生母薄太后非常殷勤体贴。薄太后一次生病，一病三年不起，文帝尽心尽力在床前照顾，几乎没有很好地睡过一觉。

为了方便母亲随时召唤.有时文帝连衣服也不解开。每当汤药煎好了，给母亲喝之前，文帝都要自己先尝一尝，体味药的火候是不是适中，味道会不会太苦，或者是不是太烫，然后才送给母亲服用。

黄庭坚是宋朝的大学问家，擅长书法、绘画和写诗，特别是他的行书和草书更是传诵古今，令人称道。他做过一县之长，后做到国家太史的官职。虽然身份尊贵，但他非常孝顺母亲，侍奉年老的母亲很周到、殷勤。

因为黄庭坚的母亲平生最喜好洁净，因此，黄庭坚都亲自为母亲清洗马桶。这个工作本来可以由仆人去做的，可是黄庭坚坚持自己去做，而且做得很认真，洗得很干净，因为他怕仆人去做不能让母亲尽心如意，所以自己亲自动手，让母亲生欢喜心。而且，黄庭坚还日复一日、年复一年地去做，没有一点嫌弃的意思。

黄庭坚虽为国家的官员和当时著名的文人，但没有半点官员的架子和文人的傲气，对母亲全面地体贴关怀，顺从母亲的脾气喜好。因此，他的孝行被列为中国著名的二十四孝的典范之一。

古语说："水有源，木有本，父母者，人子之本源也。孝本于天性。"黄庭坚成名和做官之后仍不忘本，所以他名垂千古。

孝对一个人的人生非常重要，如果一个人没有学好孝道，他"感恩、道义、责任、奉献"的人生态度就没有办法形成。一个人假如从小就受到教育，用孝心经营人生，他的生命一定会闪耀出璀璨的光彩。

孝敬父母的行为准则，是每个人都应该奉行的，无论是过去还是现在。

有这么一个故事：

一个十几岁的女孩因为和家里人发生了争吵，一气之下就离家出走，当她出走两天后，身上的钱已经花光，而肚子却饿得咕咕叫。这时一阵拉面的香味扑鼻而来，她走到摊子前，看到一位老奶奶在煮面。

老奶奶说："想吃面吧？"女孩点了点头。老奶奶转身要去下面，可女孩却说："不了。我没有钱。"这时老奶奶轻轻地说："这碗面算是我请你的。"女孩接过面大口大口地吃了起来，一边吃一边感激地流下了泪水。

吃完面，擦干泪，老奶奶问她为什么不回家，她把她的委屈讲给了老奶奶，老奶奶又是轻轻地说了一句："我只给你煮了一碗面，你就如此感激我，为什么就不感激为你煮了十多年饭的人呢？"

是呀，很多时候，我们会感激路上的街灯，却忽略了恒久照耀着我们的太阳和月亮。面对哺育我们的父母，我们多少次忘记了应有的感激！

孝道一般包括两方面内容，一方面是不忤逆父母。父母总是爱子女的，他们不仅努力地去养育子女，而且还处处为子女着想，望子成龙，望女成凤。做子女的应该接受这份爱心，不要忤逆。再说，父母的生活经验丰富，听他们的话不会错。

孝道的另一方面是敬养。父母辛辛苦苦养育子女，晚年时应"老有所养"。不养不孝，养而不敬，也不能算孝。孔子说过，只养不敬，跟饲养犬马没有区别。对父母，除了给予生活上的照顾，更应该给予感情上的温暖和心理上的抚慰。

因此，子女要尽孝道，必须要真正做到发自内心地关怀、照顾父母，否则即是不孝。如，在现实生活中，很多人都知道要赡养父母，他们供给父母吃穿，支付父母的其他开销，但是却对父母不闻不问，这就是一种不孝的表现。

曾经有一则关于家庭矛盾的报道，主人公当着众人的面理直气壮地说："你们说说看，我对父母有什么不好的？不就是几年没回家看他们吗？生活费我都按时给了，足够他们吃穿了，难道这还叫不孝吗？"

在他心中，钱就代表孝顺。如果这样，那么是否意味着，父母只要给予孩子良好的物质生活，而不必送他去上学？在孩子深夜高烧不退时，父母只需把孩子送到医院，而不必不顾白天工作的疲惫，每天赶往医院并陪到天亮？

在央视的一档电视节目中，一位来自河南洛阳的 55 岁的老汉英年丧妻，自己既当爹又当娘，含辛茹苦 20 多年把两个儿子拉扯成人。为报答父亲的养育之恩，兄弟俩为父亲修建了一座漂亮的楼房小院。但物质上的丰富并没有使老汉快乐起来。

两个儿子慢慢意识到，父亲并不需要物质上有多么丰富，孤独和寂寞才是最大的问题。于是，兄弟俩别出心裁地在网上发帖子，为父亲征婚找老伴。经过两个儿子的积极撮合，老汉终于找到了合适的伴侣。孝顺的儿子为父亲解决了自己难以启齿，而生活中真正需要解决的大问题。

所谓孝敬父母，就是敬为孝，光在物质上提供给父母衣食住行，那是远远不够的。我们要真正做到孝敬，就要更多地从内心、从精神上给父母以尊敬、抚慰和关爱，让父母更多地享受亲情的温暖。

总而言之，人生于世，长于世，是父母给了我们生命，教给了我们最基本的生活技能，这辛勤养育之恩，终生难以回报。所以说孝敬父母，尊敬长辈，是做人的本分，是天经地义的美德，还是一个人善心、爱心和良心形成的基础，也是各种品德形成的基本前提。

在现实生活中，我们常常在电视中看一些不孝子女的身影。他们对自己的父母不亲不敬，不关心，不看望，不赡养，更有甚者，还打骂父母，或把父母推向不仁不义的尴尬境地，甚至不惜搭上父母的性命为自己谋利益。

而很多青少年也是不懂得孝敬，他们往往自以为是，以忤逆父母为个性，同时不懂得理解和体谅父母，更不懂得去爱父母、关怀父母。

一个捡破烂的母亲，辛辛苦苦攒了点钱，给儿子买回一只烤鹅改善生活。儿子吃得满嘴流油直打饱嗝。母亲最后想掰一块尝一尝，儿子却抢过烤鹅说："别动，这是留着下一餐吃的。"

虽然这个儿子年龄还小，尚不懂事，但是如此不体谅母亲，还是让人寒心！如果不加以改正，不学会孝敬母亲，那么他长大了恐怕很难被别人接受和认同。

孝心，是我们做人的基本品德，是一个人善心、爱心、良心的综合表现。一个人能否孝敬父母，也是衡量其道德品质好坏的第一把尺子。

以孝为先，敬养父母，是一种美好的品质，也将触动他人的心灵。我们每一个青少年都要培养自己孝敬父母的优良品德！

（三）孝道，维系人伦的要求

人伦是中国古代儒家伦理学说的基本概念之一，也是中国封建礼教所规定的人与人之间尊卑长幼的等级关系。《孟子·滕文公上》说："人之有道也，饱食暖衣，逸居而无教，则近于禽兽。圣人有忧之，使契为司徒，教以人伦：父子有亲，君臣有义，夫妇有别，长幼有序，朋友有信。"

人伦道德是社会道德体系中的一个组成部分。《汉书·东方朔传》说："上不变天性，下不夺人伦。"人伦道德，是人必具备的基本道德，也是社会得以存在和稳定发展的重要因素。

中国社会，从原始社会到封建社会，人际的政治伦理关系都是以氏族、家庭的血缘关系为纽带的。血缘亲情是联结亲子之间最天然、最紧密的纽带。因此，中华文化的特点之一便是具有浓厚的血缘宗法成分。

一般来说，同一血缘关系的人，为了本氏族的安定和繁荣，需要相互关心、帮助。父母有责任抚养、教育子女，子女应该尊敬、赡养父母。这样，就有了同一血缘关系的孝。

孔子的弟子宰我，曾对父母守"三年之丧"提出质疑。孔子提出了他的看法，他说："子生三年，然后免于父母之怀。"这就是说，父母对子女，不但有着亲子的血缘关系，而且子女在生下来之后，差不多三年的时间内，都是在父母的怀抱中长大的。父母不但养育了子女，而且还用尽心力，对子女进行教育，使子女能成家立业。既然父母对子女有如此深厚的恩情，为什么子女不应当加倍予以报答呢？

因此，"孝"是一种从人类的天性中所产生的至高无上的情感，这种情感逐渐转变成一种纯洁崇高的道德信念，它是人类的神圣血缘关系的必然结果，也对维系人伦起到了稳定的作用。

正因如此，在中国古代，主张"百行孝为先""以孝治天下"，并且将"孝"与传统礼法融为一体，以维护人伦，融合家庭关系，达到稳定社会的目的。

在周朝，每年举行一次大规模的"乡饮酒礼"活动，旨在敬老尊贤。礼法规定，70岁以上的老人有食肉的资格，享受敬神一样的礼遇。

春秋战国时，70岁以上的老人免一子赋役，80岁以上的老人免两子赋役，90岁以上老人，全家免赋役。

清朝年间还举行过大型的尊老敬老活动——千叟宴。康熙61岁时，曾在乾清宫宴请过 65 岁以上的老人，共有 1020 人。筵席上，老人和康熙平起平坐，皇子皇孙侍立一旁，给老人倒酒。康熙还即兴赋诗，名曰《千叟宴诗》。

千叟宴

为保障崇孝风尚固化，历代皇帝还采取褒奖孝行、劝民行孝的各种举措。汉文帝时，曾诏令天下郡守，推举孝廉之士，授以官爵；隋唐开始实行的科举制度中，均专门设立孝廉科名。

此外，各个朝代还颁布法令严惩不孝之人。隋唐后的刑律皆将不孝列入等同谋反、不予宽赦的"十大恶"之中。明律中，凡不顺从父母致使父母生气的事皆视为忤逆，可告于官，要打板子直至判刑。

另外，孝道不仅是神圣血缘关系的结果，而且体现了一种人类最原始的家庭伦理，是联结亲子关系的伦理纽带。

因为在农耕经济的时代，华夏民族就形成了祖先崇拜，和与农耕经济相适应的家庭内部的父家长制。作为家长的父亲控制了家庭的经济和政治权力，以男性家长组成的家族则控制宗族的一切权力和利益，社会舆论和国家法律也强化着家长的特权。

在这样的社会中，子女既不能别财分屋，也不能违抗父母的权威，因为违抗往往意味着他将失去一切生活和生产资料。在父家长制下，孝德既是一种道德要求，也是一种超越法律的强制性力量。子女，主要是儿子，既不能，也不敢不孝。长此以往，就形成了一种尊老的观念。

对于今天而言，"孝"，一方面是"善事父母"的伦理意识，体现着亲亲、尊尊、长长、贵老等伦理精神；另一方面，它还具有祖先崇拜、追求永恒的宗法观念，并因此强化着中国人的家族、宗族意识。因此，孝道着眼于"长幼"秩序，理顺了晚辈与长辈之间的代际人伦关系，使家庭和睦、人口繁衍得以保障。

另外，长期的父家长制也使得双向供养关系成为中国家庭的伦理道德。它要求父母与子女之间相互负责，两代人之间循环供养。父母关心、爱护、养育子女，子女孝敬、体贴自己的双亲，并在父母年老、丧失劳动能力的情况下，尽到"反哺义务"，主动地担负起赡养父母的义务。

因此，孝道满足了人生终极意义的实现与世系继嗣的需求，也体现了中国人珍惜自我并保证家族生命繁荣昌盛的哲学意识，是中华文化的精神本原。孝道，创建了中华民族特有的"秩序文化"，是中华民族的文化基因。孝敬父母，是为人儿女的伦理底线，尊老、敬老、爱老、养老是中华民族的传统美德。

然而，随着现代生活节奏的加快、竞争的日趋激烈，年轻一代更重视自我价值实现的理念，社会中实用主义的人际关系冲击着传统血缘纽带维系的家庭关系，血缘亲情的凝聚力有所削弱。原有平衡的抚养、赡养关系被打破，出现了部分不敬、不尊、不养老人或有养无敬、有养无爱的情况，"厌老宠幼"现象有所蔓延。

孝的教育是维持良好社会伦理的根本，它培养的是人的一种恩义、情义。孝心一开，百善皆开。古人名言：知为人子者，然后可以做人。意思是说懂得自己作为"人子"应尽的孝道，那才谈得上是一个真正的人，才算是一个具有人性的人。

因此，我们青少年应该明白，父母是赐予我们生命的人，他们给我们家、给我们爱、给我们所有他们能给的一切。孝顺父母是爱的开始，是善的结晶，更是为人的根基。

"孝"是人类内心中最为柔软、纯净与美好的部分。它来自先天，来自血缘，来自真和善的本心。让我们把孝种在心中，点燃一盏心灯，让孝道在天地间绵亘永恒。

（四）孝道，和谐的起点

孝，就是晚辈对长辈敬重的一种美德，是人类文明进步的体现。对于生活在家庭中的人来说，孝主要体现于奉养父母上，这就是古代人们所说孝的一般含义。正如孔子所说的："孝子之事亲也，居则致其敬，养则致其乐，病则致其忧，丧则致其哀；祭则致其严。五者备矣，然后能事其亲"。

孔子又说："夫孝，始于事亲，中于事君，终于立身"。这都说明，孔子把孝的含义起始于侍奉父母，从事亲逐步扩展到事君与立业直至修身的大局上。

构建和谐社会，最要紧的是"和谐人伦"，人伦秩序不解决，好制度、好政策都会走样。以孝为本实施教育，可以感化冥顽，减少罪恶；可以感化人心，重建秩序。因此，在儒家看来，"齐家"和"治国"是一回事。

有人曾问孔子："你为什么不参与政治？"孔子回答："尚书上说，孝顺父母，友爱兄弟，把这种风气影响到政治上去，这也就是参与政治。为什么一定要做官才算参与政治呢？"因此，我国的传统文化对人的要求十分强调"修身齐家治国平天下"。认为只有个人的品德修养好了，管好了家，做到父慈子孝，兄友弟恭，夫和妻顺，家庭和睦，才能担当"治国平天下"的社会重任。

闵损，字子骞，春秋时期鲁国人。是孔子著名弟子之一。闵子骞幼年即以贤德闻名乡里。他母亲在他很小的时候就去世了，父亲怜他衣食难周，便再娶后母以照料闵子骞。

刚开始，后母对闵子骞对也很是疼爱。但几年后，后母生了两个儿子，待子骞渐渐冷淡了，子骞甚至还遭到后母虐待。一次，后母看天气寒冷，而自己家棉花有限，于是给子骞做的棉衣以芦花为絮，而其弟穿的棉衣里则是厚棉絮。

一天，父亲回来，叫子骞帮着拉车外出。外面寒风凛冽，子骞衣单体寒。但他默默忍受，什么也不对父亲说。后来绳子把子骞肩头的棉布磨破了，父亲看到棉布里的芦花，才知道儿子受后母虐待，回家后便要休妻。

闵子骞看到后母和两个小弟弟抱头痛哭，难分难舍，于心不忍，于是他跪求父亲说："母亲若在，仅儿一人稍受单寒；若驱出母亲，三个孩儿均受寒。"子骞孝心感动后母，使其痛改前非。自此母慈子孝，一家人生活得快乐而温馨。

闵子骞的孝行也备受后人推崇，明朝编撰的《二十四孝图》中就有闵子骞，他成为中华民族文化史上的先贤人物。

孝可以使家庭和谐，孝可以使家庭温馨。亿万个家庭和谐、温馨了，整个社会也就变得和谐、温馨。因此，光大孝道德，弘扬孝文化，也是社会安定、社会和谐的一个基础。

今天，社会现代化了，生活、工作节奏加快了，但无论世界怎样变化，家庭始终是社会的基本单位，是社会、国家的细胞。而孝文化也永远是维系家庭正常运转、化解压力的重要精神元素。

吕雪荣是沁水县龙港镇辛家河村人，也是当地人人都夸的孝顺的好媳妇。2005 年春，80 多岁的婆婆赵世英眼睛模糊，连走路都看不清，家人带老人四处求医无果，只好让婆婆回家静养。

丈夫每天要下地干活，照料婆婆的重任就交给了 55 岁的吕雪荣。但是她毫无怨言，她对灰心失望的婆婆说："没事，以后我就是你的眼睛。"早上起来，吕雪荣先收拾房间，做好饭。然后就伺候老人起床，穿衣，叠被，洗脸，梳头，把饭菜送到老人手上。平常也是端茶送水，无微不至，从不抱怨。

尽管如此，老人还是闷闷不乐，吕雪荣看在眼里，记在心上，就经常搀着老人到院外或邻居家坐坐，说说话。家里的大事小事，她也都主动征求婆婆的意见，老人的脸上终于露出了久违的笑容。

2007 年深秋的一天，吕雪荣料理好家务，安顿好老人后，就去地里帮丈夫收玉米，因为就在前不久，一直患有高血压的丈夫说，最近这几天头又晕又沉。婆婆在家闲不住，想偷偷帮忙做饭，结果却一脚踩空，摔在地上，导致右腿骨折。

她特别内疚，觉得婆婆是为了替自己减轻负担，才受伤的。她感恩之余，更加体恤老人。冬天她坚持每天给老人烫脚；怕老人长时间睡在床上对血液循环不好，天好的时候，她就和丈夫把老人抱到院子里晒晒太阳，趁机换好被褥，边洗换下来的衣物，边陪老人说说话。

不光如此，她还经常督促自己的儿女带上孩子回家来陪陪老人。每当这时候，老人最高兴，看着懂事的儿孙，话也多了。也只有这时候，吕雪荣的心里才觉得尽到了一个儿媳应尽的职责。

虽然吕雪荣一家不是那么富裕。却充满了温馨。老人的几个儿女也都以大哥、大嫂为榜样，争着接母亲到自己家里孝敬。

尊老爱幼，孝敬父母，不光是一种责任，一种义务，更是我们中华民族的优良传统。它可以让家庭和睦温馨，使家庭更加稳定。而家庭是社会的细胞，家庭的稳定是社会稳定的基础，家庭和谐是社会和谐的前提。

因此，要构建和谐社会，我们就必须重视和弘扬中华民族孝老爱亲的传统美德，以实际行动关爱老人，从身边做起、从关爱家人做起，从而调动起全社会每个人"参与共建和谐社会"的积极性。

从某种意义上说，大到整个社会，小到一座城市、一个社区，但凡做到了全民孝老爱亲，那便是社会文明的亮点，社会文明的进步，同时也为"孝老爱亲"这个传统美德的传承贡献了一分力量。

对于我们青少年来说，就要从我做起，孝敬自己的父母，这样所有我们身边的人才能享受到家庭的温馨，才能感受到人间的温情，才能体会到社会的温暖和和谐！

（五）孝道，完善人格的途径

《孝经》开卷即讲："夫孝，德之本也。"又说："夫孝，天之经也，地之义也，民之行也。"意思是说，孝是构建一个人道德修养的根本，是天经地义的事情，人们必须那样去做。

孝的本质是感恩。母爱似海，父爱如山，每一个新的生命的孕育都寄托了父母沉甸甸的希冀，每一个生命的成长都离不开父母的精心呵护与无私关爱。父母的养育之恩和儿女的孝顺构成了个体家庭的伦理之爱，只有这种个体之爱逐步丰满和完善，一个人才能心怀感恩地面对他人、面对社会，以爱之心、以善之念为人处世，立于世间。

在大连有一个孝子，他叫王希海，在他20多岁的时候，他的父亲中风了。当时他本来有很好的工作机会，但他毅然拒绝了，之后就亲自照顾中风的父亲。

父亲基本上跟植物人已经没有两样。而他照顾父亲整整25年，每天每隔半个小时就帮父亲翻一次身，每天一定要把床单换洗。有人问他："你过几天再洗不行吗？"他说："我的父亲中风已经很难受，我不愿意再看父亲多受一点罪。因为人身上有体温、有热气，一定会让床单潮湿，我不希望因为这潮湿让父亲难受。"每天都洗一次床单，每天亲自用吸管帮父亲吸痰，王希海的母亲摇头说："连我都没有他这样的恒心。"

有一次，他带着父亲去检查身体，刚好有一个老医生，是学校里面资深的教授。老医生问他：你父亲中风多久了？他说已经20多年了。当下这个老医师非常生气，因为他觉得王希海在骗他。

等到老医生拿到王希海父亲的病历一看，果然有20多年。这位老医生顿时热泪盈眶，因为他很难想象，一个因中风卧床25年的人，居然皮肤这样的柔嫩，这肯定需要别人体贴入微的照顾。

当下这位老医生就把医院里面的学护理的学生们叫过来，对他们讲："你们的护理都要跟他学习，他才是我们护理系里面最优秀的老师。你看，一个大男人为什么能够做护理做到这么细腻、这么认真？就是因为他这颗至诚的孝心，使得一个门外汉成为一个最专业的人。"

王希海几十年如一日地照顾自己的父亲，不仅是孝敬父母的典型，是具有爱心的表现，而且，他的行为也体现了一种高尚的人格。

孝文化中敬爱父母、敬爱长者的道德规范，也能培育人们博爱的人性，养成尊老爱幼的美德。孟子的"老吾老以及人之老，幼吾幼以及人之幼"，就明确提出人们不但要敬爱自己的父母兄长，而且要用同样的感情去对待社会和他人。

朱德从小就具有孝心。因此即便后来成为总司令，也经常为别人着想。

有一次，朱德骑着马从几十里外的桥儿洞回延安，他看到一位老大爷，背着一口袋粮食艰难地走着，忙从马上下来，走到老大爷身边说："老乡，你这么大年纪，背着东西走路太吃力了，来，放在马上给你捎走。"

说着，朱德和警卫员把粮食抬到马鞍上，与老乡一起步行。老大爷看着他挺面熟，就是想不起来在哪里见过，便悄悄问警卫员。警卫员告诉他是朱总司令。老大爷激动得不知该怎么办，拉着朱德的手说："你对咱们老百姓太好了！"

可朱德却说："老人家，不必客气，咱们军队和老百姓本来就是一家人嘛。"朱德一直用马把老乡的粮食捎到延安。

又有一次，王家坪的农民白仲杰正在锄地，朱德走过来，像往常一样，帮他锄。两人锄着、说着。这时，白仲杰告诉朱德，去年庄稼受了旱，收成不好，村里有三户人吃粮紧，存粮怕是吃不到收新麦的时候。说者无意，听者却记在了心里。

第二天。朱德就派警卫员给三家困难户送来了三斗米，让他们暂度灾荒，努力生产，争取丰收。

对每个人而言，爱最初的表现形式就是孝。一个人来到世界上，最亲近的人首先就是父母。父母一生都在为我们无私地奉献，当我们报答父母恩情的时候，就播下了爱的种子，这就是孝。随着年龄的增长，爱的范围在不断地延伸和扩大，比如上学了，爱老师，爱同学；工作了，就会爱同事，爱朋友。

很多成功人士之所以成功，原因就是他们心中有一颗孝的种子，使得他们的人格很完善，情感很丰富，爱的能量很大。所以，他们也能受到别人的喜欢和尊敬。

中国传统孝文化还有利于培养青少年自强不息的品质。孝是中华民族的传统美德，儒家孝道讲要"承志""立身"，就是它的理论基础。要继承先祖遗志，要建功立业，在实践中就要做到自强不息。

相反，一个人缺失孝心，必将不利于其人格的完善，不利于其自我道德的丰富和完备，甚至会导致一些令人发指的行径出现。

新闻曾曝光过一个名校毕业的硕士生公务员，因为对从老家赶来照顾刚出生孙子的父母不满，对父母饱以老拳，打跑了苍老的母亲，打伤了年迈的父亲。尽管最后儿子诉说了在城市生存压力下心中的焦灼，父母也原谅了儿子的不孝，但无论如何，这一事件都反映了这位硕士生公务员人格的残缺。

我们青少年在平时享受父母之爱的同时，也要学习以爱回报父母，从小培养孝敬父母、关爱家人的品格。这样，我们的人格在爱的熏陶下才能逐步发展完善。长大后，也有利于我们建立和谐、友爱的人际关系，使我们身边的人感到幸福、愉快、轻松！

（六）孝道，可以让人回归本性

中国有句古语说得好："孝为德之本，百善孝为先。"孝是什么？孝是一种文化，一种传统，一种美德。在影响深远的儒家伦理思想中，"孝"始终处于一个核心的地位，是几千年来中国社会维系家庭关系的道德准则，是中华民族的传统美德。

人之根本在孝，本就是本性，也即人性。这个根、这个本是情感最原始的生发地，一旦触动，最能"摇其心、动其志、利其行"。也就是说，孝最能帮助人回归本性，回归人性，恢复本善。

抢劫犯谭力入狱一年了，从来没人看过他，眼看别的犯人隔三岔五就有人来探监，送来各种好吃的，谭力就给父母写信，让他们来。在无数封信石沉大海后，伤心和绝望之余，他又写了一封信，说父母再不来，他们将永远失去他这个儿子。

这天天气特别冷。谭力正和几个在押犯人密谋越狱，忽然。有人喊道："谭力，有人来看你！"进探监室一看，谭力呆了，是妈妈！一年不见，妈妈变得都认不出来了，才五十几岁的人，头发全白了，腰弯得像虾米，衣衫破破烂烂，一双脚竟然光着，满是污垢和血迹，身旁还放着两只破布口袋。没等谭力开口，妈妈混浊的眼泪就流出来了。

这时，监狱指导员端来一大碗热气腾腾的鸡蛋面。热情地说："大娘，吃口面再谈。"等妈妈吃完了，谭力看着她那双又红又肿、裂了许多血口的脚，忍不住问："妈，你的脚怎么了？鞋呢？""是步行来的，鞋早就磨破了。"步行？从家到这儿有三四百里路！"您怎么不坐车啊？怎么不买双鞋啊？""坐什么车啊，走路挺好的，唉，今年闹猪瘟，家里的几头猪全死了，天又干，庄稼收成不好，还有你爸看病花了好多钱……你爸身子好的话，我们早就来看你了，你别怪爸妈。"

探监快结束了，指导员进来，手里拿着钱，说："大娘，这是我们几个管教人员的一点心意，您可不能再光着脚走回去了。""这哪成啊？娃儿在你们这里，已够你们操心的了，我再要你们的钱，不是折我的寿吗？"谭力撑不住了，声音嘶哑地喊道："妈！"就再也发不出声了。

这时，有个狱警进了屋，安慰道："别哭了，妈妈来看儿子是喜事啊，应该笑才对，让我看看大娘带了什么好吃的。"他边说边拎起麻袋就倒，谭力妈妈来不及阻挡，口袋里的东西全倒了出来。顿时，所有人都愣了。第一只口袋倒出的，全是馒头、面饼什么的，四分五裂，硬如石头。不用说，这是谭力妈妈一路乞讨来的。谭力妈妈窘极了，双手揪着衣角，喃喃地说："娃，别怪妈做这下作事，家里实在拿不出什么东西。"

谭力好像没听见似的，直勾勾地盯住第二只麻袋里倒出来的东西，那是一个骨灰盒！谭力呆呆地问："妈，这是什么？"谭力妈妈神色慌张起来，伸手要抱那个骨灰盒："没……没什么……"谭力用力抢了过来，浑身颤抖："妈，这是什么？"谭力妈妈无力地坐了下去，花白的头发剧烈地抖动着。好半天，她才吃力地说："那是……你爸！为了攒钱来看你，他没日没夜地打工，身子给累垮了。临死前，他说他生前没来看你，心里难受，死后一定要我带他来，看你最后一眼……"谭力发出撕心裂肺的一声长号："爸，我改……"接着"扑通"一声跪了下去，一个劲儿地用头撞地。

孝是人的天性。教化一个人，从人的天性开始，才容易接受，这就是"顺天而行"。上面的例子就告诉我们：孝道可以触动服刑人员的天性，启发他们的良心，让他们有动力将自己改造为好人。

而在《二十四孝》中也有一则这样的故事。

蔡顺的父亲早年去世了，他与母亲相依为命，对母亲很孝顺。当时正赶上饥荒，没什么吃的，他就背着筐去采桑葚。有一天，他采了不少桑葚，背了两筐往回走，路上碰上了造反的赤眉军。赤眉军一看他背的桑葚分两个筐装，都很好奇，问他这是为什么。

蔡顺说："黑紫色的是成熟的，好吃，有甜味。红的是生的，不太好吃，有酸味。黑的给我妈吃，这个红的我吃，我们没有粮食可吃，就靠这山野果子充饥。"赤眉军的这些人认定蔡顺是孝子。他们决定给他两袋粮食。饥荒年代有人给粮食可是不得了的事！而且不是一般人，是强盗给的！赤眉军除给粮食外，又给他一个牛蹄子，说给他妈妈改善改善生活。

孝道与亲情能激起人类的情感共鸣。如果你真的是一位孝子，相信所有的人都会尊重你，甚至尽其所能帮助你。

如果一个人对父母好，并养成习惯，那么必然也会孝敬周边的长辈；对兄弟姐妹好，必然也会对其他同辈好。所以，恪守孝道，就可以让一个人的行为端正、品德高尚，成为一个遵纪守法的人。

第十一章　孝道的发展和演变

　　汉代是中国封建社会从经济到文化全面定型的时期，也是孝道发展史上极为重要的时期。汉代倡导的"以孝治天下"的基本精神为历代王朝所继承，汉代确立的行孝的具体规范为后世的人们所遵循。魏晋隋唐时期，孝道的发展虽然呈现出一些新的特点，但基本上还是沿着汉代孝道的路线。宋明以后，与古代中国进入封建社会后期的步伐相一致，孝道对人们的约束力、控制力空前强化，孝道开始滑向极端化、绝对化、愚昧化。

一、汉代的孝道

　　汉代是孝道发展演进历程中至关重要的一个历史阶段，孔子、孟子等创立的先秦儒家孝道向封建孝道的转化，就是在这个阶段完成的。

　　汉朝初年，一些思想家怀着济世安民的责任感和使命感，通过对秦朝灭亡教训的深刻反思和对统治经验的全面总结，切实地认识到儒家思想对于治理国家的重要性。他们根据现实的需要，对儒学进行积极有效的改造。西汉中期，大思想家董仲舒提出了"罢黜百家，独尊儒术"的主张，呼吁用儒家思想来治理国家，实现社会的长治久安。汉武帝接受了董仲舒的建议，借助政治的力量积极在社会上推行儒家学说，确立了儒家思想在中国古代社会两千年的统治地位。

　　与先秦儒家思想上升为统治思想的过程相一致，先秦儒家孝道也开始了

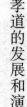

它的转化过程，确立了封建社会孝道的基本面貌。从总体上看，这一转化主要表现在三个方面：第一，以孝为忠，实现了孝从家庭伦理向政治伦理的转变；第二，"三纲"理论的提出，使孝由伦理道德变为封建纲常，孝道具有了神圣化、神秘化等特点；第三，对怎么行孝做了全面的规定，后人行孝有了统一的要求。这一时期孝道的发展，主要反映在《礼记》《孝经》《春秋繁露》等著作中。

（一）孝治理论的系统化

《孝经》是古代关于孝道的一部最重要的著作。实行孝治，主张"以孝治天下"，这是贯穿《孝经》全书的根本宗旨。《孝经》只有短短的两千多字，但对于实行孝治的理由、实施孝治的纲领以及具体途径做了详尽的论述，为西汉和后来历代封建王朝都极力标榜的"以孝治天下"提供了根据。所以，《孝经》从问世后，就被尊为"经"，被奉为必读的圣书、治世的宝典，人们争相传习，倍加尊崇，成为封建时代家喻户晓的儒家经典。《孝经》在孝道发展史上的意义，是其他任何一部著作都无法与之相比的。

首先，《孝经》把孝抬到了无以复加的神圣地位。《孝经》认为："夫孝，天之经也，地之义也，民之行也。"认为孝根植在人的天性中，孝敬父母是天经地义的，是做人的基本行为要求。《孝经》进一步宣称，孝是超越时空限制的，是放之四海而皆准的最高的道德准则。因而，不论男女，无论古今，行孝是每一个人的天性，上自天子帝王、皇亲贵族，下到凡夫俗子、黎民百姓，虽然贵贱长幼不同，但在孝敬父母、友爱兄弟上没有什么分别。这就不仅从人性论上，而且从"天"的高度为孝治找到了合乎情理的依据，使得孝道成为世俗化的生活信仰和行为教条，成为古代中国民众生活中具有宗教色彩的共同信念。

其次，《孝经》对孝道的社会政治作用也有清晰的认识，提出了以忠君为核心、以实施孝道教育为途径的孝治路线。《孝经》认为，孝与忠是完全一致的，皇帝就是天下人的父母，忠就是把对父母的孝推广到皇帝身上。不仅皇帝是天下人的父母，地方长官也被渲染成为老百姓的"父母官"，皇帝与老百姓的关系、官吏与老百姓的关系都演变成为父母与子女的关系。因而，对父母的孝也就顺理成章地演变成了对皇帝的忠诚，以及对官长的尊敬和顺从。这样，治理国家，也就落实在以孝道教育百姓上，落实在理顺父子、君臣、长幼尊卑等各种关系上，其中最重要的就是理顺父子关系。父子关系理顺了，君臣、长幼、尊卑、官民等各种社会关系、政治关系也就都理顺了。因而，对老百姓进行孝道教育，不仅关系到家庭、家族的治理，更关系到社会的稳定，关系到国家的兴衰、社稷的安危。只有笃行孝道来治理天下，社会才不会陷于失范状态，才易于统治阶层安邦御民。如果人人都"忠顺不失"，整个社会井然有序，实现"天下大同""四海小康"的理想社会也就为时不远了。

最后，《孝经》还对不同阶层的人提出了不同的行孝要求。《孝经》认为，皇帝是天下人的表率，上行下效，所以皇帝行孝的目的应该在于给天下人树立楷模，让百姓效仿皇帝，争做孝子。而对于辅助皇上治理国家、统御民众、管理社会的各级官吏来说，上要对皇上忠顺，下要让百姓安居乐业，所以他们的孝行应体现在忠顺服从、恪守职责上。至于普通老百姓，孝的主要表现就是勤勤恳恳努力耕作，勤俭节约，勉力赡养父母。概括地看，《孝经》把孝具体化为对不同阶层的人的不同要求，除了对老百姓提出了奉养父母的要求外，别的阶层都没有涉及孝养或孝敬父母的具体内容。醉翁之意不在酒。《孝经》论孝的实质，是在论述不同阶层的人应该如何对皇帝尽忠，如何站好自己的位置，它要求各阶层的人各安其位，各司其职，各尽其责，做好自己分内的事。这里，孝与忠的要求是完全一致的。同时，孝在这里也是一种做人之道，无论是帝王将相，还是平民百姓，虽然地位悬殊，在行孝上却是一样的。归根到底，不论哪个阶层，人生的一切活动都可以说是行孝的活动，孝道对于每一个来说，其实都是怎么样做人的问题。

《孝经》虽然文字不多，但对于为什么行孝，怎样行孝，以及孝敬父母与忠于皇帝的关系，孝与做人的关系，孝的境界等等，作了简洁精当的概括，从中可以领悟到《孝经》对于立身治国的意义。所以，数千年来，《孝经》一直被视为金科玉律，历代封建统治者无不大力提倡诵读《孝经》，以至于全民诵读《孝经》成为"以孝治天下"的一个象征。

（二）孝道的纲常化、神学化

为了使孝道具有更大的约束力，董仲舒等思想家把神学迷信思想融入孝道当中，使得封建社会的君臣、父子等人身依附关系纲常化、神学化，孝道由传统的家庭伦理演变为神圣的封建纲常，这就是"三纲"学说的提出。

"三纲"观念是由儒家传统的"五伦"观念发展而来的。"五伦说"认为，君臣关系、父子关系、夫妇关系、兄弟关系、朋友关系，这是人生中五种最基本的人际关系，不论处于哪种关系中，人与人之间都应该相亲相爱。"五伦说"强调，关系的双方都必须恪守自己的道德义务：君对臣仁义，臣对君忠诚；父对子慈爱，子对父孝顺；兄对弟友爱，弟对兄敬重；丈夫对妻子爱护，妻子对丈夫顺从；朋友之间则要互相信任。这种爱不仅是真诚的，而且是相互的、对等的、双向的。换句话说，如果君对臣不仁不义，臣就不必对君忠心耿耿，如果父母对子女不慈不爱，子女也就不必敬顺父母。反过来也一样。孔子讲的"君君，臣臣，父父，子子"就是这个意思，就是要求双方都要遵守各自的道德规范，君主要有君主的样子，臣民要有臣民的样子，父亲要有做父亲的样子，子女要有做子女的样子。"五伦说"本来是传统道德中极为精华的部分，但是，经过董仲舒的改造，"五伦说"发展为"三纲"学说后，就与原来的面目大相径庭、迥然不同了。

董仲舒认为，自然界与人间是相通的，人间的君臣、父子等伦理秩序就是对自然界中阴阳五行关系的模仿。在自然界中，天是阳，地是阴，天尊地卑，所以地事奉天、地听命于天；在人类社会中，君主、父亲、丈夫是阳，而臣下、儿子、妻子则是阴，阳尊阴卑，所以臣下、儿子、妻子就要听命、顺从于君主、父亲、丈夫，要尽自己作为臣、子、妻的本分、义务。换句话说，臣下、儿子、妻子必须绝对地服从君主、父亲、丈夫，而不管对方的德行如何，不管对方是如何的荒淫无道、蛮横冷酷，这是自己的本分，与对方的贤愚是没有关系的。这就是"三纲"即"君为臣纲、父为子纲、夫为妻纲"的由来。

纲，原义是指网上的大绳，所有的细绳、网眼都连在大绳上，"目"就是网眼，纲举目张，只要一提起网绳，网眼就会全部张开，比喻做事情要抓住它的关键。所以，把君臣、父子、夫妇的主从关系上升为"三纲"，表明这三者是处理人际关系、理顺社会等级秩序的关键和核心。过去通常把"纲"与"常"二字并称，古代社会的"三纲五常"，是维护封建等级制度的道德教条。"五常"是指儒家所讲的五种恒常不变的德性：仁、义、礼、智、信。"三纲"是社会的伦理，"五常"是个人的德性。古代的瓷器上常常绘有三只缸和五个人尝酒的画面，寓意就是"三纲五常"。

"五伦说"转变为"三纲"说以后，原本是君臣、父子、夫妇之间双向的、相对的道德权利和义务关系，经过董仲舒的神学论证后，就成为单方面的、绝对的道德义务了；原本是人世间的伦理关系，经过董仲舒的神学比附后，就成为先天的、永远不变的道德了；相应地，原本调节人际关系的忠、孝、顺等伦理道德规范，经过董仲舒的神学包装后，也成为神圣不可怀疑的教条了。由于一切社会关系都来源于血缘关系，所以，君臣、父子、夫妇这三种人伦关系中，最重要的是父子关系。"三纲"当中，"君为臣纲"虽然摆在首位，但"三纲"的核心和基础在于"父为子纲"。提纲要挈领，纲举则目张。理顺了父子关系，包括君臣、夫妻在内的其他一切社会关系都可以依此而理顺，政治秩序、社会秩序就会井然有致。所以，孝道的推行，父权的维护，就成为维系古代中国家庭关系、社会关系、政治关系的根本，甚至被提高到关系社会稳定、政权存亡的高度。

从孝道发展的历史来看，"三纲"学说完全确立了君主、父亲、丈夫在伦理关系中的主导作用和支配地位，这标志着先秦儒家孝道伦理向封建孝道转化的完成。从此以后，"三纲"被奉为"万古不变之常经"，并在很大程度上成为君主专制统治的政治和道德工具。忠、孝也成为封建伦理道德体系的核心，成为古代中国人最高的行为准则，所以传统社会有"一等人忠臣孝子，两件事读书耕田"的说法，读书和种田是人生中最重要的两件事情，忠臣和孝子是人人都向往的道德楷模。

西汉后期，迷信思潮更加泛滥，封建孝道在神秘化、庸俗化的泥淖中越陷越深。例如，东汉的《白虎通义》一书认为，人间的事情仿效的都是自然界阴阳五行的关系，因为地顺承天，所以儿子应顺承父亲；因为三年一闰，所以儿子要为父母守三年丧；因为火离不开木，所以儿子不能离开父母，等等。这种神学比附使孝道的迷信色彩更加浓厚。魏晋以后，这种迷信多次遭到禁止，但它对世俗社会上的影响并没有消失。后来"孝感"一类神乎其神的故事充斥民间，就是与这种迷信思潮直接相关的。

（三）孝道的规范化

无论是孝治理论，还是"三纲"学说，最后都要落实到"怎样行孝"的问题，解决了这个问题，孝道才能化为老百姓的实际行动，才能化为以孝治天下的实践。所以，最重要的是明确告诉人们应该怎样去行孝，这就是孝道的规范化问题。古代对行孝的具体规定在《礼记》这本书中有详细的记载。

俗话说，没有规矩不成方圆。孝与礼是分不开的。"礼"就是人们行孝的规矩和标准，礼使人们行孝时有章可循、有据可依，让人们知道该做什么，不该做什么，怎么去做。《礼记》继承了民间传统的礼仪习俗，对如何行孝做了详细、具体的规定，在一定程度上统一了人们的孝行。

从《礼记》的要求来看，子女孝敬父母主要有三个方面的内容，第一是事亲之礼，第二是丧葬之礼，第三是祭祀之礼。下面我们就围绕着这三个方面，看看古人对行孝有一些什么样的具体要求。

第一，事亲之礼。

事亲就是赡养、敬奉父母，这是对子女行孝最起码的要求，是衡量子女是不是孝敬父母的最基本的标准，也是传统孝道中讲得最多的一个方面。赡养、孝敬父母要体现在子女的行动上，它有一些礼节上的具体要求。比方说，"昏定晨省"就是子女侍奉父母、朝夕请安的日常礼节。"昏"是指天刚黑时，"省"是探望、问候，"昏定晨省"的意思就是晚间服侍父母就寝，早上到父母房间省视问安。子女要早早起床给父母请安，服侍父母穿戴梳洗完毕，才洒扫庭除，浆衣煮饭，到晚上给父母铺床整被、侍奉父母安寝就枕后，才能回到自己房间休息。父母有病时，更是要衣不解带，嘘寒问暖，品膳尝药。旧时家庭中的"昏定晨省"的礼节要求是很严格的，如果不谨守规矩认真遵循的话，就会受到不守礼节、坏了规矩的指责。我们在小说《红楼梦》中看到，贾母是贾府中地位最高的人，贾家子子孙孙老老少少每天都要到贾母房中去问安，就连被大家宠爱的宝玉，也不过是在极得意的少数日子里，才"不但将亲戚朋友一概杜绝了，而且连家庭中晨昏定省，一发都随他的便了，日日只在园中游玩坐卧，不过每日一清早到贾母王夫人处走走就回来了。"再随便，宝玉每天也要到祖母、母亲房中去问安。看起来，晨昏定省的礼节再简略，给长辈请安也还是不能省却的。

子女侍奉父母，当然首先要照料好父母的饮食起居。古人认为，用美味佳肴山珍海味供养父母固然好，但并不是非要给父母锦衣玉食才算是孝，只要能够尽自己的力量供养父母，就是孝子。所以，平民老百姓虽然不富裕，只要辛勤劳动，倾心养亲，就达到了礼仪的要求。孔子的学生子路对父母很孝顺，但家里太穷，他对孔子诉苦说："没有钱真伤心啊！父母在世时没有好好供养他们，父母去世时也没有钱礼葬他们。"孔子开导他说："尽管生活贫困，天天吃豆粥喝清水，只要让老人精神上得到满足和快乐，就是尽孝了。死后哪怕没有棺椁，只要尽自己的财力，就是守礼了。"形式上的东西不重要，关键还是看子女有没有一片孝心，是不是把父母放在心上，是不是竭尽全力敬养父母，像子路那样，粗茶淡饭也一样让父母欢心，而不在于供养的衣食是否丰厚、形式是否周详，只要以爱敬之心尽力孝敬父母，也一样是孝子。

孝养父母是每一个子女应尽的义务。所以，即使兄弟众多，也不能斤斤计较，怨怼在心，牢骚满腹，抱怨说谁拿的钱多了，谁付出的力量少了等等，更不能敷衍塞责，相互责备，相互推诿。说到底，子女尽的只是自己的孝心，谁能竭力，谁是孝子。指责别人，只能表明自己的孝心不诚。另外，孝养父母是子女的职责，是孝心的自然流露，即使家产万贯、奴婢成群，也不能袖手旁观，把自己的责任推给别人。北宋的黄庭坚是著名诗人、书法家，尽管他地位高、名声大，侍奉母亲仍然一丝不苟，平时都是自己亲自动手照顾母亲的起居饮食，连母亲用的马桶都是自己天天亲自刷洗，几十年如一日，从不懈怠。别人劝他说："你位高权重，洗刷马桶之类的事，就让婢女去做，何必自己动手呢？"黄庭坚说："地位再显赫，也要讲孝道。侍奉母亲是儿子的责任，没有什么高低贵贱之分。"后人写诗赞道："贵显天下闻，平生孝事亲。亲自涤溺器，不用婢妾人。"黄庭坚也因"亲涤溺器"而成为孝子楷模，他是"二十四孝"故事中唯一的一位著名文人。

百孝篇

侍奉父母不仅要悉心照料父母的饮食起居，让他们没有温饱之忧、冻馁之患，更要让他们精神上轻松愉快。古人总结说："子之事亲也，事心为上，事身次之，最下事身而不恤其心，又其下事之以文而不恤其身。"就是说，子女侍奉父母，最好的做法是让父母心中愉悦，其次是照料父母的衣食住行，再次是尽管对父母生活上照料得很周到，却不理解不体谅他们的心情，最糟糕的就是只会对父母说些甜言蜜语，连生活上的照料也没有。相对于物质上的奉养，对父母精神上的敬顺更困难些，也更重要些。为此，子女必须更细致更有耐心。例如，不做让父母担惊受怕的事，远离像爬高履险、打架斗殴这类危险事情；出门和回家时都要跟父母打个照面，以免父母担心；不做有损于父母名节的事，像做官不清廉、对朋友不诚信、打仗不勇敢，等等；要对父母毕恭毕敬。不惹父母生气；进退周旋、举手投足之间都要谨小慎微、和颜悦色，显示出对父母的恭敬；婚姻大事要让父母做主，即所谓"父母之命，媒妁之言"，不违逆父母的心愿；对父母的过错进行劝谏时要委婉，即使父母执迷不悟、一意孤行，也不能怀怨在心、耿耿于怀。

对父母的孝心会通过很多细节体现出来，比如孔子就说，孝子会怀着既喜又怕的心情时时惦念着父母的年纪。这是因为，老年父母在堂上，子孙承欢膝下，同享天伦之乐，哪有不喜的道理？然而父母年高体衰，来日不多，随时都可能会撒手而去，这不测之忧，又怎么能不让做子女的心惧？"二十四孝"故事中的"老莱娱亲"和"伯俞泣杖"，讲的就是年迈的儿子侍奉更年迈的双亲，心中又高兴又忧虑的故事。

"老莱娱亲"讲的是老莱子行孝的故事。老莱子是个大孝子，他自己已经七十岁了，还要无微不至地照顾更年老的父母亲。为了不让年迈的双亲心里感到孤寂，老莱子常常穿着五色斑斓的花衣服，手里摆弄着拨浪鼓，手舞足蹈地在父母面前嬉笑耍乐，以博取父母开心。有一次，腿脚已经不灵便的老莱子给父母端水时不小心摔了一跤，他怕父母伤心，索性就势躺在地上学小孩子哭，逗得二老开怀大笑。后人赋诗称赞老莱子："戏舞学娇痴，春风动彩衣。双亲开口笑，喜色满庭闹。"

"伯俞泣杖"也是讲老人孝敬父母的故事。汉朝时有一个叫韩伯俞的人，十分孝顺，但母亲生性严厉，伯俞偶尔做错了事，母亲就会用手杖打他，伯俞总是躬身低头接受管教，不哭泣也不辩解，待母亲消气后再向母亲谢罪。有一次，母亲的手杖又落在伯俞身上，伯俞却泪如雨下，母亲慌忙问："以前打你时从不见你哭泣，是我今天打得太疼了吗？"伯俞难过地回答说："往常打我我觉得疼痛，知道母亲还有力气，身体健康，但是今天感觉不到疼痛，知道母亲体力微弱，身子骨不如从前，我心里悲伤，才情不自禁地痛哭。"后人赋诗称颂伯俞："体念母亲情至忱，母棰轻重甚关心。一朝知母力

孝道的发展和演变

衰退，顿起辛酸泪湿襟。"

"伯俞泣杖"和"老莱娱亲"两个孝道故事珠联璧合，一个讲孝子的"喜"，一个讲孝子的"惧"，都体现了对年迈高堂的诚恳孝心。"崔沔行孝"的故事，同样是告诉人们孝子应该如何从物质上、精神上孝敬父母。

崔沔是一个天性至孝的人，他的母亲不幸双眼失明，崔沔倾家荡产到处求医问药，医治无效后，他每天守在病床前侍奉母亲，30 年如一日。每逢佳节良辰，他都搀扶着母亲到野外去游玩，把大自然的事事物物，描述得活灵活现，津津有味地讲给母亲听，解除老人晚年的寂寞，使母亲忘记了双目失明的痛苦。崔沔还在院子里种了各种果树，让母亲能够经常吃到新鲜水果。母亲去世后，崔沔为了追念母恩而终身吃素，并且爱母亲生前所爱的人，敬母亲生前所敬的人，悉心照顾自己的兄弟姐妹、侄子外甥，把自己所得的薪俸都分给了同族内贫困的人，以安慰母亲的在天之灵。后来崔沔做了大官，他的儿子也成为贤明的宰相。后人有诗称赞崔沔："侍看母疾不辞努，日藉笑谈除痛苦。爱敬族宗如敬亲，超伦纯孝流今古。"

第二，丧葬之礼。

中国人重视养生，也重视送终。过去有"积谷防饥，养儿防老"的说法，生养儿子的目的之一就是为了给自己养老送终。所以，给父母"送终"是传统孝道的重要内容，丧礼也就成为古礼中最繁缛最琐细的礼节。

丧礼分三个阶段：奔丧、葬礼、居丧。奔丧就是得到父母去世的噩耗后，立即披星戴月、风雨兼程赶赴家中为父母守灵；葬礼包括小敛、大敛、殡、葬等环节，其间孝子要披麻戴孝，父母去世三天后才允许下葬；居丧就是儿子为父母守丧三年，守丧期间孝子要严格节制衣、食、住、行，不能吃肉，只能食素，不能饮酒作乐，不能亲近女色，更不能谈婚论嫁。

奔丧、葬礼都是在短时间内完成的，而居丧则需要三年，是最能够考验子女的孝心的。所以，是不是按照礼的要求为父母居丧守孝，就成为衡量孝子孝心的一个重要标准。居丧守孝是古人行孝的重要方式。历代的史书中都有孝子呕心沥血守丧三年、十年乃至终身的记载，有的孝子甚至睡在父母墓穴中，以示孝心的诚敬。

大家都知道，北宋的包拯因为做官清廉、执法严明，被老百姓尊称为包公、包青天，但大家可能不知道，这个不讲情面、铁骨铮铮的硬汉子还是一个有情有义的孝子。考上进士以后，包拯曾两次被授予官职，但由于父母年老体弱，身边没有人照料，包拯两次辞官回家，一心一意地奉养父母。父母相继过世后，包拯悲痛欲绝，在墓旁搭了间茅屋全心守孝，丧期守满后他仍然悲伤彷徨，不忍心离开。后来乡亲父老多次前来劝慰勉励他从政做官、报效朝廷，包拯这才依依不舍地离开父母的墓地，开始了他济世为民的政治生涯。

除了居丧守丧之外，特别值得一提的是古代的丧服制度。古人居丧期间，依据与死者的血缘亲疏关系的远近程度要穿戴不同的服饰，对不同身份的人的衣冠装束有着不同的要求。丧服共分五个等级，俗称"五服"，以血缘关系的远近为顺序，依次有斩衰、齐衰、大功、小功、缌麻等五种丧服的严格规定。"五服"当中，齐衰又分为四等，连同斩衰、大功、小功、缌麻，合称为"五服八等"。"五服"以内的人是亲属，"五服"以外的人就只是同姓了。丧服制不仅规定了丧服的用料、样式，还规定了居丧的期限。与死者的血缘关系越近，丧服质地也就越粗糙，居丧期越长。血缘关系越远，丧服越轻，丧期越短。斩衰是"五服"中最重的，衣服用最粗的生麻布做成，不缝边，让断处露在外边，以表示不加修饰，丧期为三年。齐衰是用粗的熟麻布做的，但衣服边是缝整齐的，所以称"齐衰"，齐衰分四个等级，丧期从三年到三个月不等；大功、小功和缌麻都是用熟麻布做的，区别在于一个比一个精细，大功的丧期为九个月，小功的丧期为五个月；缌麻是"五服"中最轻的一种丧服制，丧期为三个月。以《红楼梦》为例，贾母死时，她的儿子贾赦、贾政应当服斩衰三年，她的媳妇邢夫人、王夫人及孙子贾宝玉、贾环应当服齐衰一年，重孙子贾兰应当服齐衰三个月，孙子媳妇李纨、王熙凤等应当服大功九个月，再远些的服小功、缌麻，出了"五服"的就不用服丧了。以"五服"为核心的一系列服制规范，是以丧服的轻重和丧期的长短来显示活人同死者之间关系的亲疏远近。所以，是否出"五服"，从一定意义上成为血缘关系远近的标志。丧服成为一种符号，蕴涵着深厚的伦理内容，从这里也可以看到孝道对于维护家族关系、维护等级秩序的意义。

第三，祭祀之礼。

行孝是子女终身的行为，不能因为父母的过世而中断。祭祀父母亡灵就是孝行的继续，所以古代的祭礼也是相当隆重的。

在整个祭祀过程的每一个程序里，对于参与祭祀的人的衣服冠带、所站立的位置、应该说的话、行礼的程序次序，以及祭礼所用器物的种类、陈设位置等等，都有极为细致繁杂的规定。即使一般百姓家里普通的祭奠，也要求子孙们服饰庄重、肃穆、整洁，摆上干净的肉、米、果、蔬、酒等等供亡灵享用。借此表达对亲人的绵绵孝心和怀念之情。

"二十四孝"故事中的丁兰"刻木事亲"，讲的就是孝子祭祀父母的孝道故事。汉代的丁兰小时候父母双亡，他长大后时常思念父母的养育之恩，为自己没有机会孝敬父母而伤心难过。后来，丁兰用木头刻成双亲的雕像，把木像当成自己的父母一样侍奉，大小事情都和木像商议，每天三顿饭都要先敬过双亲木像后自己才吃，出门前和回家后都恭恭敬敬地禀告父母木像，从不懈怠，成为孝亲的楷模。久而久之，他的妻子对木像心生不敬之心，有一次她好奇地用针刺木像的手指，木像的手指居然流出血来。丁兰回家见木像的眼中有泪痕，经询问得知实情后，就把不孝敬的妻子休弃了。后人有诗道："刻木为父母，形容在日时。寄言诸子侄，各要孝亲闱。"

无独有偶，宋代也有一个与丁兰相似的孝子赵宗悌。宗悌幼年丧母，因年幼而全然不记得母亲的容颜。长大后每每看到邻居家母子相亲相爱的情景，就暗自垂泪。因为思念母亲，宗悌多次向父亲和家人追问母亲活着时的音容笑貌，边听边哭得泣不成声。后来他恳求父亲托画师画了母亲的肖像，悬挂在厅堂上，朝夕都要向着母亲的肖像跪拜、请安。后人称颂宗悌说："闻说母亲早丧亡，朝思暮想独悲伤。堂悬肖像如生拜，孝行感人足颂扬。"

"二十四孝"故事中的王裒"闻雷泣墓"，讲的也是子女对过世的父母行孝的故事。王裒是魏晋时期的孝子，他的母亲活着时胆子就小，特别害怕雷声，母亲死后埋葬在山林中。每当风雨天气，听到隆隆的雷声，王裒就赶紧跑到母亲坟前，跪在坟边安慰母亲说："儿子守在这里，母亲不要害怕。"后来盗贼猖獗，所到之处人们都望风而逃，王裒为守护父母的墓地而没有离开，最后死在盗贼手里。

总起来看，虽然古代对事亲、葬亲、祭亲的礼仪都有很具体的形式上的规定，但对父母是不是孝敬，关键还是体现在子女是否有孝心上。古人认为，这种孝心在侍奉父母方面主要体现为"顺"，在丧葬方面主要体现为"哀"，在祭祀方面则主要体现为"敬"。"敬"是祭礼中必须遵循的原则，所以古人说："祭礼，与其敬不足而礼有余，不若礼不足而敬有余也。"无论礼节多么周全细致，如果子女的心不诚不敬，祭礼也就没有什么意义。因而，祭礼中无论是琐细的礼节仪式，还是儿孙的衣着举止，处处都要表现出一个"敬"字。

需要指出的是，《礼记》对孝行的规范虽然面面俱到，但其中形式化、教条化的倾向也十分明显。在养亲、丧礼、祭礼中都存在这样的问题。例如，服侍父母时要毕恭毕敬，连咳嗽、搔痒等生理现象也被视为不敬；父母死后，连孝子怎么痛哭、居丧者怎么出入坐卧，都有专门的规定。把人自然的常情做硬性的规定，这就过分地强调了形式，容易使孝道流于矫揉造作、虚伪烦琐，却忽略了孝道的实质内容。至于后世表彰的孝行，比如，父母死后子女绝食，甚至殉身陪葬；终身吃素，甚至终身不结婚；为了安葬父母而卖儿卖女，甚至卖自己；住在窝棚里，穿麻衣枕石头，为给父母守坟而过着苦行僧一样的日子，等等，就更是对子女精神和肉体上的摧残和对人性、人情的践踏了。

综上所述，经过汉代思想家的演绎，一方面，先秦儒家孝道完成了由家庭伦理到社会伦理、政治伦理的转变，孝治理论的系统化以及"三纲五常"观念的提出，使孝道以纲常名教的形式被确定下来，孝道在一定程度上蜕变为禁锢人性的枷锁和君主专制的辅助工具。另一方面，对孝行的具体规范，使孝道的内容通过具体的、可操作的形式体现出来，让老百姓明白了什么是孝，怎么去孝敬父母，从而更容易接受和遵循孝道，这就使孝道不再仅仅是书本上的大道理，而变成了老百姓实实在在的行动。

二、魏晋隋唐的孝道

孝道的发展与每个历史时期的社会经济、政治、文化背景是密切相关的。魏晋至隋唐五代的七百多年里，各路英豪逐鹿中原，朝代更替频繁，应接不暇的政治动乱构成这一时期政治舞台上的独特景观。分合聚散、治乱兴亡之间，各朝代始终贯彻着"以孝治天下"的思想，孝道实践上的运作也有条不紊，对孝道的强调时强时弱，展现出斑驳陆离的形态。

（一）魏晋南北朝时期孝道更加突出

家族伦理的兴起，孝道的强化，是魏晋南北朝时期思想文化领域里的一个明显特点。这个时期的人们把家庭和家族的利益看得比国家的利益更高，"全身保妻之虑深，忧国爱民之念浅"，家中妻儿父母的平安是最重要的。那么，这个时期人们为什么这么重视家庭、重视孝道呢？简单地说，至少有以下两个方面的原因。

第一，提倡孝道，是大家族为了维护自己的现实利益。大家族在魏晋时期蓬勃兴起，势力很大。为了能够在朝不保夕的乱世当中生存下去，许多大家族纷纷把自己家族中的人聚集、武装起来，共同抵抗外部的侵扰。大家族内部贫富分化严重，却又相互依存，穷苦的族人要仰仗着富裕的族人保护，富裕的族人也离不开穷人给他们种地或保护庄园。大家族就像一个大家庭，族人之间的关系是上下分明、利害相关、休戚与共的，这就需要用孝道来维护族内的长幼尊卑秩序，增强宗族内部的凝聚力。

第二，统治集团避讳谈"忠"，就极力标榜"孝"以文过饰非，掩人耳目。"忠"和"孝"是古代社会人们最看重的两种品德。魏晋南北朝时期，许多人都是通过篡权而登上皇帝宝座的，他们的行为悖逆了忠道。比如，建立晋朝的司马氏就是把曹魏皇帝废除后自立为王的，还有不少人也是对皇帝的位置垂涎已久，一旦时机成熟，就会起来造反夺权。同时，由于朝代更替过于频繁，皇帝走马灯式的换来换去，文官武将们即使想"忠"，也没有可以长久去"忠"的对象，只有朝秦暮楚，今天逢迎这个皇帝，明天又投靠那个朝廷，有的人甚至背恩弃义、卖主求荣。这些皇帝、大臣和官员的行为，与传统社会对忠臣的要求完全是背道而驰的，他们也知道自己的行为是不"忠"的表现，所以自然不去谈论忠德，唯恐搬了石头砸自己的脚，于是就只有借提倡孝道来掩饰自身的行为。鲁迅在说到魏晋时期的统治集团为什么要大讲孝字时,曾经辛辣地讥讽说:"为什么要以孝治天下呢?因为天位从禅让,即巧取豪夺而来,若主张以忠治天下,他们的立脚点便不稳,办事也便棘手,立论也难了。所以一定要以孝治天下。"真可谓是一针见血。

正是在这样的社会背景下,魏晋时期孝道盛行。具体地说,这一时期孝道的强化主要表现在以下几个方面。

第一,"孝"是衡量人的品行好坏、选拔官员的最重要的标准和根据。有没有孝德孝行,在当时几乎可以决定一个人的命运,一个人只要成了孝子,其他的不足和过失都可以忽略不计,而一个人如果背上了不孝的名声,那就会处处碰壁,别想再翻身了。

"孝"是飞黄腾达的阶梯,是进入仕途的通行证。魏晋南北朝时期,往往要依据一个人的家世、道德、才能等标准来对这个人进行评议以后,才能决定这个人有没有做官的资格。其中,孝道就是品评人的一个最重要的依据。如果大家议论说某个人不孝顺,那这个人基本上就没有做官的希望了;而如果大家都说某个人是孝子,即使这个人并没有多大能力,也很容易获得一官半职。比如,西晋时候的大臣王祥是当时有名的大孝子。王祥是"二十四孝"故事中的一个孝子。寒冬腊月,河面上冰冻三尺,王祥的继母偏偏想吃鲤鱼。为了让继母吃上鲤鱼,王祥躺在冰面上,想用自己的体温暖化厚厚的冰层。王祥的孝心感动了上天,鲤鱼从冰河中跳了出来,成全了孝子的孝心。这就是王祥"卧冰求鲤"的故事。除了孝心之外,据说王祥并没其他可称道的地方,但是在孝的光环笼罩下,当时的人们却对他钦慕不已,王祥也因为孝名而青云直上。

"孝"又是贬人、杀人的工具。三国魏晋时期,因不孝而丢了乌纱帽的大有人在,有的人甚至因为不孝而掉了脑袋。比如,《三国志》的作者陈寿因为没有把母亲安葬到老家四川，被人议论为不孝，遭到贬谪，终生坎坷。再比如，史书记载，甲某与乙某互怀怨恨，在宴会上争吵起来，正当甲振振有词地批评乙的时候，乙叱责甲说："你父亲年纪那么大了，你不辞去官职回家孝养老人，还有什么脸在这里说话?"一句话戳到了甲的软肋，他自觉理亏，不得不上书责骂自己怀禄贪荣，禽兽不如，要求辞官回家孝养父亲。其实，甲某有兄弟六人，其中三个人在家里侍奉老人，但甲某如果不回到父亲身边，仍然会落下不孝的名声，被人揪住小辫子不放。

第二，孝子像雨后春笋一样涌现出来，他们的孝行也形形色色，无奇不有。

魏晋时期出了很多孝子。比如，在被列入"二十四孝"的人物中，"哭竹生笋"的孟宗、"恣蚊饱血"的吴猛、"尝粪忧心"的黔娄，还有前面说过的"闻雷泣墓"的王裒、"卧冰求鲤"的王祥，都是这个时期孝子的典范。各种史书中记载的孝子更是多得不可胜数。

"哭竹生笋"的故事跟"卧冰求鲤"很像，都是说人的孝心可以感动天地。孟宗从小丧父，母子俩相依为命。母亲年迈后体弱多病，孟宗总是细心照料母亲、体贴母亲，想方设法满足母亲的要求。一天，病重的母亲想吃竹笋煮羹，但这时正值隆冬时节，冰天雪地，哪来竹笋呢?无计可施的孟宗在竹林中抱着竹竿无助地痛哭，他的孝心感动了上苍，地上突然长出几棵竹笋，孟宗赶紧捧回家做了笋羹给母亲吃。

"恣蚊饱血"讲的是少儿行孝的故事。8岁的吴猛是幼儿孝敬父母的典范。吴猛家里很穷，买不起蚊帐，每到夏天的晚上，蚊虫咬得父亲不能安睡。为了不让蚊虫去叮咬父亲，吴猛每天晚上总是赤身睡在父亲床边，任蚊虫叮咬自己而不驱赶，以免它们去咬父亲。与吴猛相比，黔娄的"尝粪忧心"更是近乎愚孝了。据说，黔娄的父亲得了重病，黔娄天天盼着父亲的病情能够好转，为了了解父亲的病情，他竟然去尝父亲的大便。当然，吴猛的做法是不可取的，黔娄的做法更是没有任何科学根据的，虽然他们的孝心很可贵，但以这些方式来尽孝是很愚蠢的。

除了令人咋舌的恣蚊、尝粪之类外，魏晋时期的大多数孝子都是因为父母死后的一些异常孝行而闻名的。这些孝子孝女们的孝行大同小异，有的在父母死后绝食数日、滴水不进，有的在父母死后痛不欲生、呕血而死，有的衣不解带守坟多年。比如，有个孝子给父亲守丧，把自己关在家里整整4年，足不出户，瘦得皮包骨头，憔悴得连家里人都认不出他来了。有个女子在母亲去世后，不吃不喝，日夜痛哭，绝食而死。另外，根据孝道的要求，子女在父母死后要隆重地安葬父母，如果父母亲的尸骨未还或没有安葬，子女就要背上不孝的骂名。所以，这一时期的史书记载的孝子故事中，有不少是为了寻找父母的尸体而长途跋涉，历尽苦难。可以看到，当时孝道在很大程度上是通过葬礼和祭礼体现出来的，"事死"重于"事生"的倾向相当明显。

第三，魏晋时期对孝道的重视还表现在对孝与忠关系的处理上。

怎么处理忠与孝的关系，是古代社会的一个很棘手的问题。汉代君主集权的政治需要使得忠道突显出来，强调孝道的目的在于为忠于君主，孝道成为忠道的附庸。三国时候已经有孝重于忠的倾向，不过在忠与孝之间还有选择的余地，有的人更看重忠，有的人更看重孝。比如，曹操的儿子曹丕做太子的时候，曾经在一次宴会上给大家出了这样一个难题：皇帝和父亲都生了病，但只有一粒救命的药丸，只能救一个人，是救皇帝呢，还是救父亲呢？来宾们众说纷纭，有的说应该先救皇帝，有的说应该先救父亲，曹丕也都只是一笑了之，并没有为难那些认为父亲比皇帝更重要、应该先救父亲的人。到了魏晋南北朝时期，忠与孝的关系就颠倒过来了：在忠与孝的冲突中，孝道明显地压倒了忠道，占了绝对优势和上风，甚至连议论皇帝和父母谁轻谁重、忠与孝哪个在先哪个在后这样的问题，都被视为是迂腐、可笑的。也就是说，父母重于皇帝，孝重于忠，已经被当成了理所当然的事情，为尽孝而悖忠已经成为大家毫不犹豫的选择，可见孝道在当时的人们心中的分量。

（二）唐代孝道约束力的弱化

在风雨摇曳中苟延残喘了数十年之后，隋王朝寿终正寝。大唐王朝的建立，揭开了中国封建社会历史上最辉煌最绚丽的一页。汉代与唐代并称，同是中国封建社会的鼎盛之世；汉唐气象，更为后人所仰慕、所自豪。直到今天，我们仍然自称为"汉人"，在海外，华人聚集的地方称为"唐人街"。不过，在孝道发展史上，汉代与唐代却呈现出完全不同的特色。

我们知道，汉代开辟了古代社会"以孝治天下"的先河。而唐代统治者虽然也标举、倡导孝治，但是事实上，孝道在唐代远远没有在汉代那样凸显。就连与魏晋时期对孝道的推崇也不能同日而语。相比较来说，唐代是中国历史上孝道观念相对淡薄、孝道约束力量相对弱化的时期。唐代对孝道的轻疏表现在很多方面，这里我们列举几条作为例证。

其一，唐代最高统治者在孝道方面并没有以身作则，为天下人树立好的榜样。相反，从皇帝到王侯公子，同室操戈、弑君逼父、杀兄屠弟、不敬姑舅等等违背忠、孝道德的事情屡见不鲜，所以整个社会对孝道的要求自然也不是特别地严格。

其二，孝道仅仅是唐代选官用人的一个参考因素，选拔官吏的时候不像魏晋时期那么苛求人的孝德，只要有真才实学，就有机会做官、升迁。

其三，与别的朝代相比，唐代对于不孝者的处罚是比较轻的。历代都把"不孝"视为"不赦"之罪而绳之以法，唐代除了对"不孝"重罪者依律制裁外，对一般的不孝行为只有一些不疼不痒的舆论批评。而且，唐代司法实践中往往是重法律而轻孝道的，许多为父亲复仇的孝子被依法处决，与其他朝代对为父亲复仇的孝子们的宽宥乃至褒奖形成了鲜明的对照。

当然，孝道约束力弱化，并不是说唐代就完全不讲孝道。从汉代以后，没有哪一个朝代不重视孝道，只是重视的程度有所不同而已。其实唐代也出了很多孝子，丞相狄仁杰就是其中的一个。狄仁杰为官清廉，秉政以仁，赢得了朝野上下的赞誉。但常年忙于公务，不能回家探望、侍奉父母，狄仁杰心里也不好受。有一天，狄仁杰出外巡视途中经过太行山，他站在山顶上久久地凝望着片片白云，深情地说："我的父母亲人就住在白云底下。"说着禁不住流出了思亲的泪水。这就是历史上传诵的狄仁杰的"望云思亲"的故事。有诗赞颂狄仁杰的孝心说："朝夕思亲伤志神，登山望母泪流频；身居相国犹怀孝，不愧奉臣不愧民。"

唐代行孝的方式，主要还是表现在尽心赡养父母、悉心照料生病的父母、苦心为死去的父母居丧等方面。不过，与前代相比，数世同堂共居是唐代最突出的孝行。唐代史书中记载的孝子，许多人是因为数世同堂而受到表彰的。

中国人最重视的是家庭，并且把家族同堂看作最理想的家庭模式，认为兄弟分家分财是不孝的表现，数世同堂则是家庭和睦、子孙孝敬的表现。所以，从汉代开始，各个朝代都把父子兄弟数世同堂作为彰扬孝道的重要内容，但实际上唐朝以前多代同堂的大家庭还是寥若晨星，并不多见。到了唐代，政府一方面以数世同堂为垂范加以旌表，另一方面以法律形式强制性地要求老百姓同财共居，并把分财产、分家列为"不孝"罪中的第一款加以惩处。在道德的倡扬和法律的禁止下，从达官贵人到平民百姓，数代同堂的风气盛行于世，上百口人、钟鸣鼎食的大家庭屡见不鲜，同居共财成为唐代社会推崇和流行的一种行孝方式。据研究，"唐型家庭"是中国古代规模最大的家庭类型，平均每家有9到10人。其中最有名的是张公艺一家。张家9代同堂，乡里乡亲都称颂张家儿孙孝顺，张家也多次受到朝廷的旌表。有一次，唐高宗亲自到张家去慰问表彰，当问起这么一大家子人怎么能够世代和睦共居时，张公艺默不作声地拿起笔，一口气在纸上写了一百多个"忍"字，高宗看了以后感叹不已。看起来，数世同堂虽然是孝道的表现，也是家道兴旺的表现，但维持起来并不容易，大家庭中矛盾纠纷、同室操戈这些难言的滋味，只有当事人自己知道个中滋味。

宋代以后，与宗法家族制如火如荼的发展相应，6代以上的"累世同居"的大家庭开始大量涌现，累代同居的纪录不断地被打破，《宋史》中累世同居的最高纪录竟然高达19代，19代，少说也有一千多人，挤在一个屋檐下生活，那种情景真叫人叹为观止。最奇异的当数13代同居的陈兢一家。据记载，陈兢一家13代同居，老老少少共有七百余口。每到吃饭时全家人共聚一堂，熙熙攘攘，就连家里养的一百多只狗也同时进食，一只狗不来，其他狗也都不吃。看起来是有点玄。其实，这与犬豚同乳、乌鹊通巢的孝感传说一样，都反映了老百姓对这类孝行的钦佩、羡慕。这种风气沿袭下来，数代同堂就成为古代普遍的家庭结构。有人统计，直到光绪年间，仅湖南省5代同居共财的家庭还有一千多家。当然，管理这样庞大的家庭，没有族规、没有家法，没有长幼尊卑的道德观念，没有礼仪规范的约束，是寸步难行的。所以，数代同堂既是社会倡行孝道的产物，也反过来进一步弘扬、强化了孝道。

另外，值得注意的是，自汉魏以后，传统孝道已经在社会下层民众的心中扎下了根，不管社会风气怎么变化，孝敬父母已经成为老百姓自觉的行为习惯。各个朝代的《孝子传》中所记载的以行孝而闻名的，大多数是底层百姓。可见，孝敬父母的优良传统在普通百姓这里延续不断地得到了继承和发扬。

三、宋元明清的孝道

宋、元、明、清几个朝代，是中国封建社会的后期发展阶段，由儒学发展而来的理学是封建社会后期的统治思想。孝道作为封建道德的核心和基础，是理学当中的重要内容。理学家进一步解释说明了孝道为什么是合理的，人为什么应该孝敬父母，这就使得孝道从理论上变得更加成熟和完备，在实践上，孝道开始呈现出极端化、愚昧化等特征。

（一）孝道理论上的新发展

理学是以"理"或者"天理"为根本的，所以叫理学。理学家从天理的高度解释了孝道的合理性，认为天理是孝道等伦理纲常的根源，"三纲五常"都是天理的表现。

首先，理学家认为孝道是天理的体现，是先天的。理学家认为，天理是先天的，在天地万物还没有产生以前，天理就存在着。同样，孝道等封建伦理纲常是天理的体现，也是先天就存在的，"未有父子，先有父子之理"，在父子关系还没有形成之前，父子相处的道理就存在着，作为父母就应该对子女慈爱，作为子女就应该对父母孝顺，这是天理的规定，孝是子女与生俱来的德性。

其次，理学家强调孝道是天理的要求。理学家认为，儿子孝顺父亲、臣民忠于皇帝，这是天经地义、不能违抗的。所以，儿子不能不孝顺父亲，因为这是天理对人的要求，而不是人对人的要求。天理是不能怀疑的，人只有安分守己、服服帖帖地顺从天理的安排，遵循天理的命令去做就行了，否则就会招致天谴人殃。

第三，理学家强调孝道是永远存在的，在理学家看来，天理是不会灭亡的，不会随着历史的变迁、朝代的更替而改变，所以，父子关系、君臣关系也是永远存在的，就像自然界中冬去春来的规律不会改变一样。"三纲五常，终变不得，君臣依旧是君臣，父子依旧是父子"，"纲常千万年磨灭不得"，从古到今，父子关系不会改变，君臣关系不会改变，所以儿子孝敬父母、臣民忠于君主这种孝道、忠道也不会改变。

最后，理学家还对孝感说做了进一步的发挥。天人相通、天人感应的思想在古代中国源远流长，认为天与人是相互贯通的，人世间发生的一切事情，天都能够感应到并做出响应。在理学家看来，天能够感应人的诚心，在孝的行为中就存在着神明，人们只要能够虔敬地行孝，自然就会感动神明，昭彰天理，这就是"孝感"。封建社会后期割股燃指一类愚孝现象泛滥成灾，一个重要原因就是孝感观念在作祟。

总的来看，经过理学家从天理高度对孝道全面系统的论述，宋明以后，孝道的专一性、绝对性、约束性进一步增强，"天下无不是的父母，父有不慈而子不可以不孝"成为世人的普遍观念，对父母的"孝敬"变成了"孝顺"，对父母无条件的顺从成为孝道的要求，甚至出现了"父叫子亡，子不得不亡"的说法。父母总是对的，子女只有顺应天理，感恩戴德地服从父母、满足父母的心愿。父母可以对儿女不慈爱，但儿女不能对父母不孝顺。不管父母是否慈爱，不管父母的要求是否合乎情理，子女都只有俯首帖耳、垂目而受，不能对父母有半点怨恨不平之情。这样，子女就完全丧失了自己的意志，孝道也进一步沦为强化君主独裁、父权专制的工具，这是孝道发展史上很大的一个变化。

（二）孝道实践上的极端化、愚昧化

孝道理论上的新发展引起了孝道实践上的新变化。与以前相比，宋明以后孝道在实践上体现出绝对化、极端化、愚昧化的特点，人们在行孝方式上走向畸形。族权的膨胀和愚孝的泛滥，就是具体的表现。

第一，家族制度的日趋完善和族权的空前膨胀。

宋明以后，宗族、家族制度日趋完善，宗族的权力空前膨胀，族权与孝道相互强化，成为巩固封建制度、维护社会等级秩序的强劲支柱。这是封建社会后期孝道发展历程中突出的表现之一。

其一，宗族活动兴盛。宋元时代的官僚、平民对组建宗族都表现出极大的兴趣，组建宗族成为社会风气，仅《宋史》上记载的所谓"义门"，也就是以"义"而闻名的大家族就有五十多家，而且大多数都是平民家族，反映出宋代宗族发展的盛况。宗族、家族集政治、经济、宗教、文化功能于一体，就像一个小社会。宗族家族纷纷开展频繁多样的活动，比如，设立义田，资助、救济宗族中的贫困家庭；主持祭祖仪式，组织族谱编撰、族规制定等活动；依照宗族规定处理族内纠纷以及族外事务；兴办义塾，用孝道等伦理道德教育族中子弟，等等。

其二，祭祖范围和祭祖方式发生了不少变化。为了体现社会的等级制度，宋明以前对祭祀祖先有很多限制，不利于通过祭祀祖先来强化孝道。宋明两代放松了祭祖方面的有关规定，人们在祭祖方面有了更大的自由度，祭祖也成为家家户户的事情。民间最重视的是清明和冬至两次家族祭祀，其他特殊祭奠，如科举题名、升官晋爵时都要去祠堂行礼等，就不一而足了。一般都是把木主（又叫神主、牌位、神牌等）和祖先画像作为祭祀对象的化身

和象征，供奉在祠堂正中，接受子孙的膜拜。

其三，与放松对官民祭祖的限制相应，宗族祠堂开始昌盛，成为封建社会后期一个可观的社会现象。凡是有经济力量的宗族，都设有宗祠。尤其是清代中期以后，祠堂普及到社会各个阶层，大小家族都建有自己的祠堂，以至于从乡村到城镇，祠堂林立。祠堂不仅是祭祀祖先的场所，还是族长施政、族人集体活动的主要场所，对子孙们的行为，特别是对子孙孝行的监督，更是祠堂主要的作用之一。对不孝子孙的惩罚要在祠堂里当着列祖列宗的面进行，或者干脆不允许他们再跨进祠堂的大门，这就意味着被开除"族籍"，是对一个人最大的惩罚。祠堂的出现和兴盛，自下而上保证了孝道的贯彻。

其四，私修谱牒活动兴起。谱牒是宗族活动的文字记录，私修族谱与宗族活动的兴盛是一致的。唐代以前主要是官修族谱，宋以后私家撰谱盛行，类目众多，祠堂、坟茔、族规、祠产、画像、文书等，都进入谱书，激发族人效法先人、建功立业，增强了家族的凝聚力。私修族谱中有关宗法伦理的内容，又以族规、家法的形式竞相问世。这些宗族法规是各家族自己制定的，用来约束、教化族人，包括忠君、孝亲、禁赌、财产继承等方面的内容，是维持宗族秩序的重要工具。明清以后，几乎所有的大户人家都有自己的家法、家规，保留至今仍然汗牛充栋。这些家规、家法尽管具体内容不尽相同，但毫无例外地都有倡扬孝道等家族伦理方面的内容，有对不孝子孙进行惩罚的具体规定，所以历来被用作对族人进行孝道教育的教材。

总之，无论是宗族的组建、宗族活动的开展，还是祭祖范围的扩大、方式的增多，乃至祠堂的兴建、族谱的修撰、族规家法的出台，都既是封建社会后期孝道空前昌盛的体现，又是传播孝道理论和促进孝道实践的得力途径，并成为封建社会后期孝道历史发展的重要特点。

第二，愚孝的泛滥。

封建社会后期，孝道被推向极端，愚孝的风气愈煽愈烈。其中，割肉疗亲就是愚孝发展到登峰造极的表现。

割肉疗亲，就是子女割下自己身上的肉来给父母治病，以显示自己的孝心。割肉疗亲开始于唐代，到宋元时期成为流行的尽孝形式。孝子们把孝道作为自己的精神支柱，对行孝表现出一种宗教信仰式的狂热，自伤、自残、自杀以全孝心、成孝道，这样的事情在社会上屡见不鲜。孝子们为了收到惊世骇俗的孝感效果而费尽心机，不断翻新花样，从割股、断臂到割肝、断乳、剖心，孝道已经完全走了样。

其实，传统孝道认为，人的身体，包括人的肌肤、头发，都是父母给予的，孝敬父母，就要爱惜自己的身体，子女毁伤自己的身体是不孝的行为。因而，在唐代以前的史书中并没有发现割肉疗亲的记载。唐代以后，随着佛教孝道的宣传和普及，佛教传说中僧人舍身供养、以血肉治病的习俗也随之而脍炙人口，并导致老百姓由信仰到仿效。佛经里讲了许多以自己的身体布施众生的故事。例如，有个太子在路上碰到一个奄奄一息的病人，心生怜悯，就问怎么能够治好他的病？病人说：只有用您身上的血才能治好我的病。太子听后立即用刀划破身体，把自己的血给病人当药。四川宝顶山大佛湾就绘有忍辱太子剜出自己的眼睛给父王治病的故事画。也许就是在这一类传说的影响下，唐人开始认为人肉人血可以治病，于是孝子们纷纷献身孝道，用自己身体上的血或肉给久病不愈的父母当药吃。仅《新唐书·孝友传》的序言中，就提名道姓地列举了29个割肉疗亲的孝子。

割肉疗亲在唐代还属于"新生事物"，往往能够引起世人的啧啧赞叹，宋代以后，这种少数人的"特立独行"已经成为人们司空见惯、习以为常的行孝方式，只要父母顽疾染身，久治不愈，孝子们不仅割肉、剜眼、断乳、剖腹、取肝当作药饵，甚至自焚、自殉，祈祷上天显灵，让父母痊愈。《宋史·孝义传》就记载有十多个这样的令人瞠目结舌的孝子事例。例如，有个孝子割股肉、断左乳给生病的母亲吃，甚至让火灼烧自己的手掌，表示代替母亲承受痛苦；有个孝子98岁的祖母患痢疾而生命垂危，孝子剔臂上的肉给祖母制药，祖母转危为安，接着继母又惊吓成疾，孝子再次剔臂上的肉做成药粥，治好了继母的病。这些孝子孝女往往受到立"纯孝坊""孝妇坊""崇孝坊"等形式的嘉奖。《金史·孝友传》中记载的受到旌表的孝子仅有6人，其中3人都是因为割股疗亲而名垂青史的。这既表明金王朝对孝道的倡导，显示出孝道对少数民族的同化和影响，也表明割肉疗亲在当时是很普遍的事情。

被载入正史的仅是极少数受到"国家级"表彰的孝子，至于受到地方政府旌表或者不闻于世的就更多了。有人对《古今图书集成》"闺孝部"记载的孝女孝妇的行孝方式所做的统计表明，明代六百多个孝女孝妇中，有割股、割臂、割肝、割耳、割乳、断指等孝行的，占总人数的一半；清代三百多个孝女孝妇中，割股、割臂、割肝者，占总人数的七成以上。由此可知，割肉疗亲在明清时期已经蔚然成风。

这种自我摧残的愚孝行为，在唐代就激起了不少人的强烈反对。有人愤慨地表示，这种愚孝行为把父母推到不仁不爱的境地，其实是大不孝的表现，况且毁伤父母所给的身体，本身就是不孝的行为，决不应该去提倡和表彰。但更多的人则认为，这种行为本身虽然有些过分，但却表达了孝子真诚的孝心。社会舆论的称赞，再加上"旌表门闾""名列国史"的官方鼓励行为，越发使得这种愚孝行为泛滥起来。

明朝时情况一度发生了一些变化。当时，山东日照有个孝子割自己的肋肉给母亲治病，却没有见效。他又向泰山的神灵祈祷，许愿说如果能够让母亲病好，他情愿杀死自己的儿子奉献给神灵。母亲的病好了以后，他竟然真的杀死了自己3岁的儿子。

这个孝子不仅自伤，还殃及无辜幼儿，皇帝闻讯后大为震怒，命令群臣重新讨论表彰孝子的有关事项，认为这些割肉疗亲的孝子们孝心虽然可敬，但这种行为是不可取的。如果父母只有一个儿子，万一有个意外，不但让父母失去了依靠，还绝了祖先的宗祠，酿成大不孝，况且"割股不已，至于割肝；割肝不已，至于杀子"，再继续发展下去，不知道还会做出什么事来。从此以后，明朝官方虽然没有严令禁止割股剔臂之类的愚孝行为，但一般也不再对这样的孝子进行表彰。

割肉疗亲的愚孝行为还在继续，孝子们依然我行我素。《清史稿·孝义传》中仍然记载了几十个剐肝剖心给父母治病的孝子事例。例如，有一家四个兄弟相继为父亲割股、割臂、断指，被官方誉为"一门四孝友"。这种愚孝行为的泛滥，究其原因，一是愚孝观念对人性的束缚，已经使人不能自拔；二是各种孝感传说的神异灵验让孝子们心仪神往；三是社会舆论对此从来都是褒扬赞美；四是宋代又恢复设立了隋唐时期废止的"举孝廉"制度，并一直延续到清代，"上以孝取人，则勇者割股，怯者庐墓"，声名利禄的内在刺激是最直接的动力，社会以孝行作为选拔官员的标准，所以胆大的人就割肉，胆小的就守墓，以此博取孝名，得个一官半职；五是官方不仅从来没有严厉地禁止过割肉疗亲，而且还一直在以各种方式表彰这种孝行，所谓的"听其所为"，听任老百姓去做，实际上是一种变相的怂恿和鼓励。所以，宋、元、明、清时期，民间割股取肝者始终前赴后继，不绝于世。直到清末民初，这类事情在民间仍然时有所闻。

第十二章　孝道雅俗之语

一、母爱

《孝经·三才章》：夫孝，天之经也，地之义也，民之行也。

【儿不嫌娘丑，狗不厌家贫】（俗）

［书证］张凤雏等《死囚生还录》二四："俗话说：'儿不嫌娘丑，狗不厌家贫。'狗对主人是最忠诚的。"

［释义］儿女不嫌弃娘亲的长相丑陋，狗不嫌弃主家的贫穷。指不嫌丑才是最真诚的爱，不嫌贫才是最真诚的忠。

【父爱者，子多过；母爱者，子多病】（雅）

［书证］明·徐祯稷《耻言》二："夫父爱者，子多过；母爱者，子多病。余饱余燠，足生疾疢，而能以义制爱，婴病去半矣。"

［释义］爱：此处指溺爱。父亲对儿子溺爱，该管教的不管教，儿子必定过错多。母亲对儿子溺爱，该节制的不节制，儿子必定疾病多。

【父道尊，母道亲】（俗）

［书证］《儿女英雄传》一七回："你们女子有同母亲共得的事，同父亲共不得，有和母亲说得的话，和父亲说不得。这叫作：'父道尊，母道亲。'"

［释义］做父亲的在儿女面前多数是态度尊严，保持着一定的感情距离；

做母亲的在儿女面前多数是亲近和慈祥。指父亲尊严，母亲慈祥，这是传统习性。

【乌有反哺之义，羊有跪乳之情】（俗）

［书证］伍贵生《人性·物性》："俗话说：'乌有反哺之义，羊有跪乳之情。'你白披了一张人皮，长得五尺汉子，却不养活父母，真是禽兽不如，理应受到社会人群的唾弃。"

［释义］反哺：小乌鸦长大后，飞出觅食喂养老乌鸦。跪乳：小羊羔吃奶，先跪在地上。小乌鸦能反哺，小羊羔知跪乳。喻指人更应知道感恩，孝敬父母。

乌鸟反哺

【劝君莫打三春鸟，子在巢中望母归】（俗）

［书证］赵成玉《养鸟能手谈养鸟》："要对鸟有深厚的感情，有句民谚：'劝君莫打三春鸟，子在巢中望母归。'有些老年人经常吓唬孩子们，不要捅燕窝，不然会害眼的。这都反映了人们保护益鸟的心情。"

［释义］三春：春天的通称。春天正是鸟类生育的季节，打死一只母鸟，会饿死一窝小鸟。指爱护雏鸟，是人们对物类爱心的表露。

【只有痴心的父母，难得孝敬的儿郎】（俗）

［书证］任光椿《戊戌喋血记》八章："常言道：'只有痴心的父母，难得孝敬的儿郎。'复生如今也是三十多岁的人了，你在这里为他着急，还不知他在那里怎样开心作乐呢！"

［释义］父母为儿女吃苦受累，牵肠挂肚，可儿女能孝敬父母的却非常

稀少。指母爱从来是无限的，孝顺从来是有度的。

【瓜儿恋秧，孩儿恋娘】（俗）

［书证］丛维熙《泥泞·尾声》："他微笑着谢绝了我的邀请，说他想先到天安门前去看看，因为他告别金水桥已经三十一年了。我理解他'瓜儿恋秧，孩儿恋娘'的心情，欣然和他一起前往天安门去了。"

［释义］瓜靠秧苗吸取营养，孩子靠母亲乳汁成长。指孩子爱母亲是生存本能的爱。

【栽葫芦傍墙，养女儿似娘】（俗）

［书证］明·无名氏《女姑姑》二折："一个亲生女，跟的人私奔了，你可甚治家有法！便好道'栽葫芦傍墙，养女儿似娘'。"

［释义］葫芦蔓靠墙成长，女儿跟着娘成长，举止行为很像娘。指女儿靠娘的引教，受娘的影响最深。由此女儿的言谈举止，酷像娘亲。古有"娶媳妇娶娘"之说，正说明这层意思。

【爱子者慈于子，重生者慈于身】（雅）

［书证］《韩非子·解老》："爱子者慈于子，重生者慈于身，贵功者慈于事。慈母之于弱子也，务致其福。务致其福，则事除其祸；事除其祸，则思虑熟；思虑熟，则得事理；得事理，则必成功。"

［释义］慈母爱子，自然就用尽全部心力去爱抚儿子；对自己生命爱护的人，自然就全力保养自身。指能全力投入的，就必定成功。

【爱子，教之以义方】（雅）

［书证］《左传·隐公三年》："臣闻'爱子，教之以义方'，弗纳于邪；骄奢淫逸，所自邪也。"

［释义］义方，合乎礼义的原理和方法。指用义方教育子弟，同时严防邪恶对子弟的腐蚀，这是家庭教育一件事情的两个方面，缺一不可。缺了前

者，就失去了引导方向；缺少了后者，就止不住邪恶的侵蚀。

【爱而不教，禽犊之爱也】（雅）

［书证］明·戚继光《练兵实纪·练将》："苟不加教习之，亦是以率予敌耳。语云：'爱而不教，禽犊之爱也。'"

［释义］禽犊：禽指飞禽，犊指小牛，泛指走兽。禽兽对它的后代，只知道爱，却不知教。指人和禽兽之所以不同，在于人不仅爱后代，更重视对后代的教育。

【谁言寸草心，报得三春晖】（雅）

［书证］唐·孟郊《游子吟》诗："慈母手中线，游子身上衣。临行密密缝，意恐迟迟归。谁言寸草心，报得三春晖！"

［释义］寸草心：小草的报恩心愿。三春晖：三春天的阳光。比喻母恩的浩大无边。谁能说得清，小草那一点点报恩心愿，报答得了三春天阳光的温暖普照。喻指儿女对父母的养育之恩，尽心竭力也难报答。

【娘好囝好，秧好稻好】（俗）

［书证］清·王有光《吴下谚联》卷三："'娘好囝好，秧好稻好。'秧之种于别田，犹女之嫁于夫家也。母良女必淑，秧茂稻不枯。"

［释义］囝：方言词，小孩。母亲素质高，养育的孩子自然就好。这同秧苗好，长出稻子就好是一个道理。指母亲对于孩子的影响至关重要。

【娘想儿，流水长；儿想娘，筷子长】（俗）

［书证］王恺《碧雾港》二章："俗话说：'娘想儿，流水长；儿想娘，筷子长。'你离家五六年了，阿婶天天念叨你。回家才几天，连床沿都没坐暖这就走？"

［释义］筷子长：像筷子那么长短，形容很短暂。母亲思念儿女像流水一般川流不息；儿女怀念母亲往往很短暂。指母子间的亲情虽浓，但比较而

言，母爱是最最深厚的。

【乳狗噬虎，伏鸡搏狸】（雅）

［书证］汉·高诱《淮南鸿烈解·说林训》："乳狗之噬虎也，伏鸡之搏狸也，恩之所加，不量其力。使影曲者，形也；使响浊者，声也。情泄者，中易测；华不时者，不可食也。"

［释义］正在哺乳幼崽的母狗，敢于向来犯的猛虎咬斗；正在孵小鸡的母鸡，敢于和来犯的狸猫搏斗。指母爱能生发出超乎寻常的战斗力。

【孤犊触乳，骄子骂母】（俗）

［书证］《后汉书·仇览传》曰："览为县阳遂亭长，好行教化，有陈元凶恶不孝，其母诣览言元。览呼元，诮责元以子道，与一卷《孝经》使诵读之。元深改悔，到母床前，谢罪曰：'元少孤，为母所骄，谚曰：孤犊触乳，骄子骂母。乞今自改。'卒成佳士。"

［释义］独生的牛犊常顶撞母牛的乳头，骄纵的儿子常骂他生身的娘亲。指娇生惯养的儿子往往忤逆不孝。

【亲爱利子谓之慈，子爱利亲谓之孝】（雅）

［书证］汉·贾谊《新书·道术》："亲爱利子谓之慈，反慈为嚚；子爱利亲谓之孝，反孝为孽。爱利出中谓之忠，反忠为倍；心在恤人谓之惠，反惠为仇。"

［释义］做父亲的，对儿女要慈爱；做子女的，对父亲要孝敬。指父慈与子孝是互为作用的，不能单方面要求。

【闺女是狼，吃塌她娘】（俗）

［书证］照春《飞云楼》七章："人常说：外甥是狗，吃了就走，闺女是狼，吃塌她娘。姑娘出嫁前亲娘，出嫁后就亲女婿了。"

［释义］吃塌：吃垮。闺女出嫁后，总想从娘家多吃些多拿些。指结婚

后的女儿，往往只顾着自己的小家庭，淡忘了对母恩的回报。

【好老子不打等身儿，好娘不打盘头女】（俗）

［书证］王宝成《海中金》四："好老子不打等身儿，好娘不打盘头女。鱼儿已经长成高晃晃的大小伙子，打有什么用呢？"

［释义］等身儿：和父亲一般高的儿子。盘头女：发辫盘在头上，已经出嫁的女儿。指儿女长大成人，只宜说服，打骂体罚是毫无用处的。

【走尽天边是娘好】（俗）

［书证］清·王璋《吴谚诗抄》："走尽天边是娘好，诸亲百眷莫轻求。"

［释义］走遍世界各地，还是娘对儿女最好。指母爱是最纯真的，世间的任何一种爱都无法与之相比。母恩是深厚的，任它天高地厚，也比不上母恩的伟大。

【孝子之至，莫大乎尊亲】（雅）

［书证］《明史·列传·张璁》："孝子之至，莫大乎尊亲。尊亲之至，莫大乎以天下养。陛下嗣登大宝，即议追尊圣考以正其号，奉迎圣母以致其养，诚大孝也。"

［释义］孝敬父母，从奉养到顺从，从顺从到敬重，从敬重到爱护，从爱护到谏净。在这一系列的孝行中，最崇高的莫过于尊亲。

【严家无悍虏，慈母多败子】（雅）

［书证］《韩非子·显学》："夫严家无悍虏，慈母多败子。吾以此知威势之可以禁暴，而德厚之不足以止乱也。"

［释义］悍虏：强悍的佣人。治家严，就不会出强悍的佣人；母慈爱，往往会宠惯出忤逆不孝的败家子。指父母对子女，要慈爱，但不可溺爱，不可娇惯；溺爱娇惯的结果，必然要出败家子。

【近不过夫妻，亲不过父母】（俗）

[书证] 袁永恩《母子情》："人常说'近不过夫妻，亲不过父母'，此话不假。那年家乡遭了洪水，家里的任什么东西都可以不要，妈只死活抱着我，凭一方大木板漂到高岸上。"

[释义] 夫妻之间最亲近，父母对儿女最疼爱。指人际间的关系，最近的数夫妻情，最亲的数父母恩，这是任何关系所不能替代的。

【阿母爱郎，脱裤换糖】（俗）

[书证] 胡祖德《沪谚》卷上："谚有'丈母爱郎，割奶放汤'，又云'阿母爱郎，脱裤换糖'，言慈母爱子，不惜牺牲其身也。"

[释义] 郎：儿郎，即儿子。儿子要糖吃，当妈的没钱，宁可脱下裤子去换糖，也不肯让儿子失望。指母亲爱儿子是愿意付出一切代价的。

【事天莫先于严父，事地莫盛于尊亲】（雅）

[书证]《旧唐书·列传·后妃》："王者事父孝，故事天明；事母孝，故事地察。则事天莫先于严父，事地莫盛于尊亲。"

[释义] 要敬天，应该首先孝敬父亲；要敬地，应该首先孝敬母亲。指把敬天敬地的诚意首先放在孝敬父母上，这是最实际的行动。

【敬生于爱者厚，生于畏者严】（雅）

[书证] 明·李梦阳《空同子·论学上篇》："敬生于爱者厚，生于畏者严，生于德者久，生于尊者暂。爱生于公则遍，生于私则偏，生于真则淡而和，生于伪则秾而乖。"

[释义] 敬，如果是由爱而生的，这敬就是敬爱，有深厚的感情基础；如果由畏惧而生的，这敬就是敬畏，带着外部压力的成分。

【禽兽知母而不知父。杀父，禽兽之类也；杀母，禽兽之不若】（雅）

[书证]《晋书·列传·阮籍》："有司言有子杀母者，籍曰：'嘻！杀父乃可，至杀母乎！'坐者怪其失言。帝曰：'杀父，天下之极恶，而以为可

乎？'籍曰：'禽兽知母而不知父。杀父，禽兽之类也；杀母，禽兽之不若。'众乃悦服。"

［释义］指杀父杀母，都属于禽兽行为。但杀母的罪恶更甚于杀父，这是因为禽兽不知有父，还知有母。

【慈于子者，不敢绝衣食；慈于身者，不敢离法度】（雅）

［书证］《韩非子·解老》："慈于子者，不敢绝衣食；慈于身者，不敢离法度；慈于方圆者，不敢舍规矩。故临兵而慈于士吏，则战胜敌。"

［释义］对儿子慈爱的，就不会让儿子缺衣少食；对自身爱惜的，就不会做违犯法度的事。指爱之所至，就会全力投入。

【礼，父母并尊】（雅）

［书证］《明史·列传·黄克缵》："礼，父母并尊。事有出于念母之诚，迹或涉于彰父之过，必委曲周全，浑然无迹，斯为大孝。若谓党庇李氏，责备圣躬，臣万死不敢出。"

［释义］指行孝是父母并重的，偏指父或偏指母，都不符合礼教的原理。

【母慈悲儿孝顺，娘狠毒儿生分】（俗）

［书证］元·贾仲名《对玉梳》一折："常言道：母慈悲儿孝顺，娘狠毒儿生分，每日家三餐饱饭要腥荤，四季衣换套儿新。"

［释义］生分：感情疏远。母亲慈爱，儿子就孝顺；母亲粗暴，儿子就感情疏远。指儿女的孝顺是以母亲的慈爱为基础的。

【老鼠养的猫不疼】（俗）

［书证］张天民《创业》五："华程说：'敌人在垮台以前，要把油井炸掉，把油矿烧光，把地质资料和技术专家带走。'十斤娃说：'想得美！敢情是老鼠养的猫不疼！我们的矿，我们不能让他们毁喽！'"

［释义］老鼠生养的崽子，猫自然不心疼。喻指谁生养的后代谁疼爱。

也指谁的劳动果实谁珍惜，谁保护。

【至孝之行，安亲为上】（雅）

［书证］《资治通鉴·汉纪章帝建初二年》："夫至孝之行，安亲为上。今数遭变异，谷价数倍，忧惶昼夜，不安坐卧，而欲先营外家之封，违慈母之拳拳乎！"

［释义］最大的孝行，莫过于使亲心身得到安宁，不受愁烦干扰。指种种孝行之中，安亲最难做到，但也最为重要，故称"安亲为上"。

【当家才知柴米价，养儿方晓父母恩】（俗）

［书证］《西游记》二八回："当年行者在日，老和尚要得就有；今日轮到我的身上，诚所谓：'当家才知柴米价，养儿方晓父母恩。'"

［释义］当家：主持家事。方晓：才知道。主持了家事，才体会到生活的艰辛；养育了儿女，才知道父母的恩德。指只有亲身的感受，才体会到其中的甘苦。

【各肉儿各疼】（俗）

［书证］《金瓶梅词话》九一回："虽故大娘有孩儿，到明日长大了，各肉儿各疼，归他娘去了，闪的我树倒无阴，竹篮儿打水。"

［释义］自己身上掉下的肉，自己疼爱。指世上只有亲生父母最疼爱自己的儿女。不是骨肉亲情，就不会有连心的关爱。

【大恩不酬】（俗）

［书证］明·吴麟徵《还里人田券书》："此念耿耿，未尝暂忘。区区之心，无阳施阴设之谋，无沽名市德之意，如世之号为假道学者所为也。谚云：'大恩不酬。'不酬之德，弟固所甘。"

［释义］大恩：生命攸关的恩情。酬：酬谢，报答。大恩大德是一般礼物所无法报答的。指大恩大德要铭记不忘，终生激励自己的真情回报。

【女儿不断娘家路】（俗）

［书证］李玉梅《走娘家》："俗话说：'女儿不断娘家路。'在诸多亲戚关系中，女儿和娘家人的关系是最亲密的。"

［释义］女儿不会断绝与娘家兄弟的来往。指出嫁的女儿与娘家的关系最亲密，其他的亲戚关系尽可以放淡，和娘家的关系在任何情况下都保持亲密。

【不辱其身，不羞其亲，可谓孝矣】（雅）

［书证］《礼记·祭义》："一举足而不敢忘父母，一出言而不敢忘父母。是故恶言不出于口，忿言不反于身。不辱其身，不羞其亲，可谓孝矣。"

［释义］作为人子，克己修身，不使自身受辱；时时事事要为父母争气，不使父母的名声受玷蒙羞，这才是孝子的作为。

【不爱其亲而爱他人者，谓之悖德；不敬其亲而敬他人者，谓之悖礼】（雅）

［书证］《孝经·圣治章》："不爱其亲而爱他人者，谓之悖德；不敬其亲而敬他人者，谓之悖礼。以顺则逆，民无则焉。不在于善，而皆在于凶德，虽得之，君子不贵也。"

［释义］指人必须先爱敬自己的父母，然后再推及他人。如果连自己的父母也不亲敬，却去爱敬他人，这是违情悖理的。

【手掌也是肉，手心也是肉】（俗）

［书证］《三刻拍案惊奇》二回："屠利道：'只是要大破钞。'王俊道：'如今二位伯祖如何主张？'王道道：'我手掌也是肉，手心也是肉，难主持，但凭列位。'"

［释义］手掌、手心都是自己的骨肉。比喻对待亲生骨肉，理应一视同仁，平等相处。

【父兮生我，母兮鞠我，欲报之德，昊天罔极】（雅）

［书证］《诗经·小雅·蓼莪》："父兮生我，母兮鞠我，拊我畜我，长我育我，顾我复我，出入腹我。欲报之德，昊天罔极！"

［释义］鞠：抚养，养育。昊：广大无边。罔：无。指父母生育之恩，无比深厚，无限广阔，做人子的，尽心竭力，也难以报答。

【父母威严而有慈，则子女畏慎而生孝】（雅）

［书证］北齐·颜之推《颜氏家训·教子篇》："父母威严而有慈，则子女畏慎而生孝矣。吾见世间无教而有爱，每不能然。饮食运为，恣其所欲，宜诫翻奖，应诃反笑，至有识知，谓法当尔。"

［释义］指父母对子女，必须有爱有教，在严格的教养中，充满着慈爱，这就会使子女从小就知道在父母面前敬畏谨慎，产生孝心。

二、尽忠

隋·王通《文中子中说·周公篇》：孝立，则忠遂矣。

【人君之道以孝敬为本】（雅）

［书证］《晋书·列传·王湛》："臣闻人君之道以孝敬为本，临御四海以委任为贵。恭顺无为，则盛德日新；亲杖贤能，则政道邕睦。昔周成、汉昭，并以幼年纂承大统，当时天下未为无难，终能显扬考祖，保安社稷，盖尊尊亲亲，信纳大臣之所致也。"

【为官择人，惟才是与】（雅）

［书证］《资治通鉴·唐纪太宗贞观七年》："吾为官择人，惟才是与。苟或不才，虽亲不用，襄邑王神符是也。如其有才，虽仇不弃，魏征等是也。"

［释义］什么样的官职，就选用什么样的人才，是从官职的需要着眼的，这样选拔出来的人才就很适用；而不是为人择官。

【心之痛者，不能缓声；性之忠者，不能隐情】（雅）

［书证］唐·刘肃《大唐新语·极谏》："心之痛者，不能缓声；性之忠者，不能隐情。且食君之禄者，死君之事。今臣食君三禄，其敢爱身乎！"

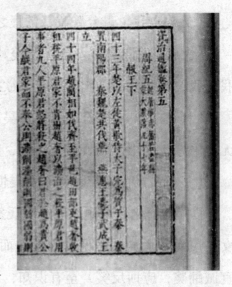

《资治通鉴》书影

［释义］心有所痛，说出的话自然急促；性情忠贞，行为表现不会虚伪。指要有忠孝的行为，必先培植忠孝的秉性。

【以爱亲之心爱其君，则无不尽矣】（雅）

［书证］《宋史·列传·孙固》："（孙固）尝曰：'人当以圣贤为师，一节之士，不足学也。'又曰：'以爱亲之心爱其君，则无不尽矣。'司马光退处，固每劝神宗召归。"

［释义］亲：父母亲。人能以爱自己父母的爱心去关爱国君，那就没有不尽心竭力的。指把孝和忠融为一体，尽忠自然就会全心全意。

【用实则人不伪，崇让则人不争】（雅）

［书证］汉·马融《忠经·广至理章》："不疑而天下自信，不私而天下自公。贱珍则人去贪，彻侈则人从俭。用实则人不伪，崇让则人不争。故得人心和平，天下淳质，乐其生，保其寿。"

［释义］倡导朴实，人情就不会浮伪；崇尚礼让，世风就不会纷争。指把忠于君王推广到净化风俗民情上，这忠就有了最普遍的意义。

【有国有家者，不患寡而患不均，不患贫而患不安】（雅）

［书证］《论语·季氏》："有国有家者，不患寡而患不均，不患贫而患不安。盖均无贫，和无寡，安无倾。"

［释义］不论是一个国，还是一个家，不怕财货少，就怕分配不均匀；不怕贫穷，就怕不安定。指贫富差距大、动荡不安定，是治国理家的两大威胁。

【官得其人，事无不治】（雅）

［书证］《宋史·列传·乐黄目》："察言观行，取其才识明于吏治、达于教化者充选；其有不分曲直、罔辨是非者，或黜之厘务，或退守旧资。如此，则官得其人，事无不治。"

［释义］选用的官员如果在德才方面很称职，那就没有办不好的政事。指慎重选用官员，是治国理政的头等大事。

【官得其才，鲜有败事】（雅）

［书证］《资治通鉴·宋纪孝武帝大明三年论》："其在汉家，州郡积其功能，五府举其掾属，三公参其得失，尚书奏之天子。一人之身，所阅者众，故能官得其才，鲜有败事。"

［释义］鲜：少。如能选用称职的、贤良的官员，政事就很少有办不好的。指政事的成败，官员的素质是关键。

【居庙堂之高，则忧其民；处江湖之远，则忧其君】（雅）

［书证］宋·范仲淹《岳阳楼记》："予尝求古仁人之心，或异二者之为。何哉？不以物喜，不以己悲。居庙堂之高，则忧其民；处江湖之远，则忧其君。"

［释义］身在朝堂，心却操在老百姓身上；身在民间，心却操在君王身上。指真正的忠臣，在任何情况下，也不会淡忘上忠于君，下爱于民。

【将良兵自精】（雅）

[书证]《清史稿·列传·罗思举》："仁宗问：'何省兵精？'曰：'将良兵自精。'宣宗问：'赏罚何由明？'曰：'进一步，赏；退一步，罚。'皆称旨。"

[释义]指领兵作战，关键在于将领。将领英明，兵士就精练；将领庸劣，兵士就松散。俗语有道是：'千军易招，一将难求'，正是这个意思。

【既为家之孝子，必为国之忠臣】（雅）

[书证]《宋书·刘敬宣传》："敬宣见众人灌佛，乃下头上金镜以为母灌，因悲泣不自胜。序叹息，谓牢之曰：'卿此儿既为家之孝子，必为国之忠臣。'"

[释义]既然居家是孝子，那就必定在国家是忠臣。指求忠臣必于孝子之门，忠孝是一体的。

【虽有贤君，不爱无功之臣；虽有慈父，不爱无益之子】（雅）

[书证]《墨子·亲士》："虽有贤君，不爱无功之臣；虽有慈父，不爱无益之子。是故不胜其任而处其位，非此位之人也；不能其爵而处其禄，非此禄之主也。"

[释义]无功的臣僚，纵然是贤君也不爱他；没用的儿子，纵然是慈父也不喜欢。指尽忠者必须自立进取，自身毫无作为，也难以报效国家。

【饿狗不离主】（俗）

[书证]金敬迈《欧阳海之歌》二章："周虎山心里想，对呀！'饿狗不离主'，只要这条狗真是刘大斗的，那说明土匪很可能就在盘古洞里。"

[释义]狗的本性是忠诚于主人的，再饿也不会离开它的主家。常言"狗是忠臣"，这是对狗的忠贞天性的褒扬，在这一点上，有时人也不如它。

【家有孝子亲安乐，国多忠臣世泰平】（俗）

［书证］明·冯梦龙《沈小霞相会出师表》："只为严嵩父子恃宠贪虐，罪恶如山，引出一个忠臣来，做出一段奇奇怪怪的事迹，留下一段轰轰烈烈的话柄。一时身死，万古名扬。正是：家有孝子亲安乐，国多忠臣世泰平。"

［释义］家里有孝子，父母就可无忧无虑，过着安乐的日子；国家有忠臣，自会消除祸患，维护社会稳定和谐。指忠与孝一理，家与国相连。

【能事其亲以孝，然后能事其君以忠】（雅）

［书证］《新五代史·唐臣传》："国之利害不系焉者如此，而不顾其亲，虽不以为利，犹曰不孝，况因而利之乎！夫能事其亲以孝，然后能事其君以忠。"

［释义］事：事奉。能孝敬父母的，然后才能真正尽忠于国君。指尽忠尽孝，是人生之大本，但"求忠臣于孝子之门"，能事亲孝的，才能保证事君忠。

【移孝可以做忠】（俗）

［书证］《隋唐演义》九九回："古人云：'求忠臣必于孝子之门。'又云：'移孝可以做忠。'夫事亲则守身为大，发肤不敢有伤；事君则致身为先，性命亦所不顾。二者极似不同，而其理要无或异。"

［释义］对父母尽孝的人，为君王做事也能尽到忠心。指把对父母的孝，转移到报效国家，定会尽忠。忠孝原是一脉相承的。

【得道者多助，失道者寡助】（雅）

［书证］《孟子·公孙丑章》："得道者多助，失道者寡助。寡助之至，亲戚畔之；多助之至，天下顺之。以天下之所顺，攻亲戚之所畔，故君子有不战，战必胜矣。"

［释义］道：王道，即儒家的仁政。能实行仁政的，拥护的人就多；和仁政相违背的，拥护的人就少。泛指凡事合乎道义的，人们就赞同；违背道

义的，人们就反对。

义的，人们就反对。

【忠孝者百行之宝，信让者百行之顺】（雅）

［书证］北齐·刘昼《刘子·言苑》："忠孝者百行之宝欤！忠孝不修，虽有他善，其犹玉屑盈库，不可琢为珪璋；剉丝满箧，不可织为绮绶，虽多亦奚以为也。信让者百行之顺也，诞伐者百行之悖也。"

［释义］忠孝双全，这是百行的至宝；能信能让，这是百行的至理。指以忠孝之身，以信让处世，是最难能可贵的。

【忠者，岂惟奉君忘身，殉国忘家；在乎沈谋潜运，正国安人】（雅）

［书证］汉·马融《忠经·冢臣章》："夫忠者，岂惟奉君忘身，殉国忘家，正色直辞，临难死节而已矣；在乎沈谋潜运，正国安人，任贤以为理，端委而自化。"

［释义］指忠的深层意义，不在忘身忘家，勇于牺牲；而在于有深沉的谋略，使国家兴盛，使人民安乐。

【知子者贤父，知臣者明君】（雅）

［书证］《晋书·武帝纪》："且知子者贤父，知臣者明君。子不肖则家亡，臣不忠则国乱。国乱不可以安也，家亡不可以全也。是以君子防其始，圣人闲其端。"

［释义］指做父亲的，并非都能了解自己的儿子；真正能了解的，那是贤哲的父亲。做君王的，并非都能了解自己的臣子；真正能了解的，那是圣明的君王。

【狗是忠臣，猫是奸贼】（俗）

［书证］范瑞婷《俗语中的动物形象》："小妞妞不喜欢和小黑狗玩，嫌它脏。奶奶说：'狗是忠臣，猫是奸贼，小黑狗是咱家的警卫员呀！'"

［释义］狗忠于主人，家穷挨饿也不肯离开主人；猫嫌贫爱富，哪家有

鱼有肉，它就会住在哪家。指狗有忠于主人的天赋，猫却带着人世间势利眼的劣性。

【饱食伤心，忠言逆耳】（俗）

［书证］元·孙仲章《勘头巾》二折："常言道：'饱食伤心，忠言逆耳。'且休说受苞苴是穷民血，便那请俸禄也是瘦民脂。咱则合分解民冤枉，怎下的将平人去刀下死。"

［释义］贪吃暴饮，损伤身心；苦口相劝，不愿接受。指人性的弱点是贪吃美味，喜听阿谀奉承之言。

【治国之道，必先富民】（雅）

［书证］《管子·治国》："凡治国之道，必先富民。民富则易治也，民贫则难治也。奚以知其然也？民富则安乡重家，民贫则危乡轻家。故治国常富，乱国常贫。"

［释义］治理国家，千头万绪。但最关键的问题，是要使人民富起来。只有人民富起来，才能施行有效的教化，才能实现国家的强大。

【枉己者不能直人，忘亲者不能忠君】（雅）

［书证］《明史·列传·罗伦》："为人父者所以望其子之报，岂拟至于此哉。为人子者所以报其亲之心，岂忍至于此哉。枉己者不能直人，忘亲者不能忠君。陛下何取于若人，而起复之也！"

［释义］自己做事委曲求全的人，就不可能教别人正道直行；自己连父母的亲情都淡忘的人，绝不可能对君王报之以忠心。

【事父母能竭其力，事君能致其身】（雅）

［书证］《论语·学而》："子夏曰：贤贤易色。事父母能竭其力，事君能致其身，与朋友交，言而有信。虽曰未学，吾必谓之学矣。"

［释义］侍奉父母，能做到尽心竭力，侍奉国君，能做到毫无保留。指

孝经诠解

孝道雅俗之语

在家是孝子的人，在国必定是忠臣，所谓"求忠臣于孝子之门"，正是这意思。

【事父尚于荣亲，事君贵于兴国】（雅）

［书证］三国魏·曹植《求自试表》："臣闻士之生世，入则事父，出则事君，事父尚于荣亲，事君贵于兴国。故慈父不能爱无益之子，仁君不能畜无用之臣。"

［释义］作为子，侍奉父母，目的在于使双亲得以荣耀；作为臣，侍奉君王，目的在于使国家得以强盛。指子的使命在荣亲，臣的使命在兴国。

【事君不忠非孝也，莅官不敬非孝也，朋友不笃非孝也】（雅）

［书证］《吕氏春秋·孝行》："事君不忠非孝也，莅官不敬非孝也，朋友不笃非孝也，战阵不勇非孝也，五行不遂，灾及乎亲，敢不敬乎。"

［释义］指孝行的效应，无处不在，并非只指养亲敬亲这一个方面。凡事君不忠，为官不敬，交友不信，都属于不孝的表现。

【择子莫如父，择臣莫如君】（雅）

［书证］《左传·昭公十一年》："王问于申无宇曰：'弃疾在蔡何如？'对曰：'择子莫如父，择臣莫如君。郑庄公城栎而置子元焉，使昭公不立。齐桓公城谷而置管焉，至于今赖之。'"

［释义］选任儿子，没有比做父亲的更了解。选任臣僚，没有比做君王的更了解。指人际间只有最亲近的，才能是最了解的。

【国难显忠臣，家贫思孝子】（俗）

［书证］胡祖德《沪谚外编》卷上："俗语对联：国难显忠臣，家贫思孝子；路遥知马力，日久见人心。"

［释义］国家危难之时，最能显现出忠臣的品质；家境贫寒时，最需要孝子为父母分忧。指越是在危难时刻，越能展现出忠臣孝子的道义与风范。

【忠于事君者，节义著于临终；孝于奉亲者，淳诚表于垂没】（雅）

［书证］《魏书·列传·王睿》："臣闻忠于事君者，节义著于临终；孝于奉亲者，淳诚表于垂没。故孔明卒军，不忘全蜀之计；曾参疾甚，情存善言之益。"

［释义］对国君尽忠的，节义精神总是显著地表现在有始有终；对父母尽孝的，淳实情义总是不懈地表现在最后一息。

【忠也者，一其心之谓也。为国之本，何莫由忠】（雅）

［书证］汉·马融《忠经·天地神明章》："忠也者，一其心之谓也。为国之本，何莫由忠。忠能固君臣，安社稷，感天地，动神明，而况于人乎！"

［释义］忠的核心是统一人的思想意志，上下一心，安定社稷。一个国家的治理，无论哪方面，都离不开忠。

【君子笃于亲，则民兴于仁】（雅）

［书证］《论语·泰伯》："子曰：恭而无礼则劳，慎而无礼则葸，勇而无礼则乱，直而无礼则绞。君子笃于亲，则民兴于仁。故旧不遗，则民不偷。"

［释义］社会上层人士要能真正做到孝敬父母、友爱兄弟，那下层百姓自然就会受到感化，接受仁道。指提倡孝道，能够改变民风。

【君无争臣，父无争子，兄无争弟，士无争友，无其过者，未之有也】（雅）

［书证］《孔子家语·六本》："君无争臣，父无争子，兄无争弟，士无争友，无其过者，未之有也。故曰：君失之臣得之，父失之子得之，兄失之弟得之，己失之友得之。"

［释义］争：通"诤"，谏诤。指无论是君臣、父子、兄弟、朋友之间，都少不得谏诤。有了谏诤，才会保持正确，免犯错误。

【君不君则犯，臣不臣则诛，父不父则无道，子不子则不孝】（雅）

[书证]《汉书·司马迁传》："夫不通礼义之指，至于君不君，臣不臣，父不父，子不子。夫君不君则犯，臣不臣则诛，父不父则无道，子不子则不孝。此四行者，天下之大过也。"

[释义] 犯：违犯礼义。指君不行君道就违犯礼义，臣不行臣道就受到诛伐，父不行父道就失去父职，子不行子道就忤逆不孝。

【君父，人伦之大本；忠孝，臣子之大节】（雅）

[书证]《新五代史·唐明宗家人传》："无父乌生，无君乌以为生。而世之言曰'为忠孝者不两全'，夫岂然哉？君父，人伦之大本；忠孝，臣子之大节。岂其不相为用，而又相害者乎？"

[释义] 国君与父母，这是人类伦理的两大根本；忠君与孝亲，这是为臣为子的两大关节。指人生在世，必须把忠孝统一起来，既做忠臣，也做孝子。

【君臣不信，则国政不安；父子不信，则家道不睦】（雅）

[书证] 唐·武则天《臣轨·诚信章》："君臣不信，则国政不安；父子不信，则家道不睦；兄弟不信，则其情不亲；朋友不信，则其交易绝。"

[释义] 君臣之间如果没有信诚，那国家政局就难以稳定；父子之间如果没有信诚，那家庭内部就难以和睦。指无论是国还是家，信诚都是必不可缺的。

【君明臣直，国之福也；父慈子孝，夫信妻贞，家之福也】（雅）

[书证]《史记·范雎蔡泽列传论》："主圣臣贤，天下之盛福也；君明臣直，国之福也；父慈子孝，夫信妻贞，家之福也。故比干忠而不能存殷，子胥智而不能完吴，申生孝而晋国乱，是皆有忠臣孝子，而国家灭乱者，何也？无明君贤父以听之。"

[释义] 指臣直离不开君明，子孝离不开父慈。只有臣直、子孝，而无君明、父慈，很难有好效果。

【君使臣以礼，臣事君以忠】（雅）

[书证]《论语·八佾》："子曰：事君尽礼，人以为谄也。定公问君使臣、臣奉君，如之何？孔子对曰：君使臣以礼，臣事君以忠。"

[释义] 君臣之间的关系，应当遵循这样的原则：君使臣要以礼相待，臣事君要竭尽忠诚。指君臣之间要以礼以诚，不容有彼此猜疑或欺诈。

【忠节在国，孝道立家】（雅）

[书证]《三国志·吴书·吴主传》："忠节在国，孝道立家，出身为臣，焉得兼之！故为忠臣不得为孝子。宜定科文，示以大辟，若故违犯，有罪无赦。以杀止杀，行之一人，其后必绝。"

[释义] 在国，要有忠君的节义；立家，要有孝亲的品德。指忠孝固难两全，尽忠王事，就能在家尽孝。

【忠至者辞笃，爱重者言深】（雅）

[书证]《三国志·魏书·王朗传》："夫忠至者辞笃，爱重者言深。君既劳思虑，又手笔将顺，三复德音，欣然无量。"

[释义] 至忠至诚的言辞，定然是很笃实的；最敬最爱的谈吐，定然是很深切的。指作为表达感情的语言，只有发自感情深处，自有感人肺腑的力量。

【忠臣与孝子，不为昭昭信节，不为冥冥堕行】（雅）

[书证] 宋·罗大经《鹤林玉露》卷一："夫忠臣与孝子，不为昭昭信节，不为冥冥堕行。蘧伯玉，卫之贤大夫也，仁而有智，敬于事上，此其人必不以暗昧废礼。"

[释义] 指能孝能忠的人，他们的行为必定是正大光明的，绝不会在人

前耀武扬威，也绝不会在背地里做见不得人的事。

【忠臣出孝子之门】（雅）

[书证]《晋书·烈女·虞潭母孙氏》："及苏峻作乱，（虞）潭时守吴兴，又假节征峻。孙氏戒之曰：'吾闻忠臣出孝子之门，汝当舍生取义，勿以吾老为累也。'乃尽发其家童，令随潭助战。"

[释义]忠臣是从孝子家门生出的。指在家是孝子的，在国必定是忠臣，从来忠和孝是相通的。

【忠臣唯知有国，而不知有身】（雅）

[书证]《辽史·列传·耶律敌禄论》："论曰：忠臣唯知有国，而不知有身，故恶恶而不避其患。阿剌以谄谀不法折萧革，陶隗以用必基祸言阿思，其心可谓忠矣，言一出而祸辄随之。"

[释义]指忠臣一心为国，往往不顾自身安危，疾恶如仇，不避祸患，结果是于事无补，反使自身遭灾。如能讲究策略，会有两全效果。

【忠兴于身，著于家，成于国，其行一焉】（雅）

[书证]汉·马融《忠经·天地神明章》："夫忠兴于身，著于家，成于国，其行一焉。是故一于其身，忠之始也；一于其家，忠之中也；一于其国，忠之终也。身一则百禄至，家一则六亲和，国一则万人理。"

[释义]指忠不是一个单一的概念，不是仅仅忠于君王而已。它兴起于个人的修身，落实到家庭的齐家，成功于国家的治理。

【忠孝不并立】（雅）

[书证]《新唐书·列传·桓彦范》："彦范亦曰：'主上昔为英王，故吾留武氏使自诛定。今大事已去，得非天乎！'初，将起事，告其母。母曰：'忠孝不并立，义先国家可也。'"

[释义]忠和孝不能同时兼顾。要献身国事，就不能在家孝奉父母；要

在家尽孝，就不能献身国事。人常说的：尽了忠不能尽孝，尽了孝不能尽忠。

【尽忠报国】（雅）

［书证］《宋史·列传·岳飞》："桧遣使捕飞父子证张宪事。使者至，飞笑曰：'皇天后土，可表此心。'初命何铸鞫之，飞裂裳以背示铸，有'尽忠报国'四字，深入肤理。"

［释义］"尽忠报国"：也有作"精忠报国"的，是岳母亲手刺在岳飞背上的四个字，教训儿子要报效国家，建功立业。岳飞没有辜负母训。

【尽忠难以尽孝】（俗）

［书证］《五虎平西》七二回："自古云：'尽忠难以尽孝。'你娘虽老，身体尚还康健，不要把为娘挂在心头。"

［释义］尽忠：报效国家。尽孝：孝敬父母。指为报效祖国，就得全身心地投入国事，难以在父母身边曲尽孝道。尽忠不能尽孝，这是自古以来难以两全的事。

【孝于其亲者，岂不亦忠于君乎】（雅）

［书证］《三国志·魏书·武帝纪》："张邈之叛也，邈劫谌母弟妻子。公谢遣之，曰：'卿老母在彼，可去。'谌顿首无二心，公嘉之，为之流涕。既出，遂亡归。及布破，谌生得，众为谌惧。公曰：'夫人孝于其亲者，岂不亦忠于君乎！'"

［释义］对亲能孝的人，难道对君能不忠吗？指忠孝是相连的，能尽孝的人，必能尽忠。

【孝而仁者，可与言忠；信而勇者，可以全义】（雅）

［书证］《新唐书·列传·元结》："孝而仁者，可与言忠；信而勇者，可以全义。渠有责其忠信义勇而不劝之孝慈耶？将士父母，宜给以衣食，则

义有所存矣。"

［释义］有孝行有仁心的，可以和他们谈论关于忠的话题；有信诚有勇气的，可以成全关于义的壮举。指忠需要孝和仁的素养，义需要信和勇的组合。

【求忠臣必于孝子之门】（雅）

［书证］《资治通鉴·汉纪献帝兴平元年论》："是以求忠臣必于孝子之门，允宜先救至亲。徐庶母为曹公所得，刘备遣庶归北，欲为天下者恕人子之情也。"

［释义］自古忠孝一脉相承，在家孝敬父母的，莅官必是忠臣。由此选求忠臣，必定要从孝子门第中寻找，这是无疑义的。

【忘亲非孝，弃君非忠】（雅）

［书证］《辽史·列传·韩延徽》："既至，太祖问故，延徽曰：'忘亲非孝，弃君非忠。臣虽挺身逃，臣心在陛下，是以复来。'上大悦，赐名曰匣列。'匣列'，辽言复来也。"

［释义］淡忘了父母，这不是孝子的行为；抛弃了君王，这不是忠臣的行为。指孝子永远不忘亲，忠臣永远不弃君。

【邪则不忠，忠则必正】（雅）

［书证］汉·马融《忠经·广为国章》："明主之为国也，任于正，去于邪。邪则不忠，忠则必正。有正然后用其能。是故师保道德，股肱贤良，内睦以文，外威以武。"

［释义］指明君治国，必定任用忠良，排除邪佞。邪佞小人必不会忠诚，而忠诚的臣僚必定是正道直行的。

【先天下之忧而忧，后天下之乐而乐】（雅）

［书证］宋·范仲淹《岳阳楼记》："是进亦忧，退亦忧。然则何时而乐

耶？其必曰先天下之忧而忧，后天下之乐而乐欤！"

［释义］当国家有忧患时，自己要首先担当起这忧患的责任；当国家享受欢乐时，自己退居在最后再享乐。指忧患要走在人们的前边，享乐要落在人们的后边。

【自古未有权臣在内，而大将能立功于外者】（雅）

［书证］《宋史·列传·岳飞》："兀术曰：'岳少保以五百骑破吾十万，京城日夜望其来，何谓可守？'生曰：'自古未有权臣在内，而大将能立功于外者。'"

［释义］权臣：掌握朝政大权的奸臣。指只要权臣把握朝廷，再强悍的大将也无法在抵御外侮中建立功勋。

【行货财而得爵禄，则污辱之人在官】（雅）

［书证］《管子·明法解》："行货财而得爵禄，则污辱之人在官。寄托之人不肖而位尊，则民倍公法而趋有势。"

［释义］爵禄：爵指官位，禄指俸禄。用金钱贿赂买得权势和官位，那官场就会充斥着各种各样卑劣下流的人。指买官卖官之风刹不住，官场就必定腐朽不堪。

【全身以安社稷，孝之大者也】（雅）

［书证］《资治通鉴·晋纪安帝义熙十二年》："泓曰：'臣子闻君父疾笃而端居不出，何以自安！'对曰：'全身以安社稷，孝之大者也。'泓乃止。"

［释义］当国家有难时，全心全力保卫国家的安全，这就是孝道的最高体现。指行孝不在一时一事上着眼，必须有全局观念。

【匈奴不灭，无以家为】（雅）

［书证］《汉书·霍去病传》："去病为人少言不泄，有气敢往。上尝欲教之吴孙兵法，对曰：'顾方略如何耳，不至学古兵法。'上为治第，令视

之，对曰：'匈奴不灭，无以家为也。'由此上益重爱之。"

[释义] 匈奴：北方游牧民族，汉时常常侵犯中国。不消灭匈奴，就不考虑建家问题。这是大将霍去病的爱国壮语。

【兴国之君乐闻其过，荒乱之主乐闻其誉】（雅）

[书证]《三国志·吴书·贺邵传》："臣闻兴国之君乐闻其过，荒乱之主乐闻其誉。闻其过者，过日消而福臻；闻其誉者，誉日损而祸至。是以古之人君，揖让以进贤，虚己以求过。"

[释义] 指兴国的君王，关心的是国家的存亡，所以谦虚求实，乐于听取批评意见。荒乱的君王，关心的是自己的私欲，所以狂妄失真，醉心于无尽的赞誉。

【人能以待已之心待其君，便是忠臣；以爱子之心爱其亲，即为孝子】（雅）

[书证] 清·钱泳《履园丛话·臆论》："同此心也，而所用各有不同。用之于善，则善矣；用之于恶，则恶矣。故曰：人能以待己之心待其君，便是忠臣；以爱子之心爱其亲，即为孝子。"

[释义] 要做忠臣不难，只需以爱己的心去爱君；要做孝子不难，只需以爱子的心去爱亲。这说着容易，实行最难。

【亏损孝道，不忠莫大焉】（雅）

[书证]《汉书·师丹传》："亏损孝道，不忠莫大焉。陛下圣仁，昭然定尊号，宏以忠孝复封高昌侯。丹恶逆暴著，虽蒙赦令，不宜有爵邑，请免为庶人。"

[释义] 能在家尽孝，在国也就必能尽忠。因此，亏损孝道，就是最大的不忠。指考察为臣的忠不忠，首先考察他孝不孝。

【士处家必以孝敬为本，在朝则以忠节为先】（雅）

[书证]《魏书·列传·王洛儿》："士处家必以孝敬为本，在朝则以忠节为先。不然，何以立身于当世，扬名于后代也。"

[释义] 士人居家必须以敬父母为根本，在朝为官必须首先尽忠守节操。如果两者缺一，那就难以在当世立身，更不要说扬名后世了。

【义不背亲，忠不违君】（雅）

[书证]《三国志·魏书·臧兴传》："吾闻之也：'义不背亲，忠不违君。'故东宗本州以为亲援，中扶郡将以安社稷，一举二得以缴忠孝。"

[释义] 凡遵从大义的人，绝不会背叛自己的父母；凡满怀忠贞的人，绝不会背离自己的君王。指忠义为怀，必孝必忠。

【子不反亲，臣不逆君，元夷之通义也】（雅）

[书证]《史记·赵世家》："寡人胡服，将以朝也，亦欲叔服之。家听于亲而国听于君，古今之公行也。子不反亲，臣不逆君，元夷之通义也。今寡人作教易服而叔不服，吾恐天下议之也。"

[释义] 元夷：元作"始"解，夷作"平"解。指做人子的不反对父命，做人臣的不违背君令，这是尽人皆知的道理。

【天下有三本焉：父生之，师教之，君治之，缺其一则本不立】（雅）

[书证]《朱史·列传·李侗》："天下有三本焉：父生之，师教之，君治之，缺其一则本不立。古之圣贤莫不有师，其肆业之勤惰，涉道之深浅，求益之先后，若存若亡，其详不可得而考。"

[释义] 生我者父母，教我者师长，治我者君王，是之谓三本；三本缺一，人就难以立身于世。

【五伦之中，唯有君亲恩最重；百行之本，当存忠孝义为先】（俗）

[书证]《封神演义》二二回："古云：五伦之中，唯有君亲恩最重；百行之本，当存忠孝义为先。"

孝道雅俗之语

[释义] 五伦：也称"五常"。封建宗法社会以君臣、父子、夫妇、兄弟、朋友为"五伦"。旧谓五伦中国君和父母的恩德最大，各种行为中对君忠、对父母孝、对朋友义要首先做到。

【仁者爱人，施之君谓之忠，施于亲谓之孝】（雅）

[书证]《资治通鉴·魏纪明帝青龙四年论》："夫仁者爱人，施之君谓之忠，施于亲谓之孝。今为人臣，见人主失道，力诋其非而播扬其恶，可谓直士，未为忠臣也。"

[释义] 有仁爱之心的君子，把仁爱之心奉献给君王，这就叫忠；奉献给父母，这就叫孝。指忠君孝亲，终归都必须要有仁爱之心。

【父子有骨肉，而臣主以义属】（雅）

[书证]《史记·宋微子世家》："微子曰：'父子有骨肉，而臣主以义属。故父有过，子三谏不听，则随而号之；人臣三谏不听，则其义可以去矣。'于是太师、少师乃劝微子去。遂行。"

[释义] 父子之间，是骨肉之亲，不能分离的；而君臣之间，是道义所属，不合义理，便可分离。指子不认父是忤逆行为，臣因道义不合离君而去是合法的。

【父子有亲，而后君臣有正】（雅）

[书证]《礼记·婚义》："敬慎重正，而后亲之，礼之大体，而所以成男女之别，而立夫妇之义也。男女有别，而后夫妇有义；夫妇有义，而后父子有亲；父子有亲，而后君臣有正。"

[释义] 父子之间，父慈子孝，笃于亲情。在这个基础上，引申到君臣关系，自然就有君正臣忠、君明臣直的君臣之义。

【父母失于媚子，人君过在骄臣】（雅）

[书证] 唐·马总《意林·潜夫论》："婴儿有常病，贵臣有常祸；父母

有常失，人君有常过。婴儿病饱，忠臣伤宠。父母失于媚子，人君过在骄臣。"

[释义] 媚子：无原则地迁就与讨好孩子。骄臣：过于宠幸，养成侍臣骄横跋扈的习性。父母的过错在于媚子，君王的过错在于骄臣。指娇惯宠幸是一种罪过。

【文臣不爱钱，武臣不惜死，天下太平矣】（雅）

[书证]《宋史·列传·岳飞》："帝初为飞营第，飞辞曰：'敌未灭，何以家为？'或问天下何时太平，飞曰：'文臣不爱钱，武臣不惜死，天下太平矣。'"

[释义] 文臣不贪财受贿，就能清廉自律，尽心国事；武臣不贪生怕死，就能全力以赴，保家卫国。如此，自能天下太平。

【为臣贵于尽忠，为子在于行孝】（雅）

[书证]《旧唐书·列传·太宗诸子》："生育品物，莫大乎天地；爱敬罔极，莫重乎君亲。是故为臣贵于尽忠，亏之者有罚；为子在于行孝，违之者必诛。"

[释义] 为臣的忠于国君，为子的孝敬父母，这是传统的道德标准；违背这个道德标准，不忠不孝，就难以立足于人类社会。

【六亲不和有孝子，国家昏乱有忠臣】（雅）

[书证]《老子道德经》一八章："大道废有仁义，慧智出有大伪。六亲不和有孝子，国家昏乱有忠臣。绝圣弃智，民利百倍；绝仁弃义，民复孝慈。"

[释义] 六亲：父子、兄弟、夫妇。六亲不和，家纪紊乱时，这才显出孝子的作为；国家动乱，内忧外患时，这才显出忠臣的本色。

【为臣事君，忠之本也；本立而后化成】（雅）

［书证］汉·马融《忠经·冢臣章》："为臣事君，忠之本也；本立而后化成。冢臣于君，可谓一体，下行而上信，故能成其忠。"

［释义］指忠的本义，是为臣的要事君以忠。确立了本义之后，然后才能推行教化。臣与君，下行上信，上下一体，忠才能得到真正地体现。

三、孝悌

《论语·学而》：君子务本，本立而道生。孝悌也者，其为人之本欤。

【在家敬父母，何必远烧香】（俗）

［书证］清·李光庭《乡言解颐·地部》："世俗口语：在家敬父母，何必远烧香，持斋胜念千声佛，作恶空烧万炷香，俱是唤醒痴人语。"

［释义］在家敬养父母，尽到了孝道，那就是人生最大的善行，又何必到远处烧香拜佛去做善事呢！指天下最大的为善是孝顺父母，能做到孝顺父母就足够了，烧香拜佛便没必要。

【百日床前无孝子】（俗）

［书证］《歧路灯》四七回："王氏也因久惹厌，楼上埋怨道：'人家说百日床前无孝子，真正啰唆人！'"

［释义］百日：泛指时间长久。老人长期卧床不起，再孝顺的儿女侍候久了也会感到厌烦。指子女的孝心孝情也是有限度的，超越限度就愈显得难能可贵。

【百行孝为先】（俗）

［书证］《镜花缘》八二回："我已想了一个古人，是最能孝母的。俗话说的'百行孝为先'，大约也可做得令中第一位领袖。"

［释义］百行：泛指各方面的德行。指在种种德行中，孝敬老人是居于

首位的。孝行是德行的核心。有孝，就可带动各方面德行的弘扬；无孝，各种德行都会显得凌乱无序。

【有父不能孝，有兄不能敬，而论人父子之义，昆弟之节，犹弯弓而自射也】（雅）

［书证］唐·马总《意林·唐子》："有父不能孝，有兄不能敬，而论人父子之义，昆弟之节，犹弯弓而自射也。人性苟有一孝，则无所不包，犹树根一植，百枝生焉。"

［释义］指孝行必须从自身做起，它贵在实践，不尚空谈。如果自己有父母不行孝，有兄长不敬重，却在空谈孝悌，那就像拉起弓箭自己射自己一样。

【有亲不能孝，有子而求其报，非恕也】（雅）

［书证］《孔子家语·三恕》："有君不能事，有臣而求其使，非恕也；有亲不能孝，有子而求其报，非恕也；有兄不能敬，有弟而求其顺，非恕也。士能明于三恕之本，则可谓端身矣。"

［释义］自身在父母面前不孝顺，却要求自己的儿子孝顺自己，按理说这是不该原谅的。但如果对此能宽恕，该尽孝时只管尽孝，这是难能可贵的。

【执一术而百善至，其惟孝也】（雅）

［书证］《吕氏春秋·孝行》："夫执一术而百善至，百邪去，天下从者，其惟孝也。故论人必先以所亲，而后及所疏；必先以所重，而后及所轻。今有人于此，行于亲重，而不简慢于轻疏，则是笃谨孝道。"

［释义］做好一种善事，就能带动各类善行，这只有行孝才能实现，别无选择。

【扬名显亲，孝之至也；兄弟怡怡，宗族欣欣，悌之至也】（雅）

［书证］《晋书·列传·王祥》："夫言行可覆，信之至也；推美引过，德之至也；扬名显亲，孝之至也；兄弟怡怡，宗族欣欣，悌之至也。"

［释义］作为人子，进德修身，使父母得到荣光，这就是最大的孝行。作为人弟，兄弟和乐，家族和睦，这就是尽到了悌道。

【生，事之以礼；死，葬之以礼；祭之以礼】（雅）

［书证］《论语·为政》："孟懿子问孝，子曰：'无违。'樊迟御，子告之曰：'孟孙问孝于我，我对曰：无违。'樊迟曰：'何谓也？'子曰：'生，事之以礼；死，葬之以礼；祭之以礼。'"

［释义］指父母在世，要以礼奉养；父母去世，要以礼安葬；安葬之后，要以礼祭祀。

【务本莫贵于孝】（雅）

［书证］《吕氏春秋·孝行》："务本莫贵于孝。人主孝，则名彰荣，下服听，天下誉。人臣孝，则事君忠，处官廉，临难死。士民孝，则耕耘疾，守战固，不罢北。夫孝，三皇五帝之本务，而万事之纪也。"

［释义］本：根本，一切事物的总纲。指孝是一切德行的总纲，履行孝道，就能推动一切。

【立德之本，孝之为始】（雅）

［书证］唐·张弧《素履子·履孝》："治国治家者，立德为先。立德之本，孝之为始。昔舜、禹有至德至孝，存身立德，而成皆以孝行。"

［释义］太上立德。立德是社会人群的第一要义。但立德不是抽象的，它以孝为起始，以孝为核心，真正的孝心孝行，自然能带动德行的全面发展。

【礼菲而养丰，非孝也】（雅）

［书证］汉·桓宽《盐铁论·孝养》："曾参、闵子，无卿相之养，而有

孝子之名；周襄王富有天下，而有不能事父母之累。故礼菲而养丰，非孝也。"

[释义] 菲：菲薄。做人子的，对待父母粗野而无礼，一味在物质的奉养上却十分丰厚，这绝不能算是尽了孝道。指行孝贵在有礼有敬，而不仅仅在于物质上的奉养。

【刑者所以禁人为非，孝者所以教人为善】（雅）

[书证]《新五代史·周世宗家人传》："刑者所以禁人为非，孝者所以教人为善，其意一也。孰为重？刑一人，未必能使天下无杀人；而杀其父，灭天性而绝人道。"

[释义] 执行刑法，是用来禁止人为非作恶；提倡孝道，是用来教化人一心向善。一是禁恶，一是倡善，目的原是一样的。

【父不爱子曰不慈，子不尊父曰不孝】（雅）

[书证] 唐·无名氏《无能子·圣过》："父不爱子曰不慈，子不尊父曰不孝。兄弟不相顺为不友不悌，夫妇不相一为不贞不和。为之者为非，不为者为是。是则荣，非则辱，于是乐是耻非之心生焉，争心抑焉。"

[释义] 父慈子孝，这是合乎传统礼孝的。如果父不慈，子不孝，这是传统礼孝所不容的，因之它只能作为孝文化的反面教材，受到历史的裁判。

【父不慈则子不孝】（俗）

[书证] 谭建林等《女人啊，你为何手执凶器杀人?》："常言道：'父不慈则子不孝。'广州芳村农民郭玉生和他的儿女们正验证了这句古训。"

[释义] 慈：慈爱。父亲不慈爱，对子女粗暴无情，甚而至于摧残迫害，子女就不会孝顺。指父慈与子孝，是互为因果的，亲情缺失了一方，另一方就可能走向反面。

【父不慈则子不孝，兄不友则弟不恭】（雅）

［书证］北齐·颜之推《颜氏家训·治家篇》："夫风化者，自上而行于下者也，自先而行于后者也。是以父不慈则子不孝，兄不友则弟不恭，夫不义则妇不顺矣。"

［释义］父对子不慈，最容易导致子对父不孝；兄对弟不爱，最容易导致弟对兄不敬。指父兄的慈爱，直接影响着子弟的孝悌行为。

【父母不好学业，恶子孙学之，可违而学也】（雅）

［书证］唐·马总《意林·仲长统昌》："事君不为君所知，忠未至也。与人交不为人所信，义未至也。父母不好学业，恶子孙学之，可违而学也；父母不好士，恶子孙友之，可违而交也。"

［释义］父母不爱学，还讨厌子孙学。做子孙的，偏要学，这不能算不孝顺。指孝顺有前提，那就是要合乎义理的原则。

【不孝有三，无后为大】（雅）

［书证］《孟子·离娄章》："孟子曰：不孝有三，无后为大。舜不告而娶，为无后也。君子以为犹告也。"

［释义］"不孝有三，无后为大。"汉·赵岐注："阿意曲从，陷亲不义，一不孝也；亲老不为禄仕，二不孝也；不娶无子，绝先祖祀，三不孝也。三者之中，无后为大。"

【不孝·则事君不忠，莅事不敬，战阵不勇，朋友不信】（雅）

［书证］《汉书·杜周传》："不孝，则事君不忠，莅事不敬，战阵不勇，朋友不信。孔子曰：'孝无终始，而患不及者，

《孟子》书影

未之有也。’孝，人行之所先也。”

[释义] 指孝行是各种行为的核心，如果没有孝行，那就事君也不会忠，做官也不会清，临战也不会勇，交友也不会信。

【不恭祖旧，则孝悌不备】（雅）

[书证]《管子·牧民》：“不祗山川，则威令不闻。不敬宗庙，则民乃上校。不恭祖旧，则孝悌不备。”

[释义] 祖旧：已作古的祖先。孝悌：敬养父母曰孝，遵从兄长曰悌。指后人如果不慎终追远，纪念祖先，继承传统，那孝道就是不完整的。

【五刑之属三千，而罪莫大于不孝】（雅）

[书证]《孝经·五刑章》：“五刑之属三千，而罪莫大于不孝。要君者无上，非圣人者无法，非孝者无亲，此大乱之道也。”

[释义] 五种刑法，三千刑目，尽管刑法繁多，也没有哪一条哪一款，比得上忤逆不孝罪行严重。指严惩忤逆，在于彰显孝行的尊贵。

【仁人之有孝，犹四体之有心腹，枝叶之有本根也】（雅）

[书证]《后汉书·延笃传》：“草木之生，始于萌芽，终于弥蔓，枝叶扶疏，荣华纷缛。末虽繁蔚，致之者根也。夫仁人之有孝，犹四体之有心腹，枝叶之有本根也。”

[释义] 四体：两手两足。指人世间孝是根本，就像人的身体，四体的活动，要靠心的指挥；就像树木，枝叶的繁盛，全靠根柢的滋生。

【仁之实，事亲是也。义之实，从兄是也】（雅）

[书证]《孟子·离娄章》：“仁之实，事亲是也。义之实，从兄是也。智之实，知斯二者弗去是也。礼之实，节文斯二者是也。乐之实，乐斯二者，乐则生矣。”

[释义] 指仁义的根本在孝悌。仁道的核心在于孝，义行的核心在于悌。

为人能尽到孝悌的天职，就是仁义双全了。

【父子无礼，其家必凶；兄弟无礼，不能久同】（雅）

［书证］《晏子春秋·外篇重而异者》："人之所贵于禽兽者，以有礼也。人君无礼，无以临其邦；大夫无礼，官吏不恭。父子无礼，其家必凶；兄弟无礼，不能久同。"

［释义］父子之间如果不遵礼，那这个家庭必定要遭受凶祸；兄弟之间如果不遵礼，那他们必定不会常聚居在一起。指没有礼就没有安定与和谐。

【父子无隔宿之仇】（俗）

［书证］《西游记》三一回："你这个泼怪，岂知一日为师，终身为父，父子无隔宿之仇！你伤害我师父，我怎么不来救他？"

［释义］隔宿：隔夜。父子之间，骨肉情深，即使发生矛盾、隔阂很快就会化解。指父子亲情原是天性，这是任何外力所破坏不了的。

【孝居百行之先，淫是万恶之首】（雅）

［书证］清·王永彬《围炉夜话》："常存仁孝心，则天下凡不可为者皆不忍为，所以孝居百行之先。一起邪淫念，则生平极不欲为者皆不难为，所以淫是万恶之首。"

［释义］在各种善行中，孝居首先地位，有了孝，就能带动所有的善行。在所有恶行中，淫是罪恶之源，只要淫心一起，任什么天大的罪恶他也敢犯。

【孝重千斤，日减一斤】（俗）

［书证］《二刻拍案惊奇》卷一一："初时满生心中怀着鬼胎，还虑他有时到来，喜得那边也绝无音耗。俗语云'孝重千斤，日减一斤'，满生日远一日，竟自忘怀了。"

［释义］孝有千斤重，一天减一斤，三年就减完了。这是对孝行有始无

终者的讽谕。

【孝顺心是人间海上方】（俗）

[书证] 元·无名氏《小张屠》一折："病可却，便是平生、平生模样，往日、往日形象，常言道：'孝顺心是人间海上方。'每日家告遍街坊。"

[释义] 海上方：治病最灵的仙方。孝顺心是家庭和谐的灵丹妙药。指儿女孝顺，父母就心情舒畅，家庭就幸福和谐。

【孝顺孝顺，顺者为孝】（俗）

[书证] 于丹《（论语）感悟》："什么叫作'不违'？中国民间有个说法叫'孝顺'，孝顺孝顺，顺者为孝。很多时候，我们的孝心就在于不违背。"

[释义] 孝顺就是顺从父母的意愿。指孝首先是顺，能顺从就称孝顺，它的反义就是忤逆。

【孝顺的便是骨肉】（俗）

[书证]《醋葫芦》一一回："只因你我年老，回头并无亲人，则只一子一女，虽非自生，常言道：'孝顺的便是骨肉。'"

[释义] 骨肉：亲生儿女。孝顺的儿女就是亲生骨肉。指能孝敬父母的儿女，不是亲生，也同亲生骨肉一般。

【孝顺定生孝顺子，忤逆还生忤逆儿】（俗）

[书证] 周清源《西湖二集》卷六："那杨氏也是个极孝之人，见丈夫如此痛哭，亦助其悲哀，一月不茹荤腥。后生三子，三子也极其孝顺。伯华患病，三子至诚祷告北斗，愿减己寿以益父亲。果是'孝顺定生孝顺子，忤逆还生忤逆儿'。"

[释义] 父辈孝顺，儿子也会孝顺；父辈忤逆，儿子也不会孝顺他。指父母是儿女的第一任老师。孝顺不是遗传，而是学样。

【孝莫大于宁亲】（雅）

［书证］汉·扬雄《扬子法言·孝至篇》："孝莫大于宁亲，宁亲莫大于宁神，宁神莫大于四表之欢心。撰孝至，孝至矣，一言而该，圣人不加焉。"

［释义］宁亲：使父母过上无忧无虑的宁静生活。指在父母面前行孝，是方方面面都要考虑到的，但最要紧的是使父母身安心安。

【孝悌有闻，人伦之本；德行敦厚，立身之基】（雅）

［书证］《北史·隋本纪》："夫孝悌有闻，人伦之本；德行敦厚，立身之基。或节义可称，或操履清洁，所以激习厉俗，有益风化。"

［释义］孝悌之风昌盛，这是人伦的根本；德行传统敦厚，这是立身的基础。指要倡导人伦，必须首重孝悌；要立身社会，必须敦厚德行。

【孝悌者，仁之祖也；忠信者，交之庆也】（雅）

［书证］《管子·戒》："多言而不当，不如其寡也。博学而不自反，必有邪。孝悌者，仁之祖也；忠信者，交之庆也。内不考孝悌，外不正忠信，泽其四经而诵学者，是亡其身者也。"

［释义］孝悌，是仁道的根本；忠信，是友谊的核心。没有孝道就没有仁道，没有忠信就没有友谊。

【孝子之事亲也，居则致其敬，养则致其乐】（雅）

［书证］《孝经·纪孝行章》："孝子之事亲也，居则致其敬，养则致其乐，病则致其忧，丧则致其哀，祭则致其严。五者备矣，然后能事亲。"

［释义］指孝子事亲，贵在敬养。既养且敬，是谓大孝；只养不敬，不可谓孝。

【孝以事亲，顺以听命】（雅）

［书证］《礼记·祭义》："立爱自亲始，教民睦也。立教自长始，教民顺也。教以慈睦，而民贵有亲；教以敬长，而民贵用命。孝以事亲，顺以听

命，措诸天下，无所不行。"

[释义] 孝是用以促使事亲的，顺是用以促使听命的。孝顺，是人子对父母而言的。推而广之，就社会而言，是幼者对长者的遵从；就国家而言，是臣民对国君的听令。

【孝出贫家】（俗）

[书证] 清·龚自珍《己亥杂诗》："艰危门户要人持，孝出贫家谚有之。葆汝心光淳闷在，皇天竺胙总无私。"

[释义] 孝顺的儿女常出自贫寒人家。指贫寒人家的儿女，从小体验到父母生活的艰辛，自然也就生发出孝敬父母的情意，原不是要人说教的。

【孝立，则忠遂矣】（雅）

[书证] 隋·王通《文中子中说·周公篇》："杨玄感问孝，子曰：'始于事亲，终于立身。'问忠，子曰：'孝立，则忠遂矣。'"

[释义] 自古以来，就有"选忠臣于孝子之门"的说法。只要孝行确立了，尽忠于国君就不成问题。

【孝有三：小孝用力，中孝用劳，大孝不匮】（雅）

[书证]《礼记·祭义》："孝有三：小孝用力，中孝用劳，大孝不匮。思慈爱忘劳，可谓用力矣；尊仁安义，可谓用劳矣；博施备物，可谓不匮矣。"

[释义] 匮：缺乏。侍奉父母不惜勤劳，这算小孝；从仁义的高度上安慰父母，这算中孝；养生送死，毫无遗憾，这算大孝。

【孝行出于忠贞，节义率多果决】（雅）

[书证]《魏书·列传·路恃庆》："臣闻孝行出于忠贞，节义率多果决。德可感义夫，恩可劝死士。今若舍上所轻，求下所重，黜陟幽明，赏罚善恶，搜徒简卒，练兵习武，甲密弩强，弓调矢劲……"

[释义] 指孝行是出于忠贞的心性，节义是靠着行为的果决。二者动力尽管不同，但同样都需要从素质上做永恒性的培养。

【尧舜之道，孝弟而已；夫子之道，忠恕而已】（雅）

[书证]《明史·儒林·蔡烈》："主簿詹道尝请论心，烈曰：'宜论事。孔门求仁，未尝出事外也。尧舜之道，孝弟而已；夫子之道，忠恕而已。'"

[释义] 弟：通"悌"。夫子：孔子。指尧、舜之道，概括起来不外就是"孝悌"二字；孔夫子之道，概括起来不外就是"忠恕"二字。

【先祖者，类之本也；君师者，治之本也】（雅）

[书证]《史记·礼书》："天地者，生之本也；先祖者，类之本也；君师者，治之本也。无天地恶生？无先祖恶出？无君师恶治？三者偏亡，则无安人。"

[释义] 类：种族。君师：国君与教师。没有先祖，就不会有家族后代的延续；没有国君，就不会有社会人群的治理；没有教师，就不会有文明传统的传播。

【行孝曰养。养可能也，敬为难；敬可能也，安为难；安可能也，卒为难】（雅）

[书证]《吕氏春秋·孝行》："民之本教曰孝，其行孝曰养。养可能也，敬为难；敬可能也，安为难；安可能也，卒为难。父母既没，敬行其身，无遗父母恶名，可谓能终矣。"

[释义] 卒：终。始终如一。指行孝有四步要求，一步比一步难，一步比一步更可贵。一是养亲，二是敬亲，三是安亲，四是有始有终。

【守身不致妄为，恐贻羞于父母；创业还需深虑，恐贻害于子孙】（雅）

[书证] 清·王永彬《围炉夜话》："守身不致妄为，恐贻羞于父母；创业还需深虑，恐贻害于子孙。父兄有善行，子弟学之或不肖；父兄有恶行，

子弟学之则无不肖。可知父兄教子弟，必正其身以率之。"

[释义] 上有父母，不敢妄为，怕的是伤害父母的名声。下有子孙，要慎德行，怕的是有碍子孙的立身。指行事要上对得起父母，下对得起子孙。

【阴阳不和则万物夭伤，父子不和则家室丧亡】（雅）

[书证]《汉书·武五子传》："阴阳不和则万物夭伤，父子不和则家室丧亡。故父不父则子不子，君不君则臣不臣，虽有粟，吾岂得而食诸！"

[释义] 天地之间如果阴阳不和，那一切物类就难以成长；家庭之间如果父子不和，那整个家室就趋于丧亡。指就一个家庭而言，父子间的和谐相处是关键。

【孝，人行之所先也】（雅）

[书证]《汉书·杜周传》："孔子曰：'孝无终始，而患不及者，未之有也。孝，人行之所先也。观本行于乡党，考功能于官职，达观其所举，富观其所子，穷观其所不为，乏观其所不取。'"

[释义] 孝行，是人各种行为的领先条件。不管你是当官的，为民的，富有的，贫穷的，只要没有孝行的领先，一切都不能成立。

【孝子之事亲也，有三道焉：生则养，没则丧，丧毕则祭】（雅）

[书证]《礼记·祭统》："是故孝子之事亲也，有三道焉：生则养，没则丧，丧毕则祭。养则观其顺也，丧则观其哀也，祭则观其敬而时也。尽此三道者，孝子之行也。"

[释义] 孝子对父母的孝行，表现在三方面，缺一不可。父母活着时，要敬要养；父母去世时，要以礼埋葬；埋葬之后，要敬重其事地按时祭祀。

【今之孝者，是谓能养。至于犬马，皆能有养，不敬，何以别乎】（雅）

[书证]《论语·为政》："孟武伯问孝，子曰：'父母唯其疾之忧。'子游问孝，子曰：'今之孝者，是谓能养。至于犬马，皆能有养，不敬，何以

　　[释义] 现在人们对孝的解读是: 能养活父母就是孝。孔子批判这种观点说, 养只犬、养匹马, 不是也要养活吗? 只养活父母不能算孝, 能孝敬父母才算真孝。

　　【风淳以礼, 治本惟孝】(雅)

　　[书证]《宋书·余齐民传》: "方今圣务彪被, 移革华夏, 实乃风淳以礼, 治本惟孝, 灵祥归应, 其道先彰。齐民越自氓隶, 行贯生品, 旌闾表墓, 允出在兹。"

　　[释义] 指风俗的淳厚, 是靠礼乐教化的; 没有礼乐教化, 风俗无法淳厚。国家的治理, 只有以孝为根本; 不以孝为根本, 社会不免归于野蛮。

　　【为人子止于孝, 为人父止于慈, 与国人交止于信】(雅)

　　[书证]《礼记·大学》: "诗云: 穆穆文王, 于缉熙敬止。为人君止于仁, 为人臣止于敬, 为人子止于孝, 为人父止于慈, 与国人交止于信。"

　　[释义] 止: 此处有只此一途, 别无选择的意思。指孝是人子的唯一要务, 慈是为父的最佳品行, 信是处理人际关系的不二法门。

　　【为人父者慈惠以教, 为人子者孝悌以肃】(雅)

　　[书证]《管子·五辅》: "为人君者中正而无私, 为人臣者忠信而不党。为人父者慈惠以教, 为人子者孝悌以肃。为人兄者宽裕以诲, 为人弟者比顺以敬。"

　　[释义] 做父亲的, 要以慈惠的情肠教导后辈; 做儿子的, 要以孝敬的爱心奉养老人。指孝道的实行, 不是单方面的, 而是父子间的相互促成。

　　【为子之道, 莫大于宝身全行, 以显父母】(雅)

　　[书证]《三国志·魏书·王昶传》: "夫人为子之道, 莫大于宝身全行, 以显父母。此三者, 人知其善, 而或危身破家, 陷于灭亡之祸者, 何也? 由

所祖习非其道也。"

[释义] 宝身：珍惜自己的生命。全行：保持品行高洁。指作为孝子，一要宝身，二要全行。生命无亏损，品德无瑕疵，自然就使父母无忧无虑，心安神怡。

【以孝治天下者，不害人之亲】（雅）

[书证]《资治通鉴·汉纪献帝建安三年》："操曰：'奈卿老母何？'宫曰：'宫闻以孝治天平者，不害人之亲。老母存否，在明公，不在宫也。'"

[释义] 以倡导孝道治理国家的仁君，不会伤害人的父母。指孝的广义是"老吾老，以及人之老"，自己孝敬父母，就会惠及别人的父母。

【未有子过哀而父母不戚，父母忧而子独悦豫者也】（雅）

[书证]《资治通鉴·齐纪武帝永明九年》："王者为天地所子，为万民父母；未有子过哀而父母不戚，父母忧而子独悦豫者也。今和气不应，风旱为灾，愿陛下袭轻服，御常膳。"

[释义] 指父母之与子，血肉相连，感情相通，一戚共戚，一喜共喜，不会出现子忧亲喜，亲忧子喜的反常现象。

【未有仁而遗其亲者也，未有义而后其君者也】（雅）

[书证]《孟子·梁惠王章》："万乘之国，弑其君者，必千乘之家。千乘之国，弑其君者，必百乘之家。万取千焉，千取百焉，不为不多矣。苟为后义而先利，不夺不厌。未有仁而遗其亲者也，未有义而后其君者也。"

[释义] 以仁爱为怀的，绝不会淡忘自己的父母；以忠义为怀的，绝不会违背自己的君王。指仁与义是行孝尽忠的根本。

【父有争子，则身不陷于不义】（雅）

[书证]《孝经·谏诤章》："士有争友，则身不离于令名；父有争子，则身不陷于不义。故当不义，则子不可以不争于父，臣不可以不争于君。故

当不义则争之，从父之令，又焉得为孝乎？"

[释义] 争：通"诤"，谏诤。父有敢于谏诤的人子，就不会陷入不仁不义的罪过中。指孝子并非一味孝顺，对父母的过错敢于谏诤，也是孝行的重要内容。

【父有诤子，不行无礼；士有诤友，不为不义】（雅）

[书证]《荀子·子道篇》："父有诤子，不行无礼；士有净友，不为不义。故子从父，奚子孝；臣从君，奚臣贞。审其所以从之之谓孝、之谓贞也。"

[释义] 诤：谏诤。做父亲的，有个敢于谏诤的儿子，就不会做出非礼的事；做士人的，有个敢于直谏的朋友，就不会做出不义的事。指行孝并非一味顺从。

【父有诤子，君有谏臣，琴瑟不调，理宜改作】（雅）

[书证]《魏书·景穆十二王列传·任成王》："故礼有损益，事有可否，父有诤子，君有谏臣，琴瑟不调，理宜改作。是以防川之论，小决则通，乡校之言，壅则败国。"

[释义] 儿子可以谏诤父亲，臣子可以谏诤君王，就像琴瑟不和谐就调弦一样，改错就正是理所当然的事。

【父教不可废，子谏不可拒】（雅）

[书证]《后汉书·郅恽传》："且尧舜不以天显自与，故禅天下。陛下何贪非天显以自累也？天为陛下严父，臣为陛下孝子。父教不可废，子谏不可拒，唯陛下留神。"

[释义] 封建时代，君王以天比父，以地比母，以臣民比子。天给你的警诫不可忽视，臣民给你的谏诤不可拒绝。指父教子谏，必须接纳。

【父慈、子孝，兄良、弟悌，夫义、妇听】（雅）

[书证]《礼记·礼运》："何谓人情？喜、怒、哀、惧、爱、恶、欲，七者弗学而能。何谓人义？父慈、子孝，兄良、弟悌，夫义、妇听，长惠、幼顺，君仁、臣忠，十者谓之人义。讲信修睦，谓之人利；争夺相杀，谓之人患。"

[释义] 指父子之间，有慈有孝；兄弟之间，有爱有恭；夫妻之间，有义有从。彼此间的和谐，是互为影响的，原本不是单方面的。

【父慈其子，必教以义方；子孝其父，必箴其阙失】（雅）

[书证] 宋·罗大经《鹤林玉露》卷一三："至于君虽得以令臣，而不可违于理而妄作；臣所以供君，而不可二于道而曲从。父慈其子，必教以义方；子孝其父，必箴其阙失。"

[释义] 箴：劝告。阙：过失。指父对子要慈爱，但同时必须负起教育责任；子对父要孝敬，但同时必须负有规劝责任。

【从命不忿，微谏不倦，劳而不怨，可谓孝矣】（雅）

[书证]《礼记·孔子闲居》："子云：'从命不忿，微谏不倦，劳而不怨，可谓孝矣。'《诗》云：'孝子不匮。'子云：'睦于父母之党，可谓孝矣，故君子因睦以合族。'"

[释义] 微谏：以和颜悦色的情态来规谏父母的过错。指服从父母的命令没有情绪，规谏父母的过错非常耐心，为父母服务甘心愉悦。能做到这三点，可以算作行孝了。

【夫孝，始于事亲，中于事君，终于立身】（雅）

[书证]《孝经·开宗明义章》："夫孝，始于事亲，中于事君，终于立身。大雅云：'无念尔祖，聿修厥德。'"

[释义] 指孝行是从在家孝敬父母开始的；把孝敬你父母的德行推广开来，自然就能效忠于国君；于家是孝子，于国是忠臣，修身立业，终其一生

自会成就一个浩然正气的真君子。

【无病一身轻，有子万事足】（俗）

［书证］《初刻拍案惊奇》卷二〇："常言道：'无病一身轻，有子万事足。'久欲与相公纳一侧室，一来为相公扶正，不好妄言；二来未得其人，姑且隐忍。"

［释义］身无疾病折磨，心情舒畅轻松；有子传承家业，没有后顾之忧。这二者，是人生的两大快事。

【不失其身而能事其亲者，吾闻之矣；失其身而能事其亲者，吾未之闻也】（雅）

［书证］《孟子·离娄章》："事孰为大，事亲为大；守孰为大，守身为大。不失其身而能事其亲者，吾闻之矣；失其身而能事其亲者，吾未之闻也。"

［释义］失身，无德无行的人。指有德有行的人孝顺父母，这是正常的；无德无行的人能成为孝子，这是不可能的。

【不当家不知柴米贵，不养儿不知父母恩】（俗）

［书证］刘秉荣《杨三姐告状》二九回："不一刻回来报告，说老妇人系杨二娥之母杨王氏，由邻里搀扶着为死去的女儿烧纸钱儿。杨以德听了，感叹一声道：'不当家不知柴米贵，不养儿不知父母恩呀！'"

［释义］不主持家务，体会不到生活的艰难；不养育儿女，感受不到父母的恩情。指亲自实践，才深有感触。

【人情莫亲父母，莫乐夫妇】（雅）

［书证］《汉书·贾捐之传》："人情莫亲父母，莫乐夫妇。至嫁妻卖子，法不能禁，义不能止，此社稷之忧也。今陛下不忍悁悁之忿，欲驱士众挤之大海之中，快心幽冥之地，非所以救助饥馑，保全元元也。"

［释义］最亲的莫过于父母，最近的莫过于夫妇，这是人情之常。指能保持这种人情的，社会就和谐；不能保持这种人情的，国家就动荡。

【人禀五常，仁义为重；士有百行，孝敬为先】（雅）

［书证］《旧唐书·列传·宋兴贵》："人禀五常，仁义为重；士有百行，孝敬为先。自古哲王，经邦致治，设教垂范，皆尚于斯。"

［释义］五常：仁、义、礼、智、信。在五常之中，仁义是排在前边的；在各种德行之中，孝敬父母是首要的。指人生在世，讲仁义，行孝道，是立身之本。

【九日养亲，一日饿之，岂得言孝】（雅）

［书证］唐·马总《意林·傅子》："九日养亲，一日饿之，岂得言孝？饱多饥少，固非孝乎。谷马十日，一日饿之，马肥不损，于义无伤，不可同之一日饿母也。"

［释义］养活父母，九天养，一天饿，虽然养多饿少，但这绝不能算是孝顺行为。指孝行贵在持久，贵在经常，稍有损缺，即不为孝。

【儿孝顺，媳不敢；儿不孝，媳大胆】（俗）

［书证］汪敏《柳树庄的风波》："其实，婆媳间的和谐相处，大半还在儿子的作用。有这么一句俗语：'儿孝顺，媳不敢；儿不孝，媳大胆。'儿媳在婆婆面前缘头上脸，还不是看儿子的样？"

［释义］儿子孝顺，媳妇就不敢放肆；儿子不孝顺，媳妇在婆婆面前就会胆大妄为。指"有孝顺儿子，就有孝顺媳妇"，是话没假。

【大夫行孝，行合一家；诸侯行孝，声著一国；天子行孝，德被四海】（雅）

［书证］《魏书·列传·高闾》："臣闻大夫行孝，行合一家；诸侯行孝，声著一国；天子行孝，德被四海。今陛下圣性自天，敦行孝道，称觞上寿，

灵应无差。"

[释义] 大夫：古代官职，位于卿之下，士之上。诸侯：古代帝王统辖下的列国君主。天子：皇帝。指行孝者的地位越高，孝行所产生的影响就越大。

【大孝可以格天】（雅）

[书证] 清·杨凤辉《南皋笔记》卷二："南皋居士曰：'大孝可以格天。陈某一念之孝，遽能感神，抑何其如响斯应也！人欲遇水火刀兵中而不死，必也其孝乎！'"

[释义] 人说孝是百善之首，又道是孝为众德之源。大孝如舜帝，把孝道渗透到他推行的政体中，普天下人都感受到孝的恩泽，惊天地，泣鬼神，这不就是"大孝可以格天"吗！

【大孝养志，其次养形。养志者尽其和，养形者不失其敬】（雅）

[书证] 唐·马总《意林·傅子》："大孝养志，其次养形。养志者尽其和，养形者不失其敬。割地利己，天下仇之；推心及物，天下归之。以信接人，天下信之。"

[释义] 最大的孝行是对父母的敬重，其次的孝行是能很好地养活父母。敬重父母贵在使父母心平气和，养活父母也必须处处表现出尊敬。

【大孝尊亲，其次弗辱，其下能养】（雅）

[书证]《礼记·祭义》："礼得其报则乐，乐得反则安。礼之报，乐之反，其义一也。曾子曰：'孝有三：大孝尊亲，其次弗辱，其下能养。'"

[释义] 孝行分为三个等次：最大的孝行是对父母的尊敬；其次是修身检行，不使父母蒙羞；最低等的孝行是能养活父母，使老人不受饥寒之苦。

【上孝养色，其次安亲，其次全身】（雅）

[书证] 汉·桓宽《盐铁论·孝养》："上孝养色，其次安亲，其次全身

……文实配行，礼养俱施，然后可以言孝。孝在于质实，不在于饰貌，全身在于谨慎，不在于驰语也。"

[释义] 指孝子行孝，最难能可贵的是，在任何情况下都能保持对父母和颜悦色；其次是奉养父母安定生活；再次是保全自身的安全健康，以免父母忧心。

【欲求子孙，先当积孝；欲求聪明，先当积学】（雅）

[书证] 金·刘祁《归潜志》卷一三："张平章万公，父弥学，座右铭有云：'欲求子孙，先当积孝；欲求聪明，先当积学。'此实至言也。"

[释义] 想要对子孙有所求，自身首先就必须积累孝行；想要获得聪明睿智，除了勤奋读书、积存学问，别无他途。指德行在孝，聪明在学。

【欲求子孝，必先为慈；将责弟悌，务念为友】（雅）

[书证] 梁孝元帝《金楼子·戒子篇》："欲求子孝，必先为慈；将责弟悌，务念为友。虽孝不待慈，而慈固植孝；悌非期友，而友亦立悌。"

[释义] 要想让儿子孝顺，父母必须对子女慈爱，要想让为弟的遵守悌道，为兄的必须首先对弟友爱。指父慈会培植子孝，兄友会带动弟恭。

【敬了父母不怕天，纳了捐税不怕官】（俗）

[书证] 姜树茂《海岛怒潮》一四章一："当时我说咱也跟着转移走吧，你偏说'金窝银窝，不如自己的老窝，到哪儿也不如在家好'，还说什么'敬了父母不怕天，纳了捐税不怕官'。你看这老窝蹲着到底怕不怕？"

[释义] 孝敬了父母就天大的事也不再怕，缴纳了税收就不怕官吏来催。指亲前行孝是天字第一号大事，没有任何顾虑。

【棒头出孝子，箸头出忤逆】（俗）

[书证]《初刻拍案惊奇》卷一三："棒头出孝子，箸头出忤逆。为是严家夫妻养娇了这孩儿，到得大来，就便目中无人，天王也似的大了。"

[释义] 棒头：用木棒体罚，意指严格管教。箸头：筷子头，代指肥吃海喝。忤逆：不孝敬父母的逆子。对孩子严加管教，可教育出孝子，娇惯溺爱使孩子养成好吃懒做的恶习，只能出败家子。指严加管教出孝子，溺爱放纵出忤逆。

【二十以孝闻】（雅）

[书证]《史记·五帝本纪》："舜耕历山，渔雷泽，陶河滨，作什器于寿丘，就时于负夏。舜父瞽叟顽，母嚣，弟象傲，皆欲杀舜。舜顺适不失子道，兄弟孝慈。欲杀，不可得；即求，尝在侧。舜年二十以孝闻。"

[释义] 舜：虞舜，后受尧禅，登帝位，称帝舜。舜在二十岁时就是有名的孝子。他的孝行很典型，在"二十四孝图"中排为首孝。

【惰其四肢，不顾父母之养，一不孝也】（雅）

[书证]《孟子·离娄章》："世俗所谓不孝者五：惰其四肢，不顾父母之养，一不孝也；博弈好饮酒，不顾父母之养，二不孝也；好货利，私妻子，不顾父母之养，三不孝也；纵耳目之欲，以为父母戮，四不孝也；好勇斗狠，以危父母，五不孝也。"

[释义] 指为人子的，一身懒骨头，不谋生活，连父母也不养活，这是不孝的第一桩罪行。

【睦亲化人，莫善于孝】（雅）

[书证]《新唐书·列传·韦挺》："移风易俗，莫善于乐；睦亲化人，莫善于孝。所以三年之礼，天下通丧。今遣音声人释服为乐，带经治音，岂以小人不能执礼，遂欲约为非法？"

[释义] 和睦亲属，教化民众，没有比推行孝道更有成效的。指孝道具有莫大的凝聚力和感化力。

【慈父爱子，圣王养民，性使然也】（雅）

[书证] 唐·马总《意林·吕氏春秋》："慈父爱子，圣王养民，若火自热，若冰自寒，性使然也。及其用力，赖其功。三月婴儿，未知利害，而慈母爱焉，情也。"

[释义] 指慈父爱他的子弟，圣君爱他的百姓，这完全是出于天性。这里说的是慈父，而不是恶父；这里说的是圣君，而不是暴君。

【要知父母恩，怀里抱子孙】（俗）

[书证] 程思远《木本水源》："真正能体会父母对自己的养育之恩的，往往是在自身有了儿孙之后。这就是俗语说的：'要知父母恩，怀里抱子孙。'"

[释义] 要知道父母的恩情，还得等有了儿孙后才能体会到。指自己抱养子孙后，才能从亲身的劬劳中体验到父母的恩情。

【首孝悌，次见闻】（雅）

[书证] 宋·王应麟《三字经》："首孝悌，次见闻。知某数，识某文。一而十，十而百，百而千，千而万。三才者，天地人；三光者，日月星。三纲者，君臣义，父子亲，夫妇顺。"

[释义] 孝悌：敬养父母曰孝，尊重兄长曰悌。见闻：学习知识。指人首先必须懂得孝悌，这是人生第一要义；然后再说学习知识。

【屋檐水，滴照滴】（俗）

[书证] 晋平康《农家乐》二："人们常说的：'屋檐水，滴照滴。'姚嫂啊，你对你的婆婆是啥样，将来你的儿媳妇也会照样来的。"

[释义] 像屋檐下雨滴水一样，这一滴也照那一滴的位置滴下，不会走样。喻指你自己怎么对待父母，儿女以后也怎么对待你。劝告人们要以身作则，孝敬父母。

【高坟厚垅，珍物毕备，此适所以为亲之累，非曰孝也】（雅）

[书证]《旧唐书·列传·虞世南》："臣闻古之圣帝明王所以薄葬者，非不欲崇高光显，珍宝具物，以厚其亲。然审而言之，高坟厚垅，珍物毕备，此适所以为亲之累，非曰孝也。"

[释义]指埋葬先人，应以薄葬为宜。那种坟垅高筑，珍物陪葬的大排场，只能给死者造成灾害，毫无可取之处。

【爹娘便是灵山佛，不敬爹娘敬甚人】（俗）

[书证]明·冯梦龙《三教偶拈·儒》："终日呆坐，徒乱心曲，俗语云：'爹娘便是灵山佛，不敬爹娘敬甚人。'言之未毕，僧不觉大哭起来 c"

[释义]灵山：灵鹫山，佛家宝地。上山烧香拜佛，不如在家孝敬父母。指孝敬父母，是天字第一号大善事，做亲前孝子，远胜过做佛教信徒。

【教民亲爱，莫善于孝】（雅）

[书证]《孝经·五刑章》："教民亲爱，莫善于孝；教民礼顺，莫善于悌；移风易俗，莫善于乐；安上治民，莫善于礼。"

[释义]教化民众和睦亲善，没有比提倡孝道更重要，更有效的了。指提倡孝道，是实施教化的纲领。

【君子亲其亲以及人之亲】（雅）

[书证]《资治通鉴·秦纪始皇帝十四年论》："君子亲其亲以及人之亲，爱其国以及人之国，是以功大名美而享百福也。今非为秦画谋，而首欲覆其宗国，以售其言，罪固不容于死矣，乌足愍哉！"

[释义]君子亲爱自家的亲人，也就推广这种爱到别人的亲人，这叫博爱。如果只爱自家而危害别家，那叫缺德。

【事亲以得欢心为本】（雅）

[书证]清·曾国藩《家书·致澄弟》："事亲以得欢心为本，养生以戒怒为本。郁怒最易伤人。"

[释义] 在亲前行孝，要求是各个方面的，一能尊敬，二能不使父母名节受辱，三能养活，不使父母受饥受寒。但是最难做到的一点，是孔夫子所说的"色难"，就是在任何情况下都能保持和颜悦色，取得父母的欢心。

【事孰为大，事亲为大】（雅）

[书证]《孟子·离娄章》："事孰为大，事亲为大；守孰为大，守身为大。不失其身，而能事其亲者，吾闻之矣；失其身而能事其亲者，吾未之闻也。"

[释义] 指在亲前行孝，是人生中至关重要的大事。能尽孝者就能立于天地之间；无孝行者就难以在社会人群中生存。

【妻贤夫祸少，子孝父心宽】（俗）

[书证]《喻世明言》卷三九："做男子的免不得出外，如何做人？为此恩变为仇，招非揽祸，往往有之。所以古人说得好，道是：'妻贤夫祸少，子孝父心宽。'"

[释义] 贤：贤惠。妻子贤惠，丈夫就避免灾祸；儿子孝顺，父亲就心情舒畅。指妻贤子孝，是家庭生活幸福美满的基础。

【败子回头金不换】（俗）

[书证] 清·宣鼎《夜雨秋灯录·续集》卷二："苦海无边，回头是岸，登徒之流，大家来看。咦，火中烧出青莲花，败子回头金不换。"

[释义] 败子：败家子。回头：改邪归正。指败家子一旦改邪归正，痛改前非，他会比常人更懂得失去的痛苦，由此更加珍惜生活，那份经验教训，比金子还宝贵。

【朋友不可以深交，深交必有怨；父子不可以滞爱，滞爱或生愆】（雅）

[书证]《旧唐书·列传·褚遂良》："且朋友不可以深交，深交必有怨；父子不可以滞爱，滞爱或生愆。伏愿远览殷、周，近遵汉、魏，不可顿革，

事须阶渐。"

[释义] 滞：滞留。愆：过失。指朋友之间的交往，应保持淡泊；过于亲密，必生怨恨。父子之间的亲情，应具有理性；耽于溺爱，必生过失。

【官怠于宦成，病加于少愈，祸生于怠惰，孝衰于妻子】（雅）

[书证]《孔子集语·曾子》："君子不以利害义，则耻辱安以生哉！官怠于宦成，病加于少愈，祸生于怠惰，孝衰于妻子。察此四者，慎终如始。"

[释义] 指凡事有始有终，才能取得圆满成功；凡中道而废的，总都因为稍见成绩便懈怠中止。

【树欲静而风不止，子欲养而亲不待】（雅）

[书证]《孔子家语·致思》："吾少时好学，周遍天下，后还，丧吾亲……夫树欲静而风不止，子欲养而亲不待。往而不来者年也，不可再见者亲也。"

[释义] 作为人子，在父母面前，必须及时尽孝道。如果该尽孝时未尽孝，父母亡故，想要尽孝而不可得，那就成了终生遗憾，无法弥补。

【孝悌者，以致养为本，以华观为末】（雅）

[书证] 汉·王符《潜夫论·务本》："教训者，以道义为本，以巧辩为末。辞语者，以信顺为本，以诡丽为末。列士者，以孝悌为本，以交游为末。孝悌者，以致养为本，以华观为末。"

[释义] 孝悌：敬养父母曰孝，和顺兄长曰悌。华观：华美的外观。指尽孝悌之道，不在乎务华美的外观，而在于切切实实的敬养，这是根本。

【孝敬孝敬，孝为行，敬为心】（雅）

[书证] 于丹《（论语）感悟》："孔子的反问令人深思。中国人常常将'孝'和'敬'连用，孝敬孝敬，孝为行，敬为心，关键是我们的心中对父母有那份深深的敬吗？"

［释义］对父母，在行动中要孝，在心中要敬。指孝是在物质生活上供养父母，敬是在思想上、心理上敬重父母。两者不可缺一，而以后者为贵。

【孝，德之本】（雅）

［书证］明·郑瑄《昨非庵日纂·敦本》："庚子舆五岁读《孝经》，手不释卷。或曰：'此书文句不多，何用自苦?' 答曰：'孝，德之本，何谓不多!'"

［释义］指孝是德的根本，各种品德都是从孝发芽抽枝成长的。由此，有孝行就有德行，孝行薄德行就薄，没孝行就没德行。

【孝，德之本也，教之所由生也】（雅）

［书证］《孝经·开宗明义章》："子曰：'先王有至德要道，以顺天下，民用和睦，上下无怨。汝知之乎?' 曾子避席曰：'参不敏，何足以知之。'子曰：'夫孝，德之本，教之所由生也。'"

［释义］在人的行为中，孝是根本，由此孝也就是德的根本。教，五教，教父以义，教母以慈，教兄以友，教弟以恭，教子以孝。这五教，都是从孝生发出来的。

【孝，德之始也；悌，德之序也】（雅）

［书证］《孔子家语·弟子行》："孔子曰：'孝，德之始也；悌，德之序也；信，德之厚也；忠，德之正也。'"

［释义］孔子指出：在亲前行孝，这是人类社会一切道德的核心，也是实践道德的起始。由此品评一个人的德与行，首先要看他孝的程度；接着看他对兄长是否恭敬。

【严师出高徒，棒头出孝子】（俗）

［书证］金庸《神雕侠侣》四回："自来'严师出高徒，棒头出孝子'。这次对过儿须得严加管教，方不致重蹈他父覆辙。"

[释义] 棒头：用木棍体罚，可解读为严格管教。严厉的师傅能教出优秀的徒弟，严格管教能培育出孝顺的儿女。指人才的成长离不开个"严"字。

【身体发肤，受之父母，不敢毁伤，孝之始也】（雅）

[书证]《孝经·开宗明义章》："身体发肤，受之父母，不敢毁伤，孝之始也。立身行道，扬名于后世，以显父母，孝之终也。"

[释义] 指行孝要从保全自身安全起始。这是因为人子的身体发肤都是父母赐给的，毁伤身体就是不孝行为。

【弟子入则孝，出则悌，谨而信，泛爱众而亲仁】（雅）

[书证]《论语·学而》："子曰：弟子入则孝，出则悌，谨而信，泛爱众而亲仁。行有余力，则以学文。"

[释义] 孝：指孝敬父母。悌：指尊重兄长。把在家的孝悌德行，推及至社会人群，待人敬谨有信用，能泛爱众人，这就是仁的表现。

【君子务本，本立而道生。孝弟也者，其为仁之本与】（雅）

[书证]《论语·学而》："有子曰：其为人也孝弟，而好犯上者鲜矣。不好犯上，而好作乱者，未之有也。君子务本，本立而道生。孝弟也者，其为仁之本与。"

[释义] 弟：通"悌"。与：通"欤"，疑问词。君子追求的人生真谛，这是根本。根本确立了，道德自然产生。为人子能实行孝道，这就是仁的根本。

四、交友

《新唐书·列传·韦挺》：睦亲化人，莫善于孝。

【一死一生，乃知交情；一贵一贱，交情乃见】（雅）

[书证] 汉·应劭《风俗通义·穷通》："故长平之吏，移于冠军；魏其之客，移于武安；郑当汲黯，亦旋复然。翟公疾之，乃书其门：'一死一生，乃知交情；一贵一贱，交情乃见。'"

[释义] 指人在经历过荣与辱、生与死的重大考验，这才能真正见出友情的真伪与深浅。

【一贫一富，乃知交态；一贵一贱，交情乃见】（雅）

[书证]《史记·汲郑列传》："翟公复为廷尉，宾客欲往，翟公乃大署其门曰：'一死一生，乃知交情；一贫一富，乃知交态；一贵一贱，交情乃见。'"

[释义] 指在世态炎凉的社会中，贫富贵贱的交相出现，最能看出人情的势利，也最能测出交情的真伪。

【二人同心，其利断金】（雅）

[书证]《易经·系辞上》："枢机之发，荣辱之主也。言行，君子之所以动天地也，可不慎乎！同人先号咷而后笑。子曰：'君子之道，或出或处，或默或语。二人同心，其利断金；同心之言，其臭如兰。'"

[释义] 只要彼此同心同德，凝成的力量，足以截断坚硬的金属。指同心同德是成功的原动力。

【人生结交在终始，莫为升沉中路分】（雅）

[书证] 唐·贺兰进明《行路难》诗："群雁裴回不能去，一雁悲鸣复失群。人生结交在终始，莫为升沉中路分。"

[释义] 朋友间的交情，贵在真挚，贵在有始有终。那种"一阔脸就变"式的交往，实在是交往中最令人作呕的悲剧。由此，交情始终如一，堪称难能可贵。

【人有厚德，无问其小节；人有大誉，无疵其小故】（雅）

［书证］汉·高诱《淮南鸿烈解·泛论训》："人有厚德，无问其小节；人有大誉，无疵其小故。夫牛蹄之涔，不能生鳣鲔，而蜂房不容鹄卵，小形不足以包大体也。夫人之情，莫不有所短，诚其大略是也。"

［释义］指人有所长，也必有所短。看一个人，必须大处着眼，略其小疵，这样不会遗漏大才。

【人休不择就交，话休不想就说】（雅）

［书证］明·吕坤《呻吟语》："而今只一个苟字支吾世界，万事安得不废弛。饭休不嚼就吞，路休不看就走，人休不择就交，话休不想就说，事休不想就做。"

［释义］指交朋友是人生的大事，必须慎之又慎，不可任意交往，以免造成后患。常言"祸从口出"，说话不慎，遗患无穷，必须三思而后言，方保无患。

【人情若像初相识，到底终无怨恨心】（俗）

［书证］《醒世恒言》卷二〇："赵昂推着廷秀的背往外而走，道：'三官，你怎么恁样不识气，又要见岳母做甚？'将他推出大门而去。正是：人情若像初相识，到底终无怨恨心。"

［释义］交往能像刚相识时的亲热周到，后来就不会相互埋怨了。指交往中，最难得的就是始终如一。

【土居三十载，无有不亲人】（俗）

［书证］《警世通言》卷一："老夫在这山里多住了几年，正是'土居三十载，无有不亲人'。这些庄户，不是舍亲，就是敝友。"

［释义］居住多年的山村，邻里街坊都是亲人。指山野人家，民风淳朴，长年久月的相处，自会浓化感情，相知相亲。

【士之相知，温不增华，寒不改叶】（雅）

[书证] 三国蜀·诸葛亮《论交》："士之相知，温不增华，寒不改叶。能四时而不衰，历夷险而益固。"

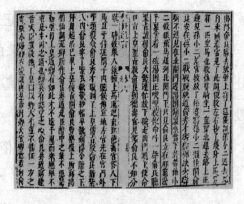

《警世通言》书影

[释义] 指有品有格的士人，在交友中，特别重视始终如一。贫贱时交情是什么样，到富贵时还是什么样。就像四季常青的苍松翠柏一样，天热时不会增添华丽，天寒时也不会树叶凋零。

【士为知己用，女为悦己容】（雅）

[书证]《汉书·司马迁传》："盖钟子期死，伯牙终身不复鼓琴。何则？士为知己用，女为悦己容。若仆，大质已亏缺，虽材怀随和，行若由夷，终不可以为荣。"

[释义] 重义气的士人，愿为自己的知己者献出一切努力；重情感的女子，愿为自己的悦己者做出美容回应。指凡对自己有恩情的，总想尽力回报。

【于所厚者薄，无所不薄也】（雅）

[书证]《孟子·尽心章》："孟子曰：'于不可已而已者，无所不已；于所厚者薄，无所不薄也。其进锐者其退速。'孟子曰：'君子之于物也，爱之而弗仁，于民也，仁之而弗亲。'"

[释义] 对于理应厚待的人，却很淡薄，那就对任何人没有不淡薄的了。指寡情的人，对任何人都缺乏真情实爱。

【大家拾柴火焰高】（俗）

[书证] 陈登科《风雷》一部一章："这叫'大家拾柴火焰高'，要是大

家都要求治水，都有这个雄心去治它，就能将九湖治好。"

[释义] 火焰是靠木柴燃烧起来的，投入的木柴越多，火焰的气势就越旺。大家都动手拾柴，火焰自然就高。喻指人多力量大，大家齐心合力，就没有办不成的事。

【万事和为贵，和气能生财】（俗）

[书证] 苏策《远山在落雪》："小弟何德何能，这全是二位司令赏光嘛！我们汉族有句古话：'万事和为贵，和气能生财。'"

[释义] 世间的任何人事关系，要处理得当，总是以和为贵。就以市场为例，待客和气有礼，生意就兴隆，财源就流畅。指和气、和睦、和谐、和平，是开解一切难题的万能钥匙。

【与人不求备，检身若不及】（雅）

[书证]《尚书·伊训》："居上克明，为下克忠。与人不求备，检身若不及。以至于有万邦，兹惟艰哉。"

[释义] 对别人，只着眼于他的专长，不可求全责备；对自身，要严格反省检查，不可宽容放纵自己。指为人处世，要严于责己，宽以待人。

【与朋友交，言而有信】（雅）

[书证]《论语·学而》："子夏曰：贤贤易色。事父母能竭其力，事君能致其身，与朋友交，言而有信。虽曰未学，吾必谓之学矣。"

[释义] 和朋友交往，说话必守信用。指信用是人际交往的基本信条，尤其是在朋友之间，没信用就没人气。

【与人方便，自己方便】（俗）

[书证]《红楼梦》六回："说那里话！俗话说的：'与人方便，自己方便。'不过用我说一句话罢了，害着我什么。"

[释义] 给别人提供方便，自己也会得到回报。指人际间的交往，是彼

此作用的，你来他往，互为帮助，不是单方面的。

【千钱买邻，八百买舍】（俗）

［书证］明·高明《琵琶记》四出："秀才不必忧虑，自古道：'千钱买邻，八百买舍。'老汉既忝在邻居，你但放心前去。"

［释义］舍：宅院。花费千钱买邻居，花费八百钱买宅院。指好邻居比好宅院更有价值，它能给人提供诸多向善的条件。

【凡事留人情，日后好相见】（俗）

［书证］《禅真后史》四回："且不要讲令妹是产中丧命，纵使是耿大娘子亲手打死的，主母殴杀义妇，罪有所归，终不到抵命的地步。况兼死者不能复生，'凡事留人情，日后好相见'，有话讲理，不必恁地啰唣。"

［释义］与人处事，留个人情，不必把事做绝，以后还要相见相处。指对别人要宽容，有利于以后继续交往。

【己所不欲，勿施于人】（雅）

［书证］《论语·颜渊》："仲弓问仁，子曰：'出门如见大宾，使民如承大祭。己所不欲，勿施于人。在邦无怨，在家无怨。'仲弓曰：'雍虽不敏，请事斯语矣。'"

［释义］自己所不愿接受的事物，就不可施加给别人。指推己及人，这是符合仁道精神的。

【乡里夫妻，步步相随】（俗）

［书证］明·杨慎《升庵诗话》卷一一："俗语云：'乡里夫妻，步步相随。'言乡不离里，如夫不离妻也。"

［释义］乡里：对农村的通称。农村夫妻劳动在一起，生活在一起，不分昼夜，形影不离。指夫妻间永不分离的非乡里的夫妻莫数，也常用"乡里夫妻，步步相随"来形容夫妻关系的亲密。

【无求备于一人】（雅）

［书证］《论语·微子》："周公谓鲁公曰：君子不施其亲，不使大臣怨乎不以。故旧无大故，则不弃也。无求备于一人。"

［释义］备：完备，齐全。不要对任何一个人求全责备。指人有优点也有缺点，"用人如器"，只取其长项就是了。

【无恻隐之心，非人也；无羞恶之心，非人也】（雅）

［书证］《孟子·公孙丑章》："无恻隐之心，非人也；无羞恶之心，非人也；无辞让之心，非人也；无是非之心，非人也。"

［释义］恻隐：对人同情怜悯。羞恶：羞耻。指社会人群，人人都应有恻隐心，也都应有羞耻感，否则就不算是人。

【不尤人，何人不可处；不累事，何事不可为】（雅）

［书证］《明史·儒林·良政》："提学副使邵锐、巡按御史唐龙持论与守仁异，戒诸生勿往谒。良政兄弟独不顾，深为守仁所许。良政功尤专，孝友敦朴，燕居无惰容？尝曰：'不尤人，何人不可处；不累事，何事不可为。'"

［释义］尤：怨尤。累：积存。指能宽恕人，什么样的人都处得来；做事不拖拉，什么样的事都做得来。

【不知其人视其友】（雅）

［书证］《史记·张释之冯唐列传论》："张季之言长者，守法不阿意；冯公之论将率，有味哉，有味哉！语曰：'不知其人视其友。'二君之所称颂，可著廊庙。"

［释义］人们常说："朋友是一个人的影子"，看到影子，就知其人的短与长。看其人的朋友是善是恶，是正是邪，就能知道其人如何。

【不轻誉人者，善誉人者也】（雅）

［书证］明·庄元臣《叔苴子·内篇》卷四：“不轻誉人者，善誉人者也。不轻毁人者，善毁人者也。夫惟不轻，是以不行。”

［释义］不轻易赞誉人，这是最有效的赞誉。指轻易赞誉人，这赞誉便毫无价值；只有在人有了突出的功绩时赞誉他，那才是恰到好处的赞誉，最有确定意义的赞誉。

【友直友谅友多闻】（雅）

［书证］《论语·季氏》：“孔子曰：‘益者三友，损者三友。友直友谅友多闻，益矣。友便辟，友善柔，友便佞，损矣。’”

［释义］直：正直。谅：诚信。多闻：学问渊博。指交朋友要选择那些正直、诚信、学问渊博的，这对自己有益，即所谓益友。

【少年乐新知，衰暮思故友】（雅）

［书证］唐·韩愈《除官赴阙至江州寄鄂岳李大夫》诗：“年皆过半百，来日苦无多。少年乐新知，衰暮思故友。”

［释义］人在青少年时总喜欢结交新朋友。交游广阔，显示着年轻人思想境界的欣欣向荣。进入老年，坎坷的世故，淘汰了交游中的那些势利、浮泛成分，留下的只有极为少数的相知者，安得不思，安得不想。

【见富贵而生谄容者，最可耻；见贫穷而作骄态者，贱莫甚】（雅）

［书证］明·朱柏庐《夫子治家格言》：“见富贵而生谄容者，最可耻；见贫穷而作骄态者，贱莫甚。居家戒争讼，讼则终凶；处世戒多言，言多必失。”

［释义］谄容：谄媚讨好的形象。骄态：高傲自大的神态。指人谄富骄贫，毫无人格，这是最可耻最下贱的。

【内睦者家道昌，外睦者人事济】（雅）

［书证］宋·李邦献《省心杂言》：“内睦者家道昌，外睦者人事济。不

匿人短，不周人急，非仁义之人也。"

[释义] 对内能和睦的，家道必然昌盛；对外能和睦的，人际关系必然和谐。指与人和睦是一种处人处世的美德，只要有和睦的观点与行为，在社会人群中就绝对不会孤独。

【勿谄富，勿骄贫；勿厌故，勿喜新】（雅）

[书证] 清·贾存仁《弟子规》："勿谄富，勿骄贫；勿厌故，勿喜新。事非宜，勿轻诺；苟轻诺，进退错。"

[释义] 勿：不可。在富人面前，不可谄媚讨好，拍马奉承；在穷人面前，不可骄傲自满，轻薄狂妄。不可见新忘旧，不可厌旧喜新。指谄富骄贫无人格，厌旧喜新没良心。

【方木头不滚，圆木头不稳】（俗）

[书证] 罗旋《梅》一六："周松山一口担保说：'这个没问题，我了解他。这个人虽有些偏激情绪，但革命的坚定性无可怀疑。'大老刘笑起来说：'方木头不滚，圆木头不稳。那就让他去。'"

[释义] 方木头放在地上稳定，但不易滚动；圆木头放在地上不稳定，但易于滚动。喻指人有长处也有短处，不可求全责备。也泛指事物有一利就有一弊，难以两全其美。

【水至清则无鱼，人至察则无徒】（雅）

[书证] 梁孝元帝《金楼子·立言篇》："周公没五百年有孔子，孔子没五百年有太史公。五百年运，余何敢让焉。但水至清则无鱼，人至察则无徒，斯言至矣。"

[释义] 水太清了养不住鱼，人过于明察就会失去群众。指为人处世，大处要明察，小处要糊涂，事事精明，就会使人无所适从。

【水是故乡甜，月是故乡明】（俗）

[书证] 林如求《梅妃与蒲仙戏》："人常说：'水是故乡甜，月是故乡明。'臣妾离家进宫两三年了，乡音阻绝，父母近体如何，乡亲日子过得怎样，十分惦念。"

[释义] 故乡的水最甜，故乡的月亮最明亮。指人人都有故乡情，热爱故乡，认为故乡的一草一木都美好。

【正直难亲，谄谀易合】（雅）

[书证]《资治通鉴·汉纪武帝征和二年论》："左右前后无非正人，出入起居无非正道，然犹有淫放邪僻而陷于祸败者也。今乃使太子自通宾客，从其所好。夫正直难亲，谄谀易合，此固中人之常情，宜太子之不终也。"

[释义] 正直君子是难以亲近的，谄谀小人是容易迎合的，这是一般人的常情。指好习性难形成，坏习性易感染。

【打人不打脸，骂人不揭短】（俗）

[书证] 路一《赤夜》七："人常说：'打人不打脸，骂人不揭短。'这一个耳光子，可把三喜的火气激起来了。"

[释义] 打人不可损伤人的面容；相骂也不要涉及人的隐私。指即使矛盾冲突，也要顾及人的脸面和隐私，不可失去理智，逼人太甚。

【白头而新，倾盖而故】（雅）

[书证] 汉·刘向《新序·杂事》："臣闻比干剖心，子胥鸱夷，臣始不信，乃今知之。愿大王熟察之，少加怜焉。谚有'白头而新，倾盖而故'，何则？知与不知也。"

[释义] 而：作"如"解。倾盖：古时车有盖，车盖和车盖相倾接，形容两人在路上相遇。指有的人相交到白头，还和新交的朋友一样彼此不了解；有的人偶尔相逢，非常相知，就和多年的知心朋友一样。

【鸟随鸾凤飞能远，人伴贤良品自高】（俗）

[书证]《济公全传》一九〇回:"此时悟禅能为大长。有这么两句话:鸟随鸾凤飞能远,人伴贤良品自高,近朱者赤,近墨者黑,这话一点不差。"

[释义] 鸾:传说中凤凰一类的鸟。一般的鸟只要能跟随着鸾凤飞翔,必定能飞得远;平凡人只要能追随贤哲,品行自然变得高雅。指经常跟品德高尚的人在一起,无形中被熏陶、感染,也就变得高尚。

【宁恼远亲,不恼近邻】(俗)

[书证] 清·马辉《简通录》:"处世之道,俱宜如此,而族邻尤要。族邻一有嫌隙,即不至仇怨相寻不了,朝夕出门相见,何以为情?语云'宁恼远亲,不恼近邻',甚言邻之不可不睦也。"

[释义] 恼:惹恼。宁愿惹恼远方亲戚,也不和邻居生气。指近邻比远亲关系更密切。

【宁教人绝义,不可我无情】(俗)

[书证]《笔生花》二二回:"我若吐此真情,岂不伤了他的体面?常言道:'宁教人绝义,不可我无情。'"

[释义] 宁可别人做事不讲信义,自己也要顾及情面。指处事一要宽恕别人,二要自身坚守原则,尽量做到对人对事有情有义。

【必有容,德乃大;必有忍,事乃济】(雅)

[书证] 明·郑瑄《昨非庵日纂·坦游》:"必有容,德乃大;必有忍,事乃济。一毫之拂,即勃然怒;一事之违,即愤然发;是无涵养之力。故曰:觉人之诈,不形于言,有无限余味。"

[释义] 能有容人之量,这才能拓宽德行;能有忍耐精神,这才能成就事业。

【老吾老,以及人之老;幼吾幼,以及人之幼——天下可运于掌】(雅)

[书证]《孟子·梁惠王章》:"老吾老,以及人之老;幼吾幼,以及人

之幼——天下可运于掌。《诗》云：刑于寡妻，至于兄弟，以御于家邦。言举斯心加诸彼而已。"

[释义] 敬爱自己的老人，也推及至所有的老人；爱护自己的后代，也推及至所有的后代。用这种爱己及人的博爱精神行事，那治理天下就是易如反掌的事。

【在家靠父母，出家靠朋友】（俗）

[书证] 鲁迅《且介亭杂文二集·四论"文人相轻"》："荒场上又有变戏法的，石块变白鸽，坛子装小孩，本领大抵不很高强，明眼人本极容易看破。于是他们就时时拱手大叫道：'在家靠父母，出家靠朋友！'这并非在要求撒钱，是请托你不要说破。"

[释义] 家中靠父母照料生活，出外靠朋友帮助和关照。这是江湖上求助的常用语。

【百灵鸟不忘树，梅花鹿不忘山】（俗）

[书证] 郭振有《牧人情》一五章："等一等，你听我说：'百灵鸟不忘树，梅花鹿不忘山。'你的救命之恩，我一辈子也不能忘。"

[释义] 百灵鸟总思念它栖息的树林，梅花鹿总思念它吃草的山坡。喻指人总想报答哺育自己成长的一方热土及父老乡亲。

【过任之事，父不得于子；无已之求，君不得于臣】（雅）

[书证]《战国策·赵策二》："过任之事，父不得于子；无已之求，君不得于臣。故微之为著者强，察乎息民之为用者伯，明乎轻之为重者王。"

[释义] 超过负荷能力的事，即使是父亲责成儿子，儿子也不承担；提出没完没了的要求，即使是君王责成臣子，臣子也会反感。指凡事必须有限度，方能实行。

【同心之言，其臭如兰】（雅）

[书证]《易经·系辞上》："君子之道，或出或处，或默或语，二人同心，其利断金，同心之言，其臭如兰。"

[释义] 臭：气味。志同道合的人，相互谈吐之间，言语氤氲，气味香馥，有如兰香。指语言交流的最佳效果，莫过于彼此间的心神相通。

【同林好鸟不分巢】（俗）

[书证]《五虎平西》六三回："我们前日兄弟五人结拜时，誓同生死，如今千岁已经身亡，我们不死，已为不义。古云'同林好鸟不分巢'，我们四人必须守枢一年半载。"

[释义] 同林的好鸟也不肯分巢栖身。喻指好兄弟不愿意分家过日子。也指志同道合的朋友不愿离别。

【吃水不忘打井人，吃米不忘种谷人】（俗）

[书证] 陈望有《没记号的标志》："成立纪念馆，不是只为旅游设点，大目的是要我们的下一代懂得创业的艰难，增强'吃水不忘打井人，吃米不忘种谷人'意识。"

[释义] 喝水时要想到打井人的艰苦劳动，吃米时不会忘记种谷人锄禾日当午的汗水。指教育下一代要珍惜劳动成果，要有感恩意识。

【行路难，不在水，不在山，只在人情反复间】（雅）

[书证] 唐·白居易《太行路》诗："君不见，左纳言，右纳史，朝承恩，暮赐死。行路难，不在水，不在山，只在人情反复间。"

[释义] 说行路艰难，不是指山高路险，而是指在那没有正义的人生道路上，人情反复，朝三暮四，阴险毒狠，缺少坦率与信诚。

【危难见人心】（俗）

[书证] 窦孝鹏《崩溃的雪山》七二："如今闪得他只剩下了孤零零的十几个人马。攻，形不成凌厉的火网；守，组不成坚固的防线。真有一种半

道上被人打断腰脊的感觉。唉，'危难见人心'，生死关头辨忠奸呀，这个狗索康！"

［释义］在危险和灾难面前，才能识透一个人的本质。指在大灾大难中，最能辨别人的忠奸。

【衣莫若新，人莫若故】（雅）

［书证］《晏子春秋·内篇杂上》："景公与晏子立于曲潢之上。晏子称曰：'衣莫若新，人莫若故。'公曰：'衣之新也，信善矣；人之故相知情。'"

［释义］莫若：没有什么比得上。穿衣服，只有新的好；与人相处，只有旧的好。指交往越故旧，彼此了解越多，越能达到知心。

【交人交心，浇树浇根】（俗）

［书证］浩然《艳阳天》五〇章："交人交心，浇树浇根。人不能不讲良心，也不能不识抬举。"

［释义］交朋友要交知心朋友，这同浇树要浇根是同样道理。交友不交心，那是熟悉的陌路人，彼此都无益处。浇树不浇根，毫无补于树的滋长，等于不浇。指结交朋友贵在知心，肝胆相照。

【交不忠兮怨长】（雅）

［书证］《楚辞·九歌·湘君》："心不同兮媒劳，恩不甚兮轻绝。石濑兮浅浅，飞龙兮翩翩，交不忠兮怨长，期不信兮告余以不闲。"

［释义］指交友必须慎重，不轻交，不滥交。一旦成为朋友，彼此间必须诚信，必须忠实。如果交友不忠，那就必然会生发种种怨怒，破坏友情，伤害心灵。

【好汉护三村，好狗护三邻】（俗）

［书证］刘流《烈火金钢》一三回："常言说'好汉护三村，好狗护三

邻'哩！我何世昌虽然不敢说是好汉，难道我连一条好狗都不如吗?"

[释义] 有本领的男子汉能维护周围村庄的利益，好狗能保卫周边邻居的安全。指英雄好汉勇于主持公道，维护人民群众的切身利益。

【好动扶人手，莫开杀人口】（俗）

[书证] 清·汪辉祖《续佐治药言》："谚云：'好动扶人手，莫开杀人口。'居幕席者，更当三复此言。"

[释义] 扶：扶持、帮助。多做些扶助他人的好事，不要说伤害别人的话。指做人应有同情心，多做善事，勿起恶念。

【好朋友勤算账】（俗）

[书证] 余秀《请客》："我说老五，别这样争来争去的！今天该我请客，这钱自然该我掏包；下次该你，你出就是了。人们常说：'好朋友勤算账。'不要在钱财手续上弄成一锅粥。"

[释义] 朋友再好，钱财手续要清楚。指朋友之间交情再深，彼此尽管形同一人，但钱财交往仍必须你为你，我为我，分得一清二楚。

【好话一句三冬暖】（俗）

[书证] 司空明《语言的效果》："常言道：'好话一句三冬暖。'人到老年，即使是子女的一句贴心话，他们在精神上也会得到满足。"

[释义] 三冬：严寒的冬天。一句体贴人心的顺气话，使人在严冬也感到温暖。指说话要特别注重语言效果。通情达理的贴心话，能给人排忧解难，使人心情舒畅。

【好借好还，再借不难】（俗）

[书证]《西游记》一六回："天王收了道：'大圣至诚了。我正愁你不还我宝贝，无处寻讨，且喜就送来也。'行者道：'老孙可是那当面骗物之人？这叫做好借好还，再借不难。'"

［释义］借人东西，要及时归还，有了诚信，才好再借。指借物必须要讲信用。

【好搁不如好散】（俗）

［书证］李準《瓜棚风月》一〇："买卖不成仁义在，老丁干得也不错。钱给他算了，好搁不如好散。"

［释义］搁：在一处合作共事。合作做事时和睦相处，不如分散时还保持和气。指凡事合作容易，离散时保持和气不易，贵在善始善终。

【妇女能顶半边天】（俗）

［书证］李準《李双双》二章："人家说：'妇女能顶半边天，离了妇女没吃穿！'别的不说，今年这棉花能不能保证丰产，这全看妇女们了。"

［释义］半边天：一半天下。在社会生活中，妇女所做出的贡献，不比男子少，也不比男子差。指小看妇女的观念是历史的罪过，要是缺了妇女的作用，那历史的车轮就会深陷下去，无法转动，无法向前滚动。

【远亲近邻，不如对门】（俗）

［书证］元·无名氏《冻苏秦》四折："多谢你个山海也似深恩，你便待佯推佯逊，我怎肯不瞅不问。常言道：'远亲近邻，不如对门。'哥也着小生一言难尽。"

［释义］远方的亲戚，近处的邻居，都没有对门照应更方便。指社会人群的相处环境，距离越近，彼此照应越方便，因此越应重视这种关系。

【攻人之恶毋太严，要思其堪受；教人之善毋太急，当使其可从】（雅）

［书证］明·郑瑄《昨非庵日纂·坦游》："逆我者，只消宁省片时，便到顺境，方寸寥廓矣。故少陵诗云'忍过事堪喜'。攻人之恶毋太严，要思其堪受；教人之善毋太急，当使其可从。"

［释义］批评人要考虑人的接受能力，太严了不会有好效果；劝人为善

标准不要太高，太高了难以达到，反会却步不前。

【还债容易还情难】（俗）

［书证］高晓声《水底障碍》三："张雨天哈哈大笑，回敬道：'还债容易还情难哪！你我就不必客气了吧。'便一手握着钢丝钳，一手攀住篙子，双脚轻轻一跳，潜入河底去。"

［释义］情：人情。还清债务容易，人情债却是难以报答的。指人与人之间的情谊比钱财更珍贵。

【投我以木桃，报之以琼瑶】（雅）

［书证］《诗经·卫风·木瓜》："投我以木瓜，报之以琼琚。匪报也，永以为好也。投我以木桃，报之以琼瑶。匪报也，永以为好也。"

［释义］琼瑶：美玉。别人投送给我不值钱的木桃，我定要用价值昂贵的琼瑶回报他。指人必须有知恩报恩的意识，而且尽可能做到低受恩，高回报。

【利害心愈明，则亲不睦；贤愚心愈明，则友不交】（雅）

［书证］《关尹子·三极》："利害心愈明，则亲不睦；贤愚心愈明，则友不交；是非心愈明，则事不成；好丑心愈明，则物不契。是以圣人浑之。"

［释义］利害分得太清，亲人之间也难得和睦；贤愚分得太清，朋友之间就难共往来。指世间万事万物，有界限也有联系，绝对的观点是行不通的。

【我自讳过，安得有直友；我自喜谀，安得无佞人】（雅）

［书证］清·申居郧《西岩赘语》："酒肉场中无修士，富贵之家无直友。我自讳过，安得有直友；我自喜谀，安得无佞人。"

［释义］讳：忌讳。佞：奸佞。忌讳说自己过错的人，自然不会有直言谏诤的朋友；喜欢别人向自己献殷勤说奉承话的人，自然就会招来邪佞小人

亲近你。

【我有十指，有长有短；如何使人，要我意满】（雅）

［书证］清·张维屏《古歌谣辞》："尔勿恃强，转眼夕阳。北邙荒郊，上有牛羊。我有十指，有长有短；如何使人，要我意满。"

［释义］人的十个手指头，有长的也有短的，可见任何人事，都不可能一模一样。指不要用自己的标准去要求别人，那不合事物的规律。

【牡丹虽好，全仗绿叶扶持】（俗）

［书证］《红楼梦》一一〇回："俗话说的，'牡丹虽好，全仗绿叶扶持'，太太们不亏了凤丫头，那些人还帮着吗！"

［释义］牡丹花色红艳丽，还靠绿叶来映衬。喻指再有本领的人，也需要别人的帮扶和协助。如果失去那些扶持协助的人，再大的英雄也是孤掌难鸣。

【你敬我一尺，我敬你一丈】（俗）

［书证］黄谷柳《虾球传》二部一章："九叔，你听着，我们出来捞世界，'你敬我一尺，我敬你一丈'，你要眉精眼企，醒定一点呀！"

［释义］敬：敬重。你能敬重我一尺，我以十倍回报。指交往中你对我有恩，我将加倍报答。旧时江湖人的交际语。

【近者不亲，无务来远；亲戚不附，无务外交】（雅）

［书证］《墨子·亲士》："是故置本不安者，无务丰末。近者不亲，无务来远；亲戚不附，无务外交。事无始终，无务多业；举物而暗，无务博闻。"

［释义］亲近者关系疏远，你就不要希望远处的人和你亲密无间；亲戚之间都不依附，你就不要希望交往很广阔。指亲情是根本，必须加固。

【邻居眼睛两面镜，街坊心头一杆秤】（俗）

［书证］《歧路灯》八〇回："俗话道：'邻居眼睛两面镜，街坊心头一杆秤。'大相公近来日子薄了，养不住许些人，不如善善的开发了几个，何必强留他们，生相公的气？"

［释义］邻居眼睛像镜子般照得清清楚楚，街坊的心中都有衡量是非的秤，看得公平。指每个家庭的经济状况，邻居街坊都十分清楚。

【穷鸟入怀，仁人所悯】（雅）

［书证］北齐·颜之推《颜氏家训·省事篇》："穷鸟入怀，仁人所悯，况死士归我，当弃之乎？伍员之托渔舟，季布之入广柳，孔融之藏张俭，孙高之匿赵岐，前代之所贵，而吾之所行也。"

［释义］被猛禽追急的小鸟，扑到人的怀抱，有慈悲心肠的人也会怜悯保护的。指人人都有怜悯之心。

【君子赠人以轩，不若以言】（雅）

［书证］《晏子春秋·内篇杂上》："曾子将行，晏子送之曰：'君子赠人以轩，不若以言。吾请以言乎，以轩乎？'曾子曰：'请以言。'"

颜之推

［释义］轩：古时一种华美的车。君子赠送人一辆华美的车，不如赠送人一番珍贵的话。指至理名言比什么都珍贵。

【非宅是卜，惟邻是卜】（雅）

［书证］《晏子春秋·内篇杂下》："晏子使晋，景公更其宅，反则成矣。既拜，乃毁之而为里室，皆如其旧，则使宅人反之，且谚曰：'非宅是卜，惟邻是卜。'二三子先卜邻矣，违卜不祥。"

［释义］卜：占卜，选择。选择住所，不在于选择好的宅院，而在于选择好的邻居。指有个好邻居，比有个好宅院更令人满意。

【和为贵】（雅）

［书证］《论语·学而》："礼之用，和为贵。先王之道，斯为美，小大由之。"

［释义］原指礼的作用，以中和、恰当为可贵，即不偏不倚，合乎中庸之道。以后，和为贵的含义延伸很广，更多的是运用在人际间的种种关系上，总在强调和睦、和气与和谐。

【物必先腐也，而后虫生之；人必先疑也，而后谗入之】（雅）

［书证］宋·苏轼《论项羽、范增》："物必先腐也，而后虫生之；人必先疑也，而后谗入之。陈平虽智，安能间无疑之主哉！"

［释义］物类生蠹虫，必定是自身先腐朽，然后导致虫生。同样的道理，谗言之所以间离人际间的关系，总是由于彼此间先有了猜疑，然后谗言才得以施展。指人无疑心，谗言不入。

【金乡邻，银亲眷】（俗）

［书证］刘操南等《武松演义》三回："俗话说：'金乡邻，银亲眷。'兄嫂在此居住，全仗王干娘照顾了。"

［释义］亲眷：亲戚。乡邻如金子，亲戚如银子。指再好的亲戚，也比不上乡邻的可贵；也指在人际交往中，数了乡邻就数亲眷。

【朋而不心，面朋也；友而不心，面友也】（雅）

［书证］汉·扬雄《扬子法言·学行篇》："朋而不心，面朋也；友而不心，面友也。或谓子之治产，不如丹圭之富。曰：吾闻先生相与言，则以仁与义；市井相与方，则以财与利。"

［释义］指交朋友贵在交心。能交心的朋友才是真朋友，达不到交心程

度的朋友，那都是世俗的表面交往。

【单丝不线，孤掌难鸣】（俗）

[书证]《西游记》七五回："师父，你也忒不通变。常言道：'单丝不线，孤掌难鸣。'那魔三个，小妖千万，教老孙一人怎生与他赌斗？"

[释义]一根丝合不成线，一个手掌拍不响。喻指单身一人，寡不敌众，无法取得成功。也常指一方发起，得不到回应，形不成气候。

【要成好人，须寻好友；引酵若酸，那得甜酒】（雅）

[书证]明·吕得胜《小儿语》："要成好人，须寻好友；引酵若酸，那得甜酒。老子终日浮水，儿子做了溺鬼；老子偷瓜盗果，儿子杀人放火。"

[释义]酵：酵母。指要想使子弟成个好人，就必须给他找个好朋友经常帮助他，影响他。这就像酿酒一样，引酵如果发酸，就绝对造不出好酒来。

【是灰比土热，是盐比酱咸】（俗）

[书证]梁斌《播火记》三六："老战友们都围上来看着，低下头，一声不响，偷偷地饮泣。'是灰比土热，是盐比酱咸'，他们想尽可能为老战友分担一点创痛。"

[释义]灰：火刚熄灭后的热灰。酱：面粉发酵后晒制成的食品。灰总比土有热量，盐总比酱有咸度。指亲朋好友的感情，总比一般人际关系要亲热得多。

【哪个人也不全，哪个车轮也不圆】（俗）

[书证]姜树茂《海岛怒潮》四章："与人共事要先看到人家的长处，再去帮助人家改正缺点。人常说'哪个人也不全，哪个车轮也不圆'，十个指头还不一般齐，谁还能没个缺点！"

[释义]无论谁也不会全面优秀，正像哪个车轮都不会绝对圆一样。指

人有优点也有缺点，对人不可求全责备。

【种禾得稻，敬老得宝】（俗）

［书证］程立言《敬老院巡礼》："俗话说：'种禾得稻，敬老得宝。'年轻人应当把敬老当作一种美德，在敬中学，在学中得，以便尽快地充实和提高自己。"

［释义］栽种禾苗，收获的是稻米；尊敬老人，得到的是宝贵的社会经验。指向老年人请教，就能少走弯路，学到宝贵的经验。

【独学而无友，则孤陋而寡闻】（雅）

［书证］《礼记·学记》："发然后禁，则扞格而不胜：时过然后学，则勤苦而难成；杂施而不孙，则坏乱而不修；独学而无友，则孤陋而寡闻。"

［释义］学问的获得，靠学也靠问。要问，就得靠彼此探讨商磋。如果一个人独自学习，必然限于孤陋寡闻。指有效的学习，离不开同学间的相互研讨。

【亲不亲，故乡人；美不美，乡中水】（俗）

［书证］《金瓶梅词话》九二回："常言：'亲不亲，故乡人；美不美，乡中水。'虽然不是我兄弟，也是我女婿人家。"

［释义］不论是否沾亲带故，是故乡人的就亲；不论水质苦甜，是故乡水就甜。指人人都有热爱故土的情结。

【亲者割之不断，疏者续之不坚】（俗）

［书证］《明史·列传·高巍》："燕举兵两月矣，前后调兵不下五十余万，而一矢未获，谓之国有谋臣可乎？……谚曰'亲者割之不断，疏者续之不坚'，殊有理也。"

［释义］是亲密的关系，割也割不断；是疏远的关系，强拉近乎也不牢固。指交往的亲密与疏远，顺其自然，勉强不得。

【亲戚明算账，父子钱财清】（俗）

[书证] 傅狄《泰山剑》四："'你们这些知识分子就爱动心思，吃半年，就把舅舅吃穷啦?''俗话说亲戚明算账，父子钱财清，何况您和我还是舅甥关系!'"

[释义] 亲戚间钱财往来也要算在明处，父子间钱财也要清楚分明。指亲戚间、父子间关系再密切，钱财也要一清二楚，说到明处。

【亲望亲好，邻望邻好】（俗）

[书证] 陈登科《风雷》一部二〇章："你是个能干的人，也是个通情达理的人，俗话说'亲望亲好，邻望邻好'，我们也不过是希望你们好，才劝说你们的。"

[释义] 亲戚邻居之间，都希望对方生活美满。指亲戚、邻居相处，总都怀着美好愿望：只有祝福，没有怨怒。

【施人慎勿念，受恩慎勿忘】（雅）

[书证] 梁孝元帝《金楼子·戒子篇》："金人铭曰：'无多言，多言多败；无多事，多事多患。'崔子玉座右铭曰：'无道人之短，无说己之长。施人慎勿念，受恩慎勿忘。'"

[释义] 施恩给别人，千万不要记在心，这是一个人的高尚风格。受到别人的恩惠，千万不可淡忘，须知恩报恩，这是一个人的道德底线。

【闻过怒，闻誉乐，损友来，益友却。闻誉恐，闻过欣，直谅士，渐相亲】（雅）

[书证] 清·贾存仁《弟子规》："才大者，望自大，人所服，非言大，闻过怒，闻誉乐，损友来，益友却。闻誉恐，闻过欣，直谅士，渐相亲。"

[释义] 听到批评就恼怒，听到赞扬就高兴，如此，邪友就来了，好友就退了。听人赞扬就警惕，听人批评就欣喜，如此，正直笃实的朋友自会向

你靠拢。

【闻谤而怒者，谗之由也；见誉而喜者，佞之媒也】（雅）

[书证] 隋·王通《文中子中说·魏相篇》："文中子曰：'闻谤而怒者，谗之由也；见誉而喜者，佞之媒也。绝由去媒，谗佞远矣。'"

[释义] 谗：谗言，说别人的坏话。佞：奸佞，用甜言蜜语谄媚人。一听到诽谤自己的话就发怒，这最容易招来谗言；一见到赞誉自己的人就高兴，这最容易引来谄媚。指闻谤不怒，见誉不喜，才是真人。

【结交莫学三春桃，因风吐艳随风飘】（雅）

[书证] 清·夏九叙《结交行》诗："结交莫学三春桃，因风吐艳随风飘。结交莫学十七月，昨日团栾今日缺。"

[释义] 指交友贵相知心，贵始终如一。要是像三月里的桃花，在春风的吹拂下开起艳丽的鲜花，又在春风的吹拂下四散飘落，那，这种交情，是很轻贱的，是要不得的。

【绝交令可友，弃妻令可嫁】（雅）

[书证] 汉·班固《白虎通·谏诤》："问曰：'妇有七出，不烝亦预乎？'曰：'吾闻之也：绝交令可友，弃妻令可嫁也。黎烝不熟而已，何问其故乎？'此为隐之也。"

[释义] 和人断绝交往，也要给人留下再交朋友的余地；抛弃妻子，也要给她留下再嫁人的余地。指对任何人都要有宽恕的情怀，不可把事做绝。

【挨上染坊尽点子，挨上铁匠尽眼子】（俗）

[书证] 吕胜才《交友之道》："老话常说：'挨上染坊尽点子，挨上铁匠尽眼子。'想想看，一个人成天和赌徒在一起纠缠，能不上赌场玩两把？"

[释义] 靠近染坊，衣服上溅到颜料斑点多；靠近铁匠，衣服上溅到火星孔眼多。喻指人受环境的影响是不可避免的。

【挨金似金，挨玉似玉】（俗）

［书证］《儿女英雄传》三七回："俗话说：'挨金似金，挨玉似玉。'今番亲家太太的谈吐就与往日大不同了。"

［释义］挨：挨近、接近。挨近金像金，挨近玉像玉。比喻同文明人物接近，就会变得追求文明。指人际交往的选择很重要，接近什么人，就容易改变你的生活习性。

【恩人相见，分外眼青】（俗）

［书证］《石点头》卷一二："只见一个女人走将入来。举眼看时，不是别人，乃是结拜姐姐姚二妈。常言：'恩人相见，分外眼青。'徐氏一见知心人，回嗔作喜。"

［释义］眼青：眼珠在中间，目光饱含尊敬与喜悦。指与恩人相见，内心的感激兴奋，通过眼神传达得格外分明。

【恩欲报，怨欲忘，报怨短，报恩长】（雅）

［书证］清·贾存仁《弟子规》："恩欲报，怨欲忘，报怨短，报恩长。将加人，先问己；己不欲，即速已。"

［释义］欲：要。受到别人恩惠的，必须牢记，必须加倍报答，要知道"知恩不报枉为人"的道理，不可淡忘。和别人有怨仇的，尽量淡化，尽量消除，要知道能消怨消仇的才算得大度能容。

【钱可以买到伙伴，但买不到朋友】（俗）

［书证］郑亚男《朋友与金钱》："钱可以买到谄媚，但买不到尊敬。钱可以买到伙伴，但买不到朋友。看来，金钱的功能是有限的，所谓金钱万能，实在是被夸大了的。"

［释义］钱能买到吃喝相随的同伙，却买不到肝胆相照的知心朋友。指志趣相投的知己朋友是金钱买不到的。

【爹娘亲，娘舅亲，打断骨头连着筋】（俗）

［书证］阎丰乐《县委书记》一一章："常言'爹娘亲，娘舅亲，打断骨头连着筋'，人家是亲娘舅，家务事不好插手。"

［释义］娘舅：即舅父。按照传统，在各种亲戚关系中，外甥与舅父关系最亲密，接近于爹娘亲的，就数娘舅亲。即使骨头打折，还有筋连着，形容与娘舅的关系不可断绝。

【爱生于公则遍，生于私则偏】（雅）

［书证］明·李梦阳《空同子·论学上篇》："爱生于公则遍，生于私则偏，生于真则淡而和，生于伪则秾而乖，生于义则疏而切，生于欲则昵而疑。"

［释义］爱，如果从公出发，那这爱就带着普遍意义；如果从私出发，那这爱就带着私情成分。指爱分广狭，情有公私。

【冤仇可解不可结】（俗）

［书证］《水浒传》三三回："自古道：'冤仇可解不可结。'他和你是同僚官，虽有些过失，你可隐恶而扬善。"

［释义］冤仇只可化解，不可再继续加深。指化解冤仇，就会得到和谐相处；如果相报，不断加深冤仇，那将永无宁日，双方深受伤害。

【染于苍则苍，染于黄则黄】（雅）

［书证］《墨子·所染》："子墨子见染丝者而叹曰：'染于苍则苍，染于黄则黄，所入者变，其色亦变，五入而已则为五色矣，故染不可不慎也。非独染丝然也，国亦有染。'"

［释义］苍：青色（包括蓝和绿）。素丝入到青色染料中，就染成了青的；入到黄色染料中，就染成了黄的。喻指人接近什么样的人或环境就会接受习染，成为什么样的人。

【黄金有疵，白玉有瑕】（雅）

［书证］《孔子集语·公父文伯》："黄金有疵，白玉有瑕。事有所疾，亦有所徐；物有所拘，亦有所据；网有所数，亦有所疏。人有所贵，亦有所不如。何而可适乎？物安可全乎？"

［释义］疵：疵点，毛病。瑕：玉上斑点。黄金最贵，也有疵点；白玉至宝，也有斑点。喻指任何人，任何事物，都不免有这样那样的缺欠，不可求全责备。

【推心置腹，人莫能间】（雅）

［书证］宋·司马光《应诏言朝政阙失状》："推心置腹，人莫能间。虽齐桓公之任管仲，蜀先主之任诸葛亮，殆不及也。"

［释义］推心置腹：推我心置你腹中，极言彼此间的诚实与信任。间：挑拨离间。指人际间的关系如果能达到推心置腹的程度，亲密无间，无限信任，那任何人也无法从中挑拨离间。

【辅车相依，唇亡齿寒】（俗）

［书证］《左传·僖公五年》："虢，虞之表也，虢亡，虞必从之。晋不可启，寇不可玩，一之谓甚，其可再乎？谚所谓'辅车相依，唇亡齿寒'者，其虞、虢之谓也。"

［释义］辅：颊骨。车：牙床。颊骨与牙床是互为表里的。嘴唇受损，牙齿就失去了保护。喻指双方相互依存，相互支撑，失去一方则另一方就会相继灭亡。

【做好人，做好官，做名将，都要好师、好友、好榜样】（雅）

［书证］清·曾国藩《治兵语录》："做好人，做好官，做名将，都要好师、好友、好榜样。胸怀广大，须从平淡二字用功。人我之际，须看得平；功名之际，须看得淡。"

[释义] 指做好人，做好官，做名将，都不是单凭有好的愿望就能实现的，必须有好师的教导，有好友的帮助，有好榜样的引导，才能实现。

【得人一牛，还人一马】（俗）

[书证] 王岭群《黑网下的星光》二二章："得人一牛，还人一马。他觉得这是天经地义、顺理成章的事。要是有恩不报，那还有良心吗?"

[释义] 接受了别人一头牛的恩惠，要用一匹马的价值去加倍偿还。指知恩报恩，这是出于人的良心良知；受恩加倍偿还，更是人的文明行为。

【得人钱财，与人消灾】（俗）

[书证] 元·李行道《灰阑记》二折："常言道：'得人钱财，与人消灾。'如今马员外的大娘子告下来了，唤我们作证见哩。"

[释义] 得到了别人的钱财，就要替别人消除灾祸。指人不能无缘无故接受别人的礼物，既认为收下是合情合理的，那就得为别人办事。

【得放手时须放手，得饶人处且饶人】（俗）

[书证] 元·关汉卿《窦娥冤》二折："既然有了药，且饶你吧。正是：得放手时须放手，得饶人处且饶人。"

[释义] 对别人能宽容的时候就宽容，能饶恕的时候就饶恕。指待人处事要有胸怀，有度量，不刻薄，不报复。

【善人同处，则日闻嘉训；恶人从游，则日生邪情】（雅）

[书证]《后汉书·爰延传》："夫爱之则不觉其过，恶之则不知其善，所以事多放滥，物情生怨。故王者赏人必酬其功，爵人必甄其德。善人同处，则日闻嘉训；恶人从游，则日生邪情。"

[释义] 和善人相处，每天听到的都是良言劝告；和恶人相处，每天受到的都是邪恶影响。指交游必须慎之又慎。

【善气迎人，亲如兄弟；恶气迎人，害于戈兵】（雅）

[书证]《管子·心术》:"外见于形容,可知于颜色。善气迎人,亲如兄弟;恶气迎人,害于戈兵。不言之言,闻于雷鼓;金心之形,明于日月。"

[释义] 以和善的心态待人,就会亲如兄弟;以凶恶的面孔待人,就会视如仇敌。指待人接物,贵在和睦亲善。

【善用人的,是个人都用得;不善用人的,是个人都用不得】(雅)

[书证] 明·吕坤《呻吟语》:"善用人的,是个人都用得;不善用人的,是个人都用不得。你说的是,我便从。我不是从你,我是从是,何私之有?"

[释义] 古人说"用人如器",只用其长,不计其短,如此,人人都可用。要是吹毛求疵,人人都有缺陷,那还不是"是个人都用不得"?

【路遥知马力,日久见人心】(俗)

[书证] 元·无名氏《争报恩》一折:"便是印板儿也似印在我这心上,则愿得姐姐长命富贵。或有些儿好歹,我少不得报答姐姐之恩。可不道'路遥知马力,日久见人心'。"

[释义] 路途遥远,才能识别出马的耐力;长期相处,才能观察出人的心术。指识别一个人的善恶,要经历长期的交往与观察。

【跟着好人学好人,跟着巫婆跳假神】(俗)

[书证] 赵新《张王李赵》一七:"常言说的:'跟着好人学好人,跟着巫婆跳假神。'你不看看你们诗歌组那些圪渣烂柴的货!桃儿,要不小心,你以后准得成了河西店的'王三姐'!"

[释义] 巫婆:以装神弄鬼给人看病的婆子。跟着好人,就能学好样;跟着巫婆就只能装神弄鬼。指青少年接近人很重要,善人会把你带好,恶人会把你带坏。

【竭诚则胡越为一体,傲物则骨肉为行路】(雅)

[书证]《旧唐书·列传·魏征》："夫在殷忧必竭诚以待下，既得志则纵情以傲物。竭诚则胡越为一体，傲物则骨肉为行路。"

[释义] 胡越：胡在北边，越在南鄙。骨肉：骨肉亲情，如父子兄弟的血统关系。行路：路上行人，彼此不认识。指人能竭尽信诚，远在北胡南越的人也能亲如一家。如果狂傲无礼，即使骨肉亲人也会疏远得如同路人。

【疑心生则计较多，私心生则好恶偏】（雅）

[书证] 清·曾国藩《家书·致温弟沅弟》："疑心生则计较多，私心生则好恶偏。计较多而出纳各矣，好恶偏而轻重乖矣。"

[释义] 计较：争长计短的心理。好恶：喜爱与憎恶。人一旦有了猜疑心，计较利害就多了；一旦生了自私心，爱恶的感情就有了偏重。指一家人相处，贵在坦诚相待，大度能容。

第十三章　践行孝道

一、孝是智者的选择

善事父母，乐在其中

假如我们面对一道选择题，让你选择是做一个孝子，还是一个不孝子，肯定没有人会选择后者。孝子不仅是我们每个人应该努力成为的，同时也是一种荣誉。一个人倘若得到这样的荣誉，即便没有像古代那样被加官晋爵，但亦能安慰一个人的付出，足矣。

就像得到一个功名一样，得到"孝子"的称谓也需要付出极多的代价，甚至超过其他的荣誉。因为孝子有终生的事业，也是一个需要自我牺牲的事业。而人的天性中有自私的成分，除了父母对子女毫无保留不求回报的爱之外，哪怕是子女对父母，因为长久的相处以为一切理所当然，当需要自己付出的时候难免会有一些抱怨。

但是，我们的良知和道德都不允许我们不努力成为一个孝子。对于有着喜怒哀乐的常人而言，家里有一个生病的母亲，有一个痴呆的父亲或者有赌博成性的父母都是一件痛苦的事情，但即使是这样，我们也不能选择父母，必须去成为一个孝子，这时候就真的需要一些智慧，这时候的人都是需要帮助和安慰的人。

孝顺不是不得不如此的事情，而是必须如此的事情。当然，孝顺还会给你带了意想不到的收获，且不说郭巨埋儿之后得到上天赐予的黄金，或者是董永卖身葬父得到七仙女的青睐这种意外的收获，至少你在灵魂上是安稳的，而这正是为人处世最高一级的智慧。

从前，有一个珠宝商很有名，要说他出名的原因，不是由于他收藏的珠宝多，而是因为他的优秀品质。

一天，几个老人找他买一些宝石，老人来到珠宝商的家，说出他们需要的宝石，同时给出了一个合理的价格。可是珠宝商说现在不能看那些宝石，请老人过一会儿再来。

老人认为珠宝商有意拖延，好以这个借口提高价格，他们不愿多耽搁，于是给出了双倍的价钱，珠宝商还是不愿意出示珠宝，老人只好出三倍的价钱，可是珠宝商还是不接受，这些老人只好怒气冲冲地走了。

几小时之后，珠宝商找到几位老人，把他们需要的宝石摆在桌子上。老人给出他们所报最高价的钱，珠宝商却说："我只收你们早晨给出的合理价格。"

老人们奇怪地问："既然如此，你那时候干吗不做这一笔生意呢？"

珠宝商说："你们早晨来的时候，我父亲正在睡觉，宝石柜的钥匙在他身上，要拿宝石只能叫醒他。父亲年龄已经很大了，而且现在身体也不是很好，安稳的午休对于他来说是很重要的。所以一般在他老人家午睡的时候，我从来不打扰他。即使你们给我全世界的金钱，我也不能打扰父亲的休息。"

珠宝商的话深深地打动了这些老人，他们动情地拍着珠宝商的肩膀说："你这样敬爱父母，将来你的孩子也会这样敬爱你。"

再名贵的珠宝，即使价值连城，也还可以明码标价。但是一颗孝顺父母的心灵，却是无价之宝，无人能为它标上确切的价格。

我们在一天天成长，父母却在一天天苍老，拿什么报答他们的养育之恩？我们做儿女的就要做父母高兴、舒服的事儿，让他们乐在其中。

动物之孝

乌鸦是我们传统文化中的不祥之物，它通体漆黑、面貌丑陋，遇到乌鸦被认为是不吉利的事情。但它也有一种被人称赞的美德——养老、爱老。

《本草纲目·禽部》载："慈乌：此鸟初生，母哺六十日，长则反哺六十日。"乌鸦在母亲的哺育下长大后，当母亲年老飞不动的时候，成长起来的乌鸦便将觅来的食物喂到母亲的口中，回报母亲的养育之恩。很多人在幼儿园阶段都学过一首歌："妈妈老了不能飞，眼里含着泪哗哗。想起妈妈喂过我，拍拍翅膀飞天下，捉来小虫我不吃，亲亲妈妈喂给它。"这首称赞乌鸦懂得报恩的儿歌，也在教育孩童应该明白将来自己长大应和乌鸦一样照顾年老的父母。

清代一位官员就曾用乌鸦反哺的典故来教育发生纠纷的家庭问题，这个官员的名字叫作邓钟岳，字东长，号悔庐。他博览群书，尤对《易》《礼》有深入研究。康熙四十七年（1708 年）中举人，十三年之后登进士一甲第一，入翰林。邓钟岳两次充任江南正考官，在浙江时，曾训示诸生："耻为羞恶之本，干谒标榜、颂辞连篇，或因细故，骨肉成隙，耻何在焉。"

有一对沈氏兄弟因为家产而对簿公堂，邓钟岳所写批文如下：

"鹁鸽呼雏，乌鸦反哺，仁也；鹿得草而鸣其群，蜂见花而聚其众，义也；羊羔跪乳，马不欺母，礼也；蜘蛛罗网以为食，蝼蚁塞穴以避水，智也；鸡非晓而不鸣，燕非社而不至，信也。禽兽尚有五常，人为万物之灵，岂无一得乎！以祖宗遗产之小争，而伤弟兄骨肉之大情。兄通万卷应具教弟之才，弟掌六科岂有伤兄之理？沈仲仁，仁而不仁，沈仲义，义而不义！有过必改，再思可矣！兄弟同胞一母生，祖宗遗产何须争？一番相见一番老，能得几时为弟兄？"

沈氏两兄弟看到邓钟岳的批文，又羞又愧，旁人也将这则文章记录下来，传给后人。邓钟岳所引用的动物的各种美德，也成为我们称赞的楷模。唐朝诗人白居易曾经写过一首《慈乌夜啼》，来歌颂孝顺的鸟——乌鸦。

慈乌失其母，哑哑吐哀音，

昼夜不飞去，经年守故林。

夜夜夜半啼，闻者为沾襟；

声中如告诉，未尽反哺心。

百鸟岂无母，尔独哀怨深。

应是母慈重，使尔悲不任。

昔有吴起者，母殁丧不临，

嗟哉斯徒辈，其心不如禽！

慈乌复慈乌，鸟中之曾参。

这首诗的意思是说，那些不孝顺的人如吴起连乌鸦都不如，乌鸦在母亲逝去之后，还一直守护着它生前待过的林子，夜夜悲啼，就像在懊悔自己没有尽到孝顺母亲的责任一样。李密在《陈情表》中也曾写道："乌鸟私情，愿乞终养。"以此来表明自己回家侍奉祖母的决心。

孝顺对于乌鸦，也许只是一种本能和天性，而我们为人的天性和本能中也应该是有孝、仁、信、义的，但是复杂的社会生活让我们有时候会违背自己的天性和良知，甚至做出残忍的举动。

明初文学家宋濂在其著作《猿说》中讲述了这样的一个故事：

在福建武平地区，盛产一种猿猴，这种猿猴的毛十分像闪闪发光的金丝，看起来十分漂亮。小的猿猴性格特别温顺，从不离开母亲，而母猴非常机敏，对小猴子保护得非常好。

有一次，猎人在箭上涂了毒，趁着母猴放松警惕的时刻，一箭射中了它。母猴知道自己活不长了，就拼命地挤出自己的乳汁，洒在林间的石头上，以留给幼猴吃。当母猴把乳汁挤尽后，自己也气绝身亡。

为了抓住幼猴，猎人就用皮鞭打母猴，小猴看着这个情景，就哀叫着从树上跳下来，落入猎人的圈套。小猴每天只有枕着母亲的皮才能睡着，更有的抱着母猴的皮心痛得乱蹦乱跳，直至死去。

猿猴尚且知道有母亲，人也有母亲，却利用动物的母子相顾之情设下陷阱牟利，何其残忍！而对年老的父母不管不顾，又何其冷酷。

非洲有一种山羊，懂得尊敬"长者"。年轻的山羊绝不会盛气凌人，欺负年长的山羊，而是处处表现出对长者的尊敬。只要有一头年老的山羊在场，其他的山羊都不会躺倒在地上。如果偶尔有个不懂礼貌的小山羊躺倒在地，那么，周围的山羊就会督促它赶快站起来。有的小山羊还会亲昵地走上前去，为老山羊舔毛。

山羊反哺是众所周知的事实。当老山羊行动已经老迈迟缓的时候，小山羊绝不会丢下自己的父母不管，而是主动承担起照顾老山羊的责任。尤其在百草枯萎、食物难觅的时候，小山羊绝不会独享自己费尽辛苦找来的食物，而是先拿去让老山羊吃。

小山羊反哺的精神值得我们深思，作为子女，如果你有一个幸福的家庭，如果你有爱你的爸妈，那么一定要珍惜这段亲情。用自己的力量来抚养他们，像乌鸦反哺一样。

我们对老人物质上要有保障，精神上要有慰藉，竭尽全力地为辛劳了一生，养育了我们的父母营造一个美好晚年。

生活在文明社会的每一个人，都应树立这样的观念：倘若有一件衣，应先给父母穿；倘若有一口饭，应先给父母吃；倘若有一间房，应先给父母住。因为我们坚信，人生天地间，孝为百行首。羔羊能够跪乳，乌鸦尚且反哺，何况人乎！

沙尘滚滚之中，一大一小的两只像拼命地奔跑。当猎人的枪声响起，大象山崩般轰然倾斜。那只本来可以逃命的小象却在那一片飞扬的尘土中掉过头来回到母象的身边。母象终于倒下了，而它庞大身躯恰恰压在小象的身上。

自然界有一种鱼叫黑鱼。当老黑鱼产子后双目暂时失明，小黑鱼出生后便侍奉在老黑鱼左右，一个个争先恐后地往老黑鱼嘴里钻，自我献身以饱母腹，表达孝心。待到老黑鱼的眼睛复明，能捕捉食物了，剩下的小黑鱼才离去。

我们惊叹，我们感动，为天地之间有这样一份孝心而肃然起敬。

孝顺，人内在的静心课

每个人都知道要孝顺父母，但不是每个人都清楚应该怎样去孝顺父母。给父母提供很好的物质条件，只能做到"外安其身"。真正的孝道是要能够"内安其心"。这里的安心，既是安慰父母的心，让他们感到自己存在的价值和重要性，也是安自己的心，不勉为其难，不敷衍塞责，在尽孝的过程中，也享受人生的快乐。

潘岳，字安仁，荥阳中牟人，晋武帝时任河阳县令。他事亲至孝，父亲去世后，他就接母亲到任所侍奉。他喜植花木，天长日久，他植的桃李竟成林。每年花开时节，他总是拣风和日丽的好天，亲自搀扶母亲到林中赏花游乐。

一年，母亲染病，分外想念家乡。潘岳得知了母亲的心愿，马上辞官奉母回乡。虽然同僚再三挽留，劝他趁着现在的时光把握功名机会，但他毫不动摇，说："贪恋荣华富贵，让母亲的晚年过得不开心，那算什么儿子呢？"同僚们也被他的孝心感动。

回到家乡后，母亲的病果然很快痊愈了。没有了俸禄，潘岳就耕田种菜，以卖菜为生，平时专门只买母亲爱吃的食物。他还喂了一群羊，每天挤羊奶给母亲喝。在这样的精心护理下，母亲安度晚年。

潘岳的故事中，值得称赞的不仅仅是他对母亲尽心尽力的照顾，还有他随遇而安、知足而乐的那份心境。

孝顺看起来只是子女对父母的事，但它的影响远涉亲子之外。

有一对夫妻生了一个白白胖胖的儿子，他们对儿子尽心竭力地抚养，孩子一天天茁壮成长。这对夫妻还有一个老母亲与他们同住，平时儿媳老是嫌弃婆婆，不愿意养婆婆，但因为婆婆能帮他们干活，所以媳妇虽有怨言，但还是让婆婆同他们吃住。

年复一年，随着孙子渐渐长大，老奶奶越来越老了，她的腰因为长年的劳作变得弯曲佝偻，再也不能做重活了，而且由于年龄的原因，吃饭的时候常会撒出一些饭粒。这时候，媳妇看婆婆越来越不顺眼，她急于想把婆婆赶出家门，于是总在丈夫面前说婆婆的坏话。时间一长，丈夫也受不了，竟答应妻子赶母亲出门。一天吃过午饭，这对夫妻就把老母亲送到三十里外的山沟里，放下几块饼，让老母亲自生自灭。

没想到回家后，他们发现儿子在村口的大树下坐着。夫妻俩问儿子为什么不回家，儿子说："我在等奶奶，你们现在把奶奶拉出三十里地外，以后我拉你们八十里也不止。"儿子的一番话让夫妻俩顿时明白，自己撇下老母得到的轻松，远不如奉养母亲而内心安宁。他们赶紧回到山沟里把母亲接了回来，从此对母亲非常孝顺。

也有的人，年轻的时候并不觉得自己对父母不好，也没有丝毫的不安。但是每个人都有老了的时候，那时才能明白父母老年真正需要的是什么，也才能反观自己当时做得够不够。生命最公平的地方在于，我们每个人都要经历童年、青年、中年和老年，我们迟早会经历父母那一辈人的心理变化，感到自己渐渐衰老无用，那个时候我们就会知道自己年轻的时候做得对不对，我们的内心才能真正给自己一个评判。而那时，只有真正的孝子才有内心平静的资本。

父母是自己的活菩萨

宋朝人杨黼为人善良，十分喜欢佛家之道，尤其崇拜得道高僧无际和尚，他知道无际大师在蜀中地界，就特意去拜访。走到半路，又累又渴，见到路边有一个老和尚，就上前去打听拜见无际大师还有多远的路，听杨黼说完缘由，老和尚认真地对他说："要想得道，拜见无际还不如直接拜佛呢。"

对此，杨黼十分不解，就问他佛在哪里，自己连无际大师都找不到，更别说佛了。老和尚笑着告诉他，你赶紧回去吧，遇到那个倒穿着鞋子、披着衣服的人，就是见到佛了。杨黼半信半疑地往回走。

第一天晚上，他借宿到一个热情的农户家里，他仔细观察这家人的穿着，发现这家人衣着整洁，也没人倒穿鞋子，不禁心下失望。

第二天晚上，一户家境殷实的地主留他住宿，也没有见到老和尚说的那种人。就这样，又走了三四天，眼看就到家门口，杨黼不禁十分失望，在心里暗暗骂那个老和尚是骗子。他有气无力地敲着自己的门："我回来了。"就在这时，他看到母亲满脸喜色地打开了门。他惊讶地发现，母亲的衣服是披在身上的，而鞋子也竟然是倒穿的！原来，母亲日夜思念儿子，一听到声响，就马上过来给儿子开门，完全没注意到鞋子是倒穿的。

这时，杨黼一下子明白了老和尚的含义，从此就在家里专心侍奉父母，再也没有出去找过佛。因为他知道，双亲就是活佛。

古代人喜欢烧香拜佛以求平安，即使在现代社会，也有很多人喜欢去烧香拜佛，以求得神灵和佛祖的保佑，从而使自己的生活平安、快乐，但是很少有人想到常常向父母问好、请安，其实父母就是我们身边的活佛，如果我们在家里能够全心全意地孝敬父母，就相当于天天拜见了活佛，也就相当于修身了。

《孝经》中说，孝子之有深爱者必有和气，有和气者必有愉色，有愉色者必有婉容。想一想，今天提倡的为人处世要讲究方圆之道、和颜悦色、温婉敦和，不正是一种智慧的生活哲学吗？

忍得了父母啰唆健忘的人，一定忍得了同事和下属一而再、再而三的"骚扰"。也许你正做着手里活儿，突然一个新人过来给你添一段麻烦；也许你已经把自己的事情处理得很好了，公司的前辈过来给你派个小活儿；也许你着急回家，但是有一个项目非得要今天弄完。这些都是我们工作中经常遇到的事情，拿一点点对待父母唠叨的耐心来对待同事，你的工作就会顺利很多。

忍得了父母的错怪和委屈的人，一定忍得了朋友的误解。即便是父母与子女之间，也有误会的时候，更何况是朋友之间呢。父母之间的误解是可以用爱来化解的，朋友之间的误解就需要多一些包容和坦然，自己做了该做的，不要计较也不用解释，就是最好的人生态度。

为父母付出不求回报的人，一定能领悟"吃苦如吃补"的奥妙。本来给父母做的事情，都是自己心甘情愿的，有时候父母不理解，反过来说你几句，心中难免会添堵，但一想这是自己的父母，自己儿时不知道做过多少让他们操心的事情，这点委屈也就不算什么了。付出的多，正好说明自己的价值，也增加自己的阅历和经验。用这样的心情来对待生活中不公平的现实，也没有什么是不能忍受的。

把父母照顾得无微不至的人，更有执行能力去实现自己的人生梦想。照顾父母不是靠嘴上功夫，需要实实在在的行动。父母的饮食起居，一点一滴都要儿女悉心照料。能够做到这些，自然在生活中也能脚踏实地，用行动去改变生活，改变状况。

父母教会我们的太多，我们在孩童时期，得到了爱和支持。成年之后照顾父母，我们懂得了做人和担当。

尊师的人更能学到知识

《弟子规》中有这样一段：

或饮食，或坐走，长者先，幼者后。路遇长，疾趋揖，长无言，退恭立。骑下马，乘下车，过犹待，百步余。长者立，幼勿坐，长者坐，命乃坐。尊长前，声要低，低不闻，却非宜。进必趋，退必迟，问起对，视勿移。

这段话的意思很明了，不论是吃饭喝水，还是入座行走，都要把长辈放在前面，自己在后面。路上遇到长辈或者是年老的人，一定要主动给他行礼。如果长辈没有什么要说的话，你就自己主动退到一边站着，骑马的人遇到长者要下马行礼，乘车的人遇到长者要下车行礼。长辈站着的时候晚辈就不要坐，除非是长辈叫你坐下。对长辈说话的时候不要大呼小叫，但是要保证对方能听清你说什么。回答长辈的问题时，不可左顾右盼，要看着长辈恭恭敬敬地答话。

这些细节，最能体现出晚辈对长辈的尊敬。据说，当年季羡林先生在北大散步的时候，身后常常跟着长长的自行车队伍，原来，大家看到季老散步，就停下来默默地跟在后面，没有人按一下车铃催促。这就是对长辈的尊敬。

而长辈之中，老师就更加值得我们怀着尊敬的心情去对待了。从明朝以后，百姓的家庭中多以"天地君亲师"牌位供于正堂中央，以香火祭祀。"师"的地位仅次于父母亲，还有"一日为师，终生为父"的说法。

"天地君亲师"的来历是怎样的呢？据说，明朝永乐年间（约1404年），三朝元老贾宰相七十大寿。明成祖朱棣和翰林学士解缙相约准备贺礼。解缙对明成祖说："卑职要送一件宝物给贾宰相，让他们家世世代代顶礼膜拜。"两人就打了一个赌，看到底能不能送上这样的礼。明成祖亲笔写了个米筷那么大的"寿"字，令人用金片连夜赶制出来，派人送到了贾府。而解缙送的，正是"天地君亲师"的一张纸，并解释说："有道是：天生我，地载我，君管我，亲养我，师教我。"从此之后，这个风俗就渐渐形成了。

尊师是中国的传统，俗话说"天下状元秀才教"，再优秀的人都是老师慢慢培养起来的，皇帝对老师也要礼让三分，何况普通人呢？

魏昭是东汉时期知名儒家学者。当他还在求学的时候，看到郭林宗，心想这是一位难得的好老师，便对人说："教念经书的老师是很容易请到的，但是要请到一位能教人成为老师的人，就不容易了。"所以等他做了官之后，就拜郭林宗为老师，而且派奴婢侍奉老师，丝毫没有半点官架子。

郭林宗体弱多病，身体非常不好，经常生病。一日深夜，郭林宗想喝粥。下人赶快来为他熬粥。这时，郭林宗拦住下人，大声说道："不，让魏府尹来！"

魏昭赶快接过药罐为郭老师熬粥，并恭敬地端过来："老师，请喝粥。"

"太烫了，端下去重熬！"郭林宗很不高兴。魏昭二话没说，又熬了一遍。

"太苦啦，重熬！"郭林宗脸色乌黑。魏昭的随从忍不住了："老爷，不要再次求学了。此人过分之极，我等应立刻返回京城！"

"休得胡言！"魏昭第三次熬了粥，毕恭毕敬地端到了郭老师的面前。此刻，郭林宗真的被感动了。

郭林宗笑着说："我以前只看到你的外表，今天终于看到你的真心啦！"于是将毕生所学的都全部教给了魏昭，而魏昭也终成大器。

还有一个著名的尊师典故，叫作"程门立雪。"

杨时是北宋时一位很有才华的人，小的时候就很聪颖，显得与众不同，善写文章。程颢和弟弟程颐讲授孔子和孟子的学术精要（即理学）时，很多学者都去拜他们为师，杨时便以学生礼节拜程颢为师，师生相处得很好。杨时回家的时候，程颢目送他说："我的学说将向南方传播了。"

过了四年，程颢去世了，杨时听说以后，在卧室设了程颢的灵位哭祭，又用书信讣告同学的人。后来，杨时到洛阳拜见程颐，这时杨时已四十岁了。拜见程颐那天，程颐正闭着眼睛坐着，杨时与同学游酢就侍立在门外没有离开。当程颐察觉的时候，那门外的雪已经一尺多深了，杨时与游酢的身上已经落满了雪花。

尊重老师，其实就是尊重知识，也是尊重对自己有过帮助的人。只有真正将别人对自己的指导和帮助放在心里，告诫自己今天的成绩都是别人帮扶的结果，才会成为一块吸收知识的海绵，永远能从周围的人身上学到东西。

二、有孝必用心

也许我们误解了父母的需要

有一个七十多岁的老读者，背驼得厉害，但他风雨无阻，几乎天天泡在图书馆的报刊阅览室里。不仅如此，在所有读者中，他总是第一个进去，最后一个走。有时读者都走尽了，他也不走，天天如此。

那个老读者每次来到阅览室，只是翻翻这、看看那，看上去毫无目的，纯粹是来消磨时光的，管理员们都对他没有好感。但有一天偶然发生的一件事，让一位管理员从此改变了对老人的看法。

那天在下班的路上，同事突然问这位管理员："你母亲是不是被聘为我老婆那个商场的监督员了？"

管理员愕然："没听母亲说过呀。"

同事说："我的老婆当营业员的那个商场，每天开门迎来的第一个顾客常常是你母亲。而且老人什么也不买，却挨个看柜台，还要问这问那。时间一长，营业员就以为老人是商场的领导雇的监督员，是来监督他们工作的——因为商场领导有话在先。营业员就对老人很戒备，同时也很反感。"

听同事说完，管理员就径直回到母亲家。父亲两年前病故，母亲一个人生活。管理员把同事所说的事情一说，问母亲是否真的在给人家做监督员，母亲矢口否认："没有这回事呀？他们大概是误会了，我就是闲逛而已。"

接着，管理员开始数落母亲。

她的母亲长叹了一声，伤感地说："我们这些老人一天到晚太寂寞了，逛逛商店，消磨一下时间，可时间一长就养成习惯了，一天不去就觉得不得劲儿。要不，你要我干什么呢……"母亲说到这里，垂下花白的头，悄悄地流下了眼泪。就在一刹那间，管理员突然感到心里酸酸的。

母亲有一儿两女，可由于很多方面的原因，都很少来看母亲，逢年过节的不是寄点东西，就是寄钱。直到此时她才明白，母亲最需要的是排解寂寞和孤独呀！那天管理员没有回家住，而是陪母亲住了一晚，聊了一晚上的天。

第二天早上，管理员上班很早，驼背老人仍然等候在阅览室门前。也不知怎么，她心中突然涌起一股柔情，她第一次没有用以前的那种眼光来看这个老人。

管理员面带微笑，对他说："早啊大爷，这么早就来了，来了就进来吧。"

正是因为了解了父母的需要，我们才能付出他们可以享受的爱，哪怕是让他们有一个可以打发时间的地方。孝，绝不仅仅是能够保证父母衣食无忧，因为父母更希望得到的是儿女的关心，他们希望的是儿女能常回家看看。在孝顺父母这件事情上，孝心往往是最重要的。

人到老年，钱对他们来说已经不是最重要的，孩子都成家立业，个人在吃穿上也不会花太多心思了，他们需要的钱也不多。最重要的就是打发时间，不能一天到晚闲着。

有一个艺术家将自己的母亲接到城市来和自己生活，让老母亲在家自己听唱片，看电影。但是他母亲就是闲得很抑郁。后来，他发现母亲的心情渐渐好了，以为是自己的音乐感动了母亲的心灵。直到有一天，他提前回家的时候，在小区的广场上看到母亲正在舞台中央唱那些革命歌曲，那声音和神色都是他从未听过的，突然之间，他觉得自己与母亲之间好陌生。

回家之后，他思考了很多。平心而论，他最讨厌的就是参加集体活动，也不希望自己的家人参加任何集体活动；对革命歌曲他始终难以热爱，因为他学习西方的艺术，对西方古典音乐更加欣赏。但是，当看到自己的母亲神采奕奕地站在舞台中央唱歌的时候，他感觉自己像是认识了一位民间的女高音歌唱家。

当母亲回到家中，他问道："妈，您去做什么了？"

"我……在外面散步呢。"很显然母亲害怕他知道自己唱歌的事情，连她自己也觉得这样做给艺术家儿子丢脸。

"我回来的路上，看到有一些人在唱歌，要不您也去吧，反正在家也是待着，还能认识新朋友。"他假装不知道，母亲脸上闪过一丝惊喜，然后害羞地说："那多不好，抛头露面的，再说我们都是粗人，哪像你的那些同事，唱歌那么好听。"

"你们是业余爱好嘛，玩得开心就好。"他决心支持母亲过她自己想要过的生活，把之前那些条条框框都扔到一边。从此之后，他感觉母亲整个人都年轻了许多，再也不是这个城市的过路人。

倘若按照艺术家自己的标准来看，母亲的选择有点庸俗，但那些对他来说最好的音乐和电影，对母亲而言却如同天书。是坚持自己的"品味"，还是在母亲的快乐面前妥协？回答这个问题，就要看在我们的心里哪一项更加重要了。

也许我们真的误解了父母的需要和幸福，我们只看重自己所谓的幸福。

多倾听父母的心声

人到了中年，不但要上管着老人，下管着孩子，身心俱疲，而且让人们不堪重负的是，昔日心疼自己的父母似乎越老越像小孩儿了，什么都要自己哄着，要不就是原来通情达理的父母似乎脑子糊涂了，处处跟自己对着干，导致孝子孝女们是有苦难言，哭笑不得。

孩子们唯恐钱少表达不了自己的孝心，于是越来越倾向于用金钱来衡量爱的深度，买的东西越贵就越是显得真心，对父母各种条件的满足成了孩子应付父母的救赎良方，却很少有人能够真正地静下心来听父母说说自己的想法和需求。

刘太太的子女都是上班族，他们都受过很好的教育，对刘太太也很孝顺。但是繁忙的工作常常让子女留下刘太太独自一人在家，为了消除刘太太的孤独感，子女常常给刘太太买各种各样的健身器具，光是练手臂的，刘太太就有十几个。

独自一人在家的时候，刘太太最喜欢看电视。她一会儿看看保健节目，一会儿看看娱乐节目，偶尔还看一些武打的电影。但是当子女下班回来以后，刘太太就马上关掉电视，一个人在房间里不出来了。

其实之前，刘太太很喜欢和子女讲每天发生的事情，聊她跟老玩伴的事情，但是子女一回家不是马上打开电视，看自己的新闻和足球，就是直接进厨房，然后是洗衣、打扫，没有人听她讲话。渐渐地，刘太太越来越不喜欢和子女聊天了。

其实父母就像小孩子一样，当他不愿意和子女分享自己故事的时候，子女所有的关爱衡量起来，都是失职的。刘太太并不是一开始就自闭，只是因为没有人有时间听她讲话，慢慢就变得孤僻了，子女精挑细选的各种健身器具不但没有帮她赶走孤独，反而将孤独的种子种在了她的心中。

那么，什么样的爱才是子女应该给父母的呢？如果只是营养品、保健品，那么在没有这些之前，古人岂不都是不孝子女了吗？而恰恰相反，古代的孝顺子女远比现代社会多多了。

只有当我们老去之后，我们才能真正明白人生当中最难以忍受的不是贫穷，也不是卑贱，而是孤独、冷漠和忽视。尤其是在晚年，当生命已经显示出衰老的迹象，至亲的人对此却熟视无睹，这才是最残酷的事情。在孝顺父母的事情上，子女最不能偷懒的事情就是倾听和陪伴。

今天的繁忙生活已经让人们感到不安和浮躁，在社会中如此，家庭中也在所难免。然而父母在老年的时候最需要的，就是耐心地倾听和陪伴。即使科技再发达，视频和语音方式再仿真，人们对沟通的理解依然是倾听和理解，是爱和陪伴。

"妈，不要吃隔夜的菜了，每天就做我们能吃的分量。""爸，和你说了多少次空腹不能喝酒，总是这样以后胃出了问题，还是你自己难受。""你们那套经验早就过时了，现在哪能还按照那些观念生活呢!"想一想，我们嘴里常常念叨的这些话，不是全部出于我们自己的观点，而没有把表达的权利让给父母吗? 每当父母们讲自己的想法时，我们的态度又是怎样的呢?

其实父母每时每刻都在传递信息，他们可能会喋喋不休地讲述你小时候的趣事，要不就是唠唠叨叨地让你注意保重身体，但是这时候子女的做法往往是打趣父母一番，要不就是责怪父母太唠叨了，很少有子女愿意聆听他们的想法，有的子女即使听了，也没有进一步思考父母的内心想法。比如一个长期脾气很坏的父母突然变得柔和，也许是感到害怕，害怕子女不孝顺自己，也许是感到不被重视，这些心理的情绪和信号，需要子女来解读。

比起过去，今天任何一家能够给父母的物质条件都算得上优厚，然而倾听的时间和精力却在下降。子女在孝顺父母的精力投入上，越来越集中于能提供怎样的物质条件和生活条件——是否能让他们住得宽敞、吃穿最好，而不是父母是否感受到爱和尊重，父母的内心想什么也渐渐被忽略。只有我们在繁忙的生活中可以停下来倾听父母真正的需要，父母的幸福感才会真正得到提升。

与父母沟通须合乎礼

对父母的奉养最难的就在于和颜悦色和恭敬的态度，在这个方面，周文王就做得很好。

周文王姬昌是个十分孝顺的人，每天天不亮的时候就沐浴更衣，收拾停当之后，就去父亲卧室门前恭候以向父亲问安，为了了解父亲的心情和身体情况，他不但每天早上过去恭候父亲，每天中午和晚上也会不厌其烦地向父亲请安，问候父亲心情可好，身体可安。

如果看到父亲身体、精神都不错，文王就显得特别开心，而如果哪天看到父亲身体不是太好，他就变得异常忧虑，饭也吃不好，觉也睡不香，走路时候的脚步都变得踉跄起来。只有等到父亲的身体恢复正常之后，他的情绪也才能跟着恢复过来。

周文王不但会给父亲早晚请安，每到父亲吃饭的时候，他还会特意看饭菜是否合父亲的胃口，等到一切都安排妥当之后，他才会放心地离开。

在今天看来，周文王的举止似乎显得过于烦琐和矫情，但也正是他的这种举动，显示了他对父亲的一片孝心和尊敬之情。也正因为这点，他得到了百姓更多的认可和敬爱。

提起卧冰求鲤故事里面的王祥大家都很熟悉，但是对于王览可能就会有点陌生了。

王览，字符通，是王祥的异母弟弟。在母亲朱氏百般刁难王祥的时候，王览总是护着哥哥：有一次，母亲朱氏拿着鞭子要抽打王祥，王览上前护着哥哥，鞭子一下子打到他的身上，朱氏看抽到了自己的儿子，才停下鞭子……

后来，兄弟俩都慢慢长大之后，王祥先娶妻成家，朱氏由于不喜欢王祥，对他的妻子也是百般刁难，在这个时候，王览总是劝解母亲，帮助哥哥嫂子。后来，王览自己也娶了妻子，他告诉妻子家里的情况，王览的妻子于是也像丈夫一样，经常护着哥哥嫂子。

后来，由于王祥不但孝顺，而且刻苦学习，声名远扬，王览的母亲觉得自己儿子还没有什么声名，不禁对王祥充满了怨恨和嫉妒，就想偷偷地把王祥弄死。一次，在大家都在吃饭时，她让人给王祥的酒中下毒，王览知道了此事，就主动要求喝哥哥的那杯酒，朱氏被吓得不行，只得赶紧夺下酒杯把酒倒了。

自从这件事之后，王览经常劝谏母亲，他害怕母亲再加害哥哥，就主动替哥哥尝饭尝菜，朱氏见状，才算彻底打消了害死王祥的念头。

在王览的感怀下，朱氏才慢慢地接受了王祥，一家人的生活才变得和睦起来。后来，兄弟俩的声名大盛，还都做了官。

王览的母亲虽然在前面做的事情让人看起来很不齿，但是王览能够以礼节劝谏母亲，最终使母亲认识到自己的错误，并改正了错误，这充分体现了王览的孝心，要做到批评母亲、指责母亲很容易，但是要像他那样不厌其烦地劝导，始终保持着对母亲的敬爱，才是最难的。

有孝更需有心

孔子生活在一个非常讲求"礼"的时代，人的一言一行都要符合"礼"，坐的朝向、与人说话的态度、看望生病的朋友时应该站的方位都有明确的礼制规定，而孝是"礼"的重要内容，更是被明文强调得细致入微。但是正是在这样一个时代，人们受到各种各样的道德约束和舆论压力，还是有许多人不懂得孝的真实含义。

于是，孔子就把赡养双亲与犬马相比，人养犬马，是为了供人消遣和使唤，更说明只做到能养不是孝。更重要的是要有一份孝子的心意。正如《弟子规》中所说：亲所好，力为具。亲所恶，谨为去。

现代社会，我们最缺少的正是对父母的孝心。很多人可能会逢年过节给家里寄一些钱回去，但是父母最缺的并不是钱，而是一片关爱。

有一个财主有两个儿子，大儿子愚笨，很不讨人喜欢；小儿子聪明伶俐，于是财主就尽心抚养小儿子。两个儿子逐渐长大了，大儿子一直在家里陪着父母，小儿子因为颇有才华，被父亲送到县城读书。

小儿子果然不负众望，考取了功名，一家人欢天喜地，两位老人也准备收拾行李，和小儿子一起到新地方开始生活。本来小儿子不想带着父母，但是想到兄长愚钝，就勉为其难地带上了两个老人。

到了就职的地方之后，小儿子给父母选了一间房子，安排了一个奴婢，从此就消失了，两位老人都看不见他的人影，生病了也只能使唤下人去找大夫。虽然在这里不愁吃穿，但是二老心里很难过。

一年以后，大儿子带着家乡的特产过来看弟弟，一见到老人，就难过地哭了——一年不见，父母老了许多，以前胖胖的父亲也瘦成一把骨头了。虽然大儿子很笨拙，但是很心疼父母，他决定带着父母回家生活。父母想到自己以前和大儿子生活在一起的时候，从来没有把他当回事，端茶倒水像下人一样使唤，但是他从来没有生气，反倒是乐呵呵地照顾父母，不禁也流下了眼泪。就这样，笨哥哥又带着老人回到乡下去了。小儿子却想不明白，为什么父母不跟着他这样有头有脸的儿子，却要和那笨人一起生活。

其实，感动老财主的正是一颗孝心。不管我们能给父母提供怎样的生活条件，父母都可以过日子，最重要的，是要让父母感受到我们的孝心，他们才会觉得幸福。

子游问什么是孝道。孔子说："现在人只把能养父母便算作孝了。就是犬马，一样能有人养着。没有对父母的一片敬心，给养老和养牛养马又有什么区别呢！"

仅仅有孝的举动，却没有孝心，是远远达不到真正的孝的。我们希望得到别人真心的爱，同样，父母也希望得到儿女的真情关心。只有心中这样想，让自己的言行都发自内心的充满爱心，父母才能欢喜地接受你的孝心。

远在两千多年以前的周朝，在中国的北方有一个偏僻的小山村。村中住着一个叫剡子的少年。

剡子个儿虽然不高，却很机智勇敢，又特别孝敬父母，村里的大人、小孩都特别喜欢他。剡子常常对村里人说："父亲、母亲生养了我，把我养大不容易，我要像父母爱我那样爱他们。"剡子不仅是这样说的，也是这样做的。

时光荏苒，剡子一天天长大了，他越发变得懂事了，知道自己应该为父母分忧。他每天天刚蒙蒙亮就起床，帮助父母担水、做饭、打扫院落，侍候父母起了床。一家人吃完早饭，他背着绳索，拎着斧头上山去打柴。进了大山，他凭借着矫健、灵巧的身子，爬上大树，抡起斧头使劲地砍起树的枝杈。斧砍枯枝的响声在大山里回荡。

这年赶上闹灾荒，田里收成不济，日子越发艰难，爹妈忧急交加，一时心火上攻，双双眼睛失明，这可急剡了小小年纪的剡子。

为了给爹妈治病，剡子每天半糠半菜地侍奉双亲充饥后，就到处求人，寻医问药。

一天，剡子到深山采药，路过一座庙宇，便进去讨口水喝。他见方丈童颜仙骨，就向他请求治疗眼疾的药方。老方丈问明缘由，沉吟一下说："药方倒有一个，恐怕你采不来。"

"请说，我舍命去采！"

"鹿奶，鹿奶可以治眼疾。"

剡子听了，立即叩头谢过老方丈，飞步赶往鹿群出没的树林中。这里的鹿确实不少，可它们蹄轻身灵，一见有人靠近，就一阵风似的飞快逃去。

怎样才能弄来鹿奶呢？剡子绞尽脑汁，昼思夜想。

一天，他见村东头猎户家的墙头上晒着一张鹿皮，忽地眼前一亮：把鹿皮借来，披在身上，扮成小鹿的模样，不就能悄悄接近鹿群了吗？

于是，剡子迫不及待地走进猎户家，说明来意。好心的猎户欣然把鹿皮借给了他，还指点剡子如何模仿小鹿四肢跑跳的动作。经过多次演练，剡子竟然举腿投足都像一只活脱脱的小鹿了。

第二天，剡子用嘴叼着一只木碗，悄悄地蹲在树林里。待鹿群走近时，披着鹿皮的剡子像一只小鹿似的不紧不慢地凑到一只母鹿身边，轻手轻脚地挤了满满一木碗鹿奶。直到鹿群走开了，他才站起身来，捧着鹿奶直奔家中。

打这以后，剡子多次用扮成小鹿去挤母鹿的奶汁。有一天，他又上山去挤取鹿乳，没想到一个猎人却把他当成真鹿了，在要射杀他的时候，剡子急忙走出来，告诉了猎人真相，猎人大受感动。剡子的孝名也因此被传播开来，乡亲们都夸奖剡子是个孝敬父母的好孩子。

剡子爹娘由于常常喝到鲜美的鹿奶，营养不良的身体一天天强壮起来，后来，失明的眼睛奇迹般地恢复了。

古人说"忠臣出孝门"，因为孝是最基本的善举，如果连父母的大恩都不报，还能指望一个人有什么善举？一个连父母都不去孝敬的人，还能指望他对朋友付出真诚吗？所以，孝既是对父母的宽慰，也是对自身的完善，更是赢得社会资本的根本方式。

孝心要体现在行动上

裴秀，西晋时期河东闻喜人，字季彦。他的父亲裴潜，曾在曹魏时期担任过尚书令，裴秀是父亲的小妾所生，这个小妾身份卑微，常常受到正室宣氏的歧视，但是裴秀从来没有因为这个不孝顺母亲，相反，他从小就聪明好学，而且对母亲的服侍十分周到。因此大家都知道裴秀的母亲有个孝顺的儿子。

裴秀

有一次，宣氏让人在家里大宴宾客，她又想给裴秀的母亲难堪，故意让她为客人上菜，但是让人没想到的是，大家一看竟然是裴秀的母亲在为他们端菜，都纷纷站起来，接过饭菜，并对她行尊重之礼，裴秀的母亲感到很欣慰。而躲在后面屏风里的宣氏看到这个情况十分不解。因为裴秀母亲的身份如此卑微，实在不应该受到如此的礼遇和尊重，后来，她终于想明白宾客这么做是因为裴秀的孝道让他们尊重，后来，宣氏也感动于裴秀是个孝子，从此再也没有轻慢过裴秀生母。

后来，裴秀凭借着自己的才华和高尚的情操，一直做到尚书令，并且被封为济川侯，成了西晋时期的一代名臣。

在封建时代，小妾身份低微，但是裴秀丝毫不嫌弃自己的母亲，反而用实际行动使母亲得到了众人的尊重，这种孝心值得很多人学习。相比之下，《红楼梦》中的探春嫌弃自己的生母是一个姨娘，十分不愿意和她相处，总是处处认为她给自己的小姐身份丢脸，未免不孝。

孝顺父母不仅体现于在外人面前不嫌弃父母，还体现在日常生活中，要时时照顾好父母的饮食起居，在这个方面，大书法家黄庭坚可以说是我们的榜样。

相传我国伟大的思想家、教育家孔子一生弟子三千，其中贤弟子七十二。这七十二人中有一个叫子路的人，在所有弟子当中，他以勇猛耿直闻名，而其自幼的孝行也常为孔子所称赞。

子路小的时候家里很穷，一家人时常在外面采集野菜充饥。有一次，子路年迈的父母许久没有吃过饱饭了，总念叨着什么时候能吃上一顿米饭该多好啊！可是家里一点米也没有。子路看在眼里，急在心里：这可怎么办啊？他突然想起山那边舅舅家里还比较富足，要是翻过那几道山到他家借点米，他们一定肯借，那父母的心愿不就可以满足了吗？于是，子路打定主意便出发了。

他不顾山高路远，翻山越岭走了几十里路，从舅舅家借到一小袋米，又马不停蹄地往家赶。夜里看着满天的繁星，一个人走在漆黑的山路还真有点害怕，可想到父母还在家里等着自己，子路又鼓起勇气，大步流星地朝前赶去。

回到家里，生火、洗锅、打水，蒸熟了米饭，自己一口也舍不得吃，连忙捧给了父母。看到父母吃上了香喷喷的米饭，子路忘记了一切疲劳，开心地笑了。

父母去世以后，子路南游到楚国。楚王非常敬佩他的学问和人品，给子路加封到拥有百辆车马的官位，家中积余下来的粮食达到万石之多。坐在垒叠的锦褥上，吃着丰盛的筵席，子路常常怀念双亲，感叹说："真希望再同以前一样生活，吃藜藿等野菜，到百里之外的地方背回米来赡养父母双亲，可惜没有办法如愿以偿了。"

"树欲静而风不止，子欲养而亲不待"，这是皋鱼在父母死后发出的叹息。这与子路的心态不谋而合。尽孝并不是用物质来衡量的，而是要看你对父母是不是发自内心的诚敬。

我们能孝敬父母、孝养父母的时间一日一日地递减。如果不能及时行孝，会徒留终身的遗憾。孝养要及时，不要等到追悔莫及的时候，才思亲、痛亲之不在。"生时尽力、死后思念"，子路为我们做出了最好的榜样。

孝心所至，金石为开

孩子与继母的关系似乎总是磕磕绊绊，很难以诚相待。要么是孩子嫉恨后母夺走了父亲的爱，要么是后母看不顺眼丈夫前妻留下来的"讨债鬼"。但如果孩子能够打开心扉与后母相处，也可以赢得一份和亲生母亲一样的爱。

刘沨，字处和，他的父亲是南朝宋中书郎，名叫刘绍。刘绍的妻子在刘沨很小的时候就去世了，后来他就续娶了路太后哥哥的女儿。

作为皇亲国戚，刘沨的继母路氏为人霸道，对待下人十分苛刻，刘府的人见了她无不惧怕。对刘沨，这个继母也丝毫没有爱怜之心，在她的眼里，丈夫前妻生的儿子就是她的一个小奴隶，她每天对刘沨呼来喝去，刘沨哪点稍不如她的意，就把他毒打一顿。

后来，路氏生了一个儿子，聪明可爱，刘沨丝毫没有因为路氏毒打他而记恨，反而常帮助路氏照顾自己这个小弟弟。后来，路氏重病卧床，刘沨每天都照顾她的饮食起居，时时担忧着她的病情，为了让路氏放心，他还把路氏的儿子照顾得特别好，就这样，过了一年多，路氏的病才好。

路氏在生病的这段时间里，被刘沨的孝心完全感动了，从此改变了对他的态度，对待刘沨就像对待自己的亲生儿子一样。此事传为佳话，流传至今。

我们是否常常用"忙"来作为不关心父母的理由呢？我们是不是也觉得年轻的时候实现自己的理想是理所当然的呢？其实，只要你有心去表达对父母的爱，哪怕是"日理万机"的人，也会有时间来关心自己的妈妈，你一定有办法去给他们惊喜。

"孝"是传统文化中重要的一部分，孔子说："孝悌者，其为人之本与?"孝心不仅是一个人的立身之本，也是醇香四溢的美酒，让人感受到安全和温暖。只有懂得的人，才能够体会到幸福。怀着一颗孝心去对待父母，他们会更加理解你；怀着一份让父母放心的心去工作和生活，那么你一定可以实现自己的梦想。

孝顺不分年龄

三国时期的陆绩，字公纪，是吴国吴县华亭（今上海市松江）人，著名的科学家、天文学家。

陆绩自小爱读书，聪明伶俐，其父陆康还十分注意对他进行孝悌教育。因此，陆绩不仅通晓天文、历算等方面的知识，还是个十分孝顺的人。

在陆绩六岁的时候，随父亲陆康到九江拜见袁术，一见面，陆绩表现得落落大方，跟袁术谈天说地，不亦乐乎，十分讨袁术的喜欢，袁术在开心之

余，不禁还惊叹他的才学，于是就像对待成年客人那样给他赐座，还吩咐下人拿来很多橘子让陆绩吃。

陆绩一看这么多橘子，十分开心地吃起来，趁着袁术跟父亲陆康正聊得开心的时候，还悄悄地往怀里塞了两个橘子。

等到告别之际，袁术让陆绩再拿些橘子在路上吃，陆绩摇摇头说自己不吃了，但没想到，这时候，他藏到怀里的橘子却滚落到地上。袁术一看，不禁大笑："原来已经拿过了呀，这小孩子真好玩。来我家做客，还要怀藏主人的橘子啊。"

没想到陆绩一点也不感到脸红，反而神色自若地告诉袁术，他母亲喜欢吃橘子，这是特地给母亲捎回去的。

袁术不禁感到更惊奇了，他没想到陆绩这么小的年纪，就懂得孝顺母亲，真是难得。

孝顺是不分年龄，不分长幼的，孝是从小培养起来的，古今一样。

他是个单亲爸爸，独自抚养一个七岁的小男孩。每当孩子和朋友玩耍受伤回来，他对过世妻子留下的缺憾，便感受尤深，心底不免会非常难过。这是他留下孩子出差当天发生的事。因为要赶火车，没时间陪孩子吃早餐，他便匆匆离开了家。一路上担心着孩子有没有吃饭，会不会哭，心老是放不下。即使抵达了出差地点，也不时打电话回家。可孩子总是很懂事地要他不要担心。然而因为心里牵挂不安，便草草处理完事情踏上归途。回到家时看到孩子已经熟睡了，他这才松了一口气。旅途上的疲惫让他全身无力。正准备就寝时，突然发现棉被下面，竟然有一碗打翻了的泡面！

"这孩子！"他在盛怒之下朝熟睡的儿子的屁股一阵狠打。

"为什么这么不乖，惹爸爸生气？你这样调皮，把棉被弄湿要让谁洗？"这是妻子过世之后，他第一次体罚孩子。

"我没有……"孩子抽泣着解释，"我没有调皮，这……这是给爸爸吃的晚餐。"

原来孩子为了配合爸爸回家的时间，特地泡了两碗泡面，一碗自己吃，另一碗给爸爸。可是因为怕爸爸那碗面凉掉，所以放进了棉被底下保温。

爸爸听了，不发一语地紧紧抱住孩子。看着碗里剩下那一半已经泡涨的面，他说道："啊！孩子，这是世上最最美味的泡面啊！"

事例中的这个孩子才七岁，就知道心疼自己的父亲，为父亲分忧了，难怪父亲会被孩子的这片孝心所感动。孝心不是只有大人才有，孝心是不分年龄的。孩子只有从小培养孝心，长大后才会有真正的孝心。

三、孝顺的人必有福

谦和低调让家人远离灾祸

有兄弟两人要出门学艺了，父亲以一个过来人的身份告诫他们要小心行事，低调做人。弟弟由于之前心情非常急迫，等不及父亲交代完事情就匆匆上路了，一路上还在想："爹真是啰唆，他说的那些道理早就过时了，要是他什么都懂，怎么会这辈子就待在家里一无所成？"而哥哥则耐心地听父亲把话说完，而且告诉自己一定要谨遵教诲，等安定下来就给家里写信。一个月之后，哥哥果然写了一封家书，而弟弟则音讯全无，让父母非常担心。在异乡的弟弟心想："对爹讲外面这些事情又有什么用呢，他什么都不懂，讲了反而让他担心，不如我发达之后再写信回家好了。"

从孝顺的角度来看，哥哥无疑做得比较好。一方面他对父母有耐心，一方面他也知道父母为自己担忧，所以尽量打消父母的顾虑。弟弟的想法虽然都是事实，但他忽略了一点——父母最需要的是子女对他们的尊重。很多年轻人到了离开家庭独立生活的年纪，往往会认为自己无所不能，对父母的建议置若罔闻。这时候如果能够多一点虚心和低调，不仅是对父母的孝顺，更是对自己的一种修炼。

"孝子必有愉色"讲的是孝顺的人对别人一般都彬彬有礼，谦虚随和。对长辈能够恭恭敬敬，即使知道他们有不对的地方，也能耐心等他们表达完自己的想法，然后委婉地说出自己的意见。

古往今来，总是骄傲自大的多，谦逊低调的人少。但很讽刺的是，往往骄傲自大的，不仅给自己招来祸患，也会殃及自己的家人；那些行事低调的人，不仅保住自己的名誉，也会让亲人跟着得到别人的尊敬。

西汉武帝时，卫青因姐姐卫子夫受宠于汉武帝，被任命为大将军，封长平侯，率大兵攻打匈奴。右将军苏建在与匈奴作战中全军覆没，单身逃回，按军律当斩。

卫青问长史、议郎等属官："苏建应当如何处置？"

议邓周霸说："大将军出兵以来，从未斩过一名偏将小校，如今苏建弃军逃回，正可斩苏建的头，来立大将军之威。"

卫青说："我因是皇上的亲戚而带兵出塞，并不怕立不起军法的威严，你劝说我杀人立威，就失掉了做臣子的本分。我的权限虽可以斩杀大将，然而我把斩杀大将的权力还给皇上，让皇上来决定是否诛杀，来显示我虽在境外，受皇上宠爱，却不敢专权杀将，这不是更好吗？"属官都钦佩地说："大将军高见，属下等万万不及。"

卫青便派人把苏建押回长安，汉武帝怜惜其才，并未杀他，让他出钱赎罪，而对卫青的处置大为满意。

苏建后来又跟随卫青出塞攻打匈奴，他劝卫青说："大将军的地位是至尊至重了，可是天下的贤士名人却没人夸赞传扬您的威名。古时的名将都向朝廷推荐贤良才能之士，自己的名声也传遍四海，希望大将军能学习古时名将的做法。"

卫青摇头说："你只知其一，不知其二。以前武安侯田蚡、魏其侯窦婴各自招揽宾客，结成朋党，以颂扬自己的名声，皇上常常恨得咬牙切齿。亲近贤士名人，晋用贤良，贬黜不肖，这都是皇上的权柄，我们做臣子的，只需遵守国法，履行自己的职责就可以了。"

汉武帝特别宠爱卫青，谕令群臣见到卫青都要行跪拜礼，以显示大将军的尊贵。群臣都不敢抗旨，见到卫青无不匍匐礼拜，只有主爵都尉汲黯见到卫青，依然行平揖礼，有人好意劝汲黯："对大将军行跪拜礼是皇上的意思，您这样做不怕皇上恼怒吗？"

汲黯昂然道："跪拜大将军的多了，多我一个不多，少我一个不少。难道说大将军有一个平礼相交的朋友，就不尊贵了吗？"卫青听说后，非常高兴，登门拜访汲黯，谦虚地说："久仰大人威名，一直没有机会和大人结交，现在有幸承蒙大人看得起，请把我当作您的朋友吧。"

汲黯见他态度诚恳，不以富贵骄人，便破例地交了这个朋友。卫青以后凡有疑难问题，都虚心向汲黯请教。汉武帝也很欣赏卫青的谦逊，也就不计较汲黯的抗礼了，对卫青的宠爱也始终不衰。卫子夫因为有这样一个弟弟，在后宫之中更加受人尊重。

相比而言，杨贵妃的哥哥杨国忠则不算明智了。

杨玉环得到皇帝的专宠之后，杨家上下都因而得到提拔，杨国忠被提为宰相。随着地位的升迁，杨国忠在生活上也变得极为奢侈腐化。每逢陪玄宗、贵妃游幸华清宫，杨氏诸姐妹总是先在杨国忠家汇集，竞相比赛装饰车马，他们用黄金、翡翠做装饰，用珍珠、美玉做点缀。出行时，杨国忠还持剑南节度使的旌节在前面耀武扬威。安史之乱，杨国忠一家被灭门，杨玉环也成为哥哥野心的牺牲品，香消玉殒。

不论一个人到何种位置，获得何种成就，须知这些成就是靠别人的帮助实现的，"花轿众人抬"，不要把所有的功劳都安在自己一个人的身上。也须知自己的荣誉影响着家人姊妹，自己谦和，也是为家人积福。

三国末期，西晋名将王濬于公元280年巧用火烧铁索之计，灭掉了东吴。三国分裂的局面至此方告结束，国家重新归于统一，王濬的历史功勋是不可埋没的。

岂料王濬克敌制胜之日，竟是受谗遭诬之时。安东将军王浑以其不服从指挥为由，要求将他交司法部门论罪，又诬告王濬攻入建康之后，大量抢劫吴宫的珍宝。

这不能不令功勋卓著的王濬感到畏惧。当年，消灭蜀国、收降后主刘禅的大功臣邓艾，就是在获胜之日被谗言诬陷而死，全家遭殃的。他害怕重蹈邓艾的覆辙，便一再上书，陈述战场的实际状况，辩白自己的无辜，晋武帝司马炎倒是没有治他的罪，还力排众议，对他论功行赏。

可王濬每当想到自己立了大功，反而被豪强大臣所压制，一再被弹劾，便愤愤不平，每次晋见皇帝，都一再陈述自己伐吴之战中的种种辛苦以及被人冤枉的悲愤，有时感情激动，也不向皇帝辞别，便愤愤离开朝廷。

他的亲戚范通对他说："足下的功劳可谓大了，可惜足下居功自傲，未能做到尽善尽美！"王濬问："这话什么意思？"范通说："当足下胜利凯旋之日，应当退居家中，再也不要提伐吴之事，如果有人问起来，你就说：'是皇上的圣明，诸位将帅的努力，我有什么功劳可夸的！'这样，王浑能不惭愧吗？"

王溥按照他的话去做了，谗言果然不止自息，一家人转危为安。

当年，唐朝名相娄师德与弟弟同为朝廷重臣，他告诫弟弟一定要小心为人，倘若有人往自己脸上吐口水，千万不要拂面，而是任其自干，因此有了"唾面自干"的成语。这个近乎"自虐"的典故，时时刻刻告诫着那些刚刚有所成就的人，不要忘乎所以，否则一不留神，浮夸的虚荣就会给自己和整个家庭带来大祸。想想《红楼梦》中的贾、王、史、薛四大家族，即便是白玉为堂金做马，也免不了树倒猢狲散，说到底也是因为太骄奢，以为天下没有钱办不到的事。宝玉虽为人真诚，毫无架子，终究也挽救不了一个大家族衰败的命运。

一个人在为人处世方面，懂得谦和低调，不做危及父母亲人的事，也是有孝心的体现；反之，如果不懂得处处谨言慎行，或者故意招宠惹祸，只能说他的心里根本没有家人，他也是一个不孝的人。

尊师重道传佳话

"一日为师终身为父"和"天地君亲师"的观念深得民族的认同，师徒之间的情谊有时候也像父子之间一样，徒弟对师傅的恭敬不亚于对父亲的孝敬。逢年过节的时候去拜访老师，老师的生日送贺礼拜寿等习俗可以体现出晚辈对长辈的敬意。有些尊师重道的故事，也成为佳话被广为流传。

在晚清的几个名臣当中，李鸿章对曾国藩格外敬重。在曾国藩病逝的时候，他曾亲手写下了挽联："师事近三十年，薪尽火传，筑室忝为门生长；威名震九万里，内安外攘，旷世难逢天下才。"从中不难看出他与曾国藩深厚的师生之谊，更能看出他对曾国藩的敬仰之情。

李鸿章的父亲与曾国藩同是戊戌年的进士，所以有"同年"之谊。李鸿章在进入朝廷为官以前，曾经和哥哥一起投入曾国藩的门下，学习八股文和"义理经世之学"。后来，他参加了科举考试，虽然没有考中，但是所写之文深得曾国藩的赏识。

在李鸿章的印象中，曾国藩一直是一个和蔼可亲、谦虚谨慎的人，但是当他投奔曾国藩的时候情况有些反常。李鸿章到了曾府很长一段时间，都没有得到曾国藩的接见。好不容易曾国藩的贴身侍从来传唤了，李鸿章走进内室，却发现曾国藩正在洗脚。按照儒家的规矩，洗脚的时候是不能见客的。李鸿章感觉受了羞辱，但又不能跟曾国藩撕破脸，硬着头皮寒暄了几句，发现曾国藩总是爱答不理的，实在忍无可忍，连招呼也没打就离开了。

回到了客栈，李鸿章发现老板正在将他的行李打包。他连忙上前询问时怎么回事，老板说："曾大人有令，不许本县人收留客官住宿。"李鸿章又气又恼，心想，曾国藩对自己还真是不留情面。但是已经没有了去处，就只好牵上马匹，想要连夜离开此县城。

到了城门口，李鸿章远远看见有一个人站在那里。此人不是别人，正是曾国藩的贴身侍从，他是专门来带李鸿章面见曾国藩的。李鸿章心中十万分的不愿意，但是经不起侍从的软磨硬泡，只好跟他再次来到了曾府。

这时的曾府张灯结彩，中门大开，曾国藩站在中间欢迎李鸿章的到来。李鸿章心中十分诧异，曾国藩说："我听说你当官以后很骄傲，总是不把别人放在眼里。你在安徽兵败，跟你的骄傲不无关系。我今天这样做，就是想杀杀你的锐气，灭灭你的威风。你要记住，一个人光有才不行，还要有气量，学会谦虚谨慎，才能成大事啊。"

李鸿章听了，羞愧不已，心悦诚服地接受了恩师的教诲。李鸿章此时就像一个年轻气盛的孩子一样，在父亲的智慧面前终于有所领悟。只是，很多人并不能真正体会到长辈这样的用心。

《鸣沙石室佚书·太公家教》中写道："弟子事师，敬同于父，习其道也，学其言语。……忠臣无境外之交，弟子有束修之好。一日为师，终身为父。"这段话的意思是，学生侍奉老师，应当像对待父亲一样恭敬，要学习老师的文化知识和道德为人，还要学习老师说话的方式和技巧……忠臣不应该有境外的私交，学生应该有主动给老师束修的好意。哪怕只当了你一天的老师，也要终身待他当作父亲那样敬重。

所以，我们要像尊敬父母一样尊敬老师，这样我们才会真正学到人生智慧，福报也会自然降临。

珍惜亲情的人才值得拥有幸福

都说家有一老如有一宝，有人的人深以为然，老人生活经验丰富，养育过子女，知道如何带孩子，是年轻人生活过日子不可多得的"参谋"。但是也有人觉得老人简直就是自己的恶魔，不仅观念落后，对现在的年轻人也缺少理解，又不愿意改变，常常为了一些芝麻小事儿闹情绪，真的难以伺候。

的确，父母年老之后的想法会和时代有点"脱节"，父母的适应能力也在降低，父母需要我们的时间越来越长，占用我们年轻的自由空间……但从另外一个方面来看，父母身上也有很多值得我们认真思考和学习的地方，父母对我们的依赖正如我们幼童时对父母的依赖一样，尤其是父母的保守观点和生活习惯，也值得我们好好去体会，只有充分地理解，才能真正找到孝顺父母的方法。

有一个老人来到城里之后，常常趁着儿女不在家，外出拾荒。儿子和媳妇知道之后非常生气，觉得老人完全在给自己丢人。他们的生活完全不需要拾荒的补贴，而且给父亲的零花钱远远高于他卖垃圾的所得。儿子几乎是对父亲下了最后通牒——如果不能适应城里的生活就回老家，别在这里丢人。老人受不了这样的气，收拾东西回家了。

后来，儿子看到单位老板的父亲开了一个卖报纸的小亭子，整天还和儿子聊聊国际新闻，非常羡慕。忍不住赞美道："老板，您的父亲真有见识，我父亲可适应不了城里生活，他来了一个月就回去了。"

老板说："你是不是啥也不让父亲做啊？"

那人回答："是啊，我什么都伺候得好好的，谁知道，谁知道老爷子竟然偷偷跑出去捡垃圾，不知道的人还以为我虐待自己的亲生父亲呢！"

"所以，你就让他自己回家了？"老板的父亲问。

"是的，我觉得这样对我们都好，他在乡下生活得更加自在，我也不会和他生气了。"儿子觉得这样的距离正好。

"哎呀，你哪里知道，我们这些老人，还是希望和儿女一起住的。只是害怕给你们丢脸才会一个人在家待着。可是闲着真的很难受，你自己一个人在家待一周试试就知道了。"

就这样，老板给这个人放了一个月的假，让他感受一下"留守老人"的滋味。果然，只在家闲了一周，什么也不用做，他就感到浑身不舒服，这才明白父亲为什么出去拾荒。

"但是，他开报亭我能接受，拾荒我不能接受。"

"那你就给他张罗一个小铺子开着呗，就像我儿子给我承包的这个小报亭。"老板的父亲笑着说。原来，这个报亭是老板帮父亲承包的。那人想到自己其实并没有为父亲考虑，还凶巴巴地说他，脸上红一阵白一阵，马上回乡下向父亲道歉，而且把父亲接到城里来生活。在他的鼓励下，父亲竟然在一个木器厂找了一个保管员的工作，父亲年轻时就喜欢木匠活，每天上班都很开心。儿子也终于放下一颗担忧的心。再次与父亲生活在一起之后，儿子第一次从年老的父亲身上看到享受工作的状态原来是那么让人年轻，第一次发现专注的人是那么值得尊重，也第一次看到充满幸福感的父亲。父亲的工资都交给儿媳来保管，补贴家用，虽然不多，但也让儿媳感到被信任和尊重的快乐，一家人的生活因为父亲的回归发生了彻底的改变，他和妻子彼此也多了一份体贴，有时候为了给对方"留面子"也会在父亲面前夸奖几句，渐渐两人的关系越来越亲密。

这个故事的前半段，是一出常见的家庭剧，但是到后半段，因为父亲找到了自己的归属感，成了一个难得一见的榜样家庭，如果天下的子女都能像这样，不幸福的家庭则会大大减少。

"我的命没有这么好，我自己也没有条件给父母提供一个好工作养心养志。"可能有的人会这样说。说这样的话的人，其实是没有真正懂得如何珍惜父母与自己相处的时间，也没有真正理解一个幸福的家庭最重要的是什么，所以他们也就得不到真正的幸福。

听从母亲的教育惠及家人

有一个富豪给母亲摆寿宴，请所有路过的人吃饭喝酒，花了几百万的银两办宴席。他自己觉得脸上很风光，没想到，母亲却悄悄叫他进屋给他讲了一个真实的故事：

沈万三秀是明朝初年江苏昆山一带有名的大富翁。他原名沈富，因当时民间习惯将名门望族中的人称作"秀"，连上姓名和排行，因此他又被称作沈万三秀。至于其中再嵌上一个"万"字，则是因为他拥有万贯家财。

沈万三秀竭力向刚刚建立的明王朝表示自己的忠诚，拼命地向新政府输银纳粮，讨好朱元璋，想给他留个好印象。

朱元璋于是下令要沈万三秀出钱修金陵的城墙。沈万三秀负责的是从洪武门到西门一段，占金陵城墙总工程量的三分之一。可沈万三秀不仅按质量提前完了工，而且还提出由他出钱犒劳士兵。

沈这样做，本来也是想讨好朱元璋，但没想到弄巧成拙。朱元璋一听，当即火了，他说："朕有百万雄师，你犒劳得了吗?"

沈没听出朱的弦外之音，面对如此诘难，他居然毫无难色，表示："即使如此，我依旧可以犒赏每位将士银子一两。"

朱听了大吃一惊。在与张士诚、陈友谅、方国珍等武装割据集团争夺天下时，朱元璋就曾经由于江南豪富支持敌对势力而吃尽苦头。现在虽已建国，但国强不如民富，这使朱感到无法忍受。如今沈竟然僭越，想代天子犒赏三军，仗着富有将手伸向军队，更使朱元璋火冒三丈。但他没马上表露出怒意，只是沉默一下，冷言："军队朕自会犒赏，这事儿你就不必操心了。"

朱决意治治沈的骄横之气。

一天，沈又来大献殷勤，朱给了他一文钱。朱说："这一文钱是朕的本钱，你给我去放债。只以一个月作为期限，第二日起至第三十日止，每天取一对合。"

所谓"对合"是指利息与本钱相等。也就是说，朱元璋要求每天利息为百分之百，而且是利滚利。

沈虽然浑身珠光宝气，但腹中空空，财力有余，智慧不足。他心想，这有何难! 第二天本利两文，第三天四文，第四天才八文。区区小数，何足挂齿，于是沈非常高兴地接受了任务。

可是，他回家仔细一算，不由得傻眼了，到第三十天也就是最后一天，利息总数竟高达五亿多文。要交出五亿多文钱，沈只能倾家荡产了……

后来，沈果然倾家荡产，朱下令将沈家庞大的财产全部抄没后，又下旨将沈全家流放到云南边地。

母亲的这个故事让财主如梦初醒，惊得一身冷汗。

"母亲教育的是，那现在我该如何收场呢？"

"你把孩子们叫来，让他们去请街上的叫花子过来一起吃饭，别人送给我的贺礼，你都换成钱买米给流民们吃粥。"母亲的建议提醒了儿子，他就以母亲的名义建了一个给无家可归的人避风雨的房子，逢年过节带着孩子给穷人发粥，自己在生活上也简朴了不少。从此这一家成了方圆百里有名的望族，家风正直，受人尊重，连官府也对他们尊敬三分。而代代相传的家训，就是敬老和带着孩子做善事。

用一颗孝心去理解仁

"百善孝为先"，孝是一种最基本的美德，一个人拥有一颗孝心，他自然而然也会产生同情心、宽容心、忍让心。"仁"即为"孝"之后的另一种美德。一个人只有对父母的孝心，而无对他人的仁爱之心，也不能算是真正的孝，因为孝心应该是发自内心的一种力量，这种力量遇到父母变成"孝"，遇到别人则变成"仁"。

孔子的一生都在践行自己的仁爱主张，他相信"仁"是所有品德中最珍贵的一种，因此也一直告诫学生要珍视仁爱。

子产是春秋时期郑国的政治家和思想家，在郑国为相数十年，他仁厚慈爱、轻财重德、爱民重民，执政期间在政治上颇多建树，被清朝的王源推许为"春秋第一人"。

子产心地仁厚，聪明善良，至今中国的老百姓都非常尊崇他。他济贫并救人于危难，喜欢行善，特别是从不杀生。

一天，一个朋友送给子产几条活鱼。这些鱼很肥，做成菜肯定是一道美味。子产非常感激朋友的好意，高高兴兴地收下了礼物，然后吩咐仆人："把这些鱼放到院子里的鱼池里。"

他的仆人很不解地说："老爷，这种鱼是鲜有的美味，如果将它们放到鱼池中，池里的水又不像山间小溪那样清澈，鱼肉就会变得松软，味道也就不会那么好了，而且这些鱼在脏脏的鱼池里得不到营养说不定会死去。这是您的朋友送的礼物，您应该马上吃掉它们，一来不辜负朋友的美，二来还可以补充营养。"

子产笑了："这里我说了算，照我说的做。我怎么会因为贪图美味就杀掉这些可怜无辜的鱼呢？我是不忍心那样做的，我宁可让他们自然死亡，也不让他们死在餐桌上。"

仆人只得遵照命令。当仆人把鱼倒回池中时，眼见鱼儿悠游水中，浮沉其间，子产不禁感叹说："你们真幸运啊！如果你们被送给别人，那么你们现在已经在锅中受煎熬了！"

人都需存有善念，心中有善就会觉得生活很充实。再以后每当有人赠送活鱼给子产，子产从来不忍心，以享口腹，而使活生生的鱼受鼎俎烹割痛苦，总是命人把鱼畜养在池塘里，眼见鱼儿优游水中，浮沉其间，子产心胸畅适，不禁感叹地说："得其所哉，得其所哉！"

子产主张"为政必以德"。孔子称赞子产："有仁爱之德古遗风，敬事长上，体恤百姓。"子产因其聪明和善良，而被人们传诵至今。

"仁"并不是先天就有的，只要有心培养，我们都可以成为一个有仁心的人。

一天，在孔子的私人书院，他平生最为得意的学生颜回向孔子来请教有关"仁"的问题。颜渊问怎样做才是仁。孔子说："克制自己，一切都照着礼的要求去做，这就是仁。一旦这样做了，天下的一切就都归于仁了。实行仁，完全在于自己，难道还在于别人吗？"颜渊说："请问实行仁的要领是什么？"孔子说："不合于礼的不要看，不合于礼的不要听，不合于礼的不要说，不合于礼的不要做。"

哪些能做，哪些不能做，在孔子看来，知晓这些道理，就能做到"仁"了。进一步来说，所谓"仁"，便是"我为人人，人人为我"，相互亲爱而不伤害，相互敬重而不轻薄。这是一种极理想的行为指南，是孔子一生所崇奉的最高的人生境界。

孔子还用恭、宽、信、敏、惠这五种为人的品德来说明"仁"的性质，孔子认为，只有同时具备这五种品德才能成为仁人，哪怕缺少一项也不行。可见其对"仁"的重视程度。与孔子相同，在孟子看来，"仁"也是一种做人的基本道德情操，但是他更看重"仁"在现实政治上的反应，他要求统治者行仁政，做仁事，要对人民有深切的同情和爱心。

当四川发生地震的时候，全国人民都行动起来，能够奔赴灾区的就急忙赶到身处险境的灾民中间；不能够离开岗位的，就捐钱捐物、去医院献血；有的人在电视画面上看到别人的痛苦，自己的眼中也满含泪水……这些我们亲身经历的事情，其实就是"仁"。

无论我们是对待身边的人，还是对待素不相识的人，只要怀有一颗宽厚仁慈的人，学着为别人分担忧愁、替别人担心生死，我们就走进了"仁"的世界中。

莫要蒙蔽住你"孝"的良知

现在常常看到一些报道子女不赡养老人的新闻，有一些生活在城市里的年轻人因为难以承担父母搬进城的生活成本，就干脆对老人不管不顾，让老人在家里受苦受累，还有一位名校的高才生从毕业之后就去国外工作，二十多年以来没回过家，连父亲病逝都不知道，只留下母亲在人行过道里卖菜，让很多人闻之而惊骇：难道这位高才生没有作为子女的良知吗？

良知是什么呢？据说，当年一个贼也曾问过这个问题。

王阳明的一个学生，晚上睡觉的时候捉到一个贼，他就对贼讲："你难道没有良知吗？为什么去做贼呢？"贼大笑起来，说："请告诉我，我的良知在哪里呢？"这个时候天很热，他就对贼说："你把上身的衣服脱光。"贼照做了，他又说："还是太热了，为什么不把裤子也脱掉呢？"贼犹豫了，说："这，好像不大好吧。"他向贼大喝道："这就是你的良知！"贼立即悔悟了，向这个学生磕了个头离开了。

这个人用一句话激发了贼的良知。所谓"良知"，最简单的说法，就是一个人的善恶之心、羞耻之心。其实每个人心里都有善良，追求美好的东西是人类的本性。

传说著名高僧一灯大师藏有一盏"人生之灯"，这可不是一盏普通的灯。这盏灯，灯芯镶有一颗 500 年之久的硕大夜明珠，这颗夜明珠晶莹剔透，光彩照人。这盏灯非常有名，有很多人一直想得到这件宝物。

据说，得此灯者，经珠光普照，便可超凡脱俗、超越自我、品性高洁，得世人尊重。有三个弟子跪拜求教怎样才能得到这个稀世珍宝。

一灯大师听后哈哈大笑，他对三个弟子讲："世人无数，可分三品：时常损人利己者，心灵落满灰尘，眼中多有丑恶，此乃人中下品；偶尔损人利己，心灵稍有微尘，恰似白璧微瑕，不掩其辉，此乃人中中品；终生不损人利己者，心如明镜，纯净洁白，为世人所敬，此乃人中上品。人心本是水晶之体，容不得半点尘埃。所谓'人生之灯'就是一颗干净的心灵。"

一灯大师的妙语道破玄机，原来，人世间最宝贵的不是珍宝，而是一颗宽厚无私、品行高尚的心灵，那是对这个社会的更宽广的孝心，是纵有千金也不能买到的稀世珍品。

孝心开，百善之门全开

咸丰八年，曾国藩的湘军在逐渐扭转劣势、气势如虹的时候，却不幸于三河之役惨遭覆没，曾国华（曾国藩之弟）、李续宾等将帅皆阵亡。曾国华的死，使曾国藩受到严重的打击，他对家族的未来更为担忧，遂决心与兄弟们同心协力，共同挽回家运。于是，他在信中告诫弟弟们三点："第一贵兄弟和睦；第二贵体孝道；第三要实行'勤俭'二字。"曾国藩认为，要振兴家业，必须孝顺长辈，用孝顺祖父母的爱心来爱叔父；用孝顺父母的爱心，来爱温弟（死去的曾国华）的妻妾儿女以及兰、惠二家。

其实，"孝"字一直是曾国藩书信中强调的主题，更重要的是，曾国藩一生都能身体力行这个"孝"字。下面截取曾国藩的几个生活片段，相信会令大家深受感动。

道光年间，曾国藩还不过是个翰林院编修的穷京官，天天尚为生计犯愁，但他托人千里迢迢将昂贵的阿胶补品带回湖南老家孝敬父母。有一次，他得知母亲患了牙疾，但家乡的来信中没说这件事，曾国藩就特意强调下次来信一定详细告知病情，母亲过世的消息，让哀痛之极的曾国藩立即脱下官服，披麻戴孝。他由于归乡心切，不带行李，只带一名仆人，一赶到家便跪在母亲灵前痛哭。正当曾国藩为母亲寻觅安葬之地的时候，咸丰帝令其出山为朝廷效力，接到谕旨后，曾国藩想到母亲的灵柩尚未安葬，立即写折辞谢皇帝的命令，请求在籍为母守制尽孝三年。后在至交郭嵩焘的劝说下，曾国藩才应命出山，临行还特意叮嘱曾国荃、曾国华先在家为母守孝。后来，曾国藩一直为未尽孝心而深深遗憾。

令人敬佩的是，曾国藩不仅对生身父母尽孝，对乳母也十分孝敬。在其乳母逝世后，他写了一副"一饭尚铭恩，况曾保抱提携，只少怀胎十月；千金难报德，即论人情物理，也当泣血三年"的挽联，以寄托对乳母的怀念和哀思。这副对联运用韩信"一饭千金"典故作为铺垫，既恰如其分，又感人肺腑。

中国有一句古话："百善孝为先"。意思是说，孝敬父母在各种美德中是占第一位的。如果一个人连自己的父母都不孝敬，就很难想象他会热爱自己的祖国和人民。孟子的"老吾老，以及人之老；幼吾幼，以及人之幼"说的就是人要像孝敬自己的父母、爱护自己的幼子一样去孝敬别人的父母、爱护别人的幼子。

四、有担当的人才真正理解了孝的精髓

孝是一切美德的基础

在孔子看来，孝是一个人的立身之本，"其为人也孝弟，而好犯上者，鲜矣；不好犯上，而好作乱者，未之有也。君子务本，本立而道生。孝弟也者，其为仁之本与"。意思是，人如果对父母很孝顺、对兄长也很尊敬，这样的人却喜好犯上的，是很少的；不喜好犯上，而喜好作乱的，更是从来没有过的事。君子重视根本，根本的东西建立了，人生才会一帆风顺，而孝敬父母、顺从兄长，这就是为仁道的根本啊。

《论语》教导人们孝敬父母，一方面是为了让人们报答父母的养育之恩，另一方面，也是为了培养人们的这种诚意，真心地尊敬每一个人，用心地对待每一件事情。一个人从小就生活在家庭里，从出生开始，父母就怀抱着，哺育着，儿女对父母的感恩之情是最深的。如果一个人连父母都不能从心底里感恩，发自肺腑地尊敬，那么还能谈别的事情吗？所以，古人经常说："忠臣必出于孝子之门。"

茅容是东汉时期河南陈留人，字季伟。在茅容四十岁时，他还只是个非常普通的农夫，让人称道的是，他对自己的母亲特别孝顺，为了增加庄稼的收成，更好地奉养母亲，不管刮风下雨，他都非常辛勤的劳作。

有一次，他又在地里辛勤的耕种，忽然天降大雨。茅容和在地里耕种的其他人都跑到一棵大树下避雨。只见其他人都在树下吊儿郎当地或站或坐，谈笑粗俗，只有茅容一个人在那里端正地坐着不说话，这时候，有一个人从此处经过，见到茅容气质不凡，就主动与茅容交谈起来。两个人一直聊到天黑还言犹未尽，于是此人就随茅容回家住宿。

此人正是当时的名士郭林宗，郭林宗学识渊博，有弟子千人，十分爱结交有德之人。两人一夜无话，第二天一大早，郭林宗看到茅容在杀鸡炖汤，就以为茅容要款待自己，不禁为茅容的好客所感动，但是等到吃饭的时候，茅容端上来的却是山肴野蔬。郭林宗不禁暗自惊讶。后来，他才知道茅容把炖好的鸡肉一分为二，一份让母亲这顿吃，另一份留着让母亲下顿吃，而自己和客人都吃山肴野蔬。郭林宗不禁感动于茅容的孝心，他对此大加赞赏，并主动提出教茅容学习圣贤之道，后来，在郭林宗的指导下，茅容成了学位、品行并重的人，而他孝顺母亲的故事也广为流传。

把好东西让给父母享用，这个举动看似简单，但并不是谁都能做到，茅容的故事让我们明白，孝顺父母是品德完善的表现，而这种孝心有时候跟成功、学识和名利关系并不是太大，不管是学识渊博的知识分子，还是耕作田间的农夫，只要有孝顺父母的心意和做法，都值得人尊重。

一个心存感恩的孝子，一定会成为一个仁者；一个尊敬师长的晚辈，一定会成为一个智者。拥有大仁大智的圣贤之师和普通人的差别，关键就是他们是否拥有出于心底的诚意、认真对待所有事物的"孝"心。

《论语》课上，教授说："孝，是一个人的立身之本。"于是一个学生问教授："人如果能孝，那么就能提高学习成绩吗？"

一个银行的职员问教授："人如果能孝，就可以做好工作吗？"

教授打开《论语》，说："大家看，孔子是怎么讲孝的。"于是教授读道："子游问孝。子曰：'今之孝者，是谓能养。至于犬马，皆能有养。不敬，何以别乎？'"并解释说："孔子这句话，意思是说，大家都说能养活父母就是孝，可是家里的狗啊，马啊，主人不都是在养活他们吗？如果心里不尊敬父母，那么养父母和养狗马有什么区别呢？"

大家沉思了一会，学生忽然说："我明白了，这句话可以换成：'今之学生，是谓能读书，至于录音机，也能读书，不用心，何以区别乎？'"

银行职员也说："我也明白了，这句话可以换成：'今之收银员，是谓能数钱，至于点钞机，也能数钱，不敬业，何以区别乎？'"

教授开心地笑了，说："我加一句吧，这句话可以换成：'今之教授，是谓能传播知识，至于讲义纸，也能传播知识，不为人师表，何以区别乎？'"

下面的听众纷纷举手，说："我也可以换……"

是的，孔子告诉我们，什么是真正的孝呢？不仅仅是能养活父母，而关键是在尊敬父母，心里有这样一分诚意。所以富有的人轻而易举地给父母盖一栋房子，不如穷人的儿子怀着感激之情为父母热一碗汤菜。孝心的可贵，就在于孩子的一片真心。拥有了这份发自肺腑的孝心，也就拥有了所有高尚品德的根基。

焦华，晋代南安人，父亲名叫焦遗，是西秦安南将军。焦华是个孝子，平日里对父母照顾得十分周到。

有一年冬天，焦遗生了重病，焦华不分白天黑夜地服侍父亲，但是焦遗的病迟迟不见好转，焦华整天忧心不已，后来，父亲说很想吃新鲜的瓜，这可难为住了焦华，冬天上哪儿去找瓜呀？他整天茶饭不思，一心想为父亲觅得一瓜。一天，他在美好的愿望中睡着了，并做了一个奇怪的梦，一个声音对他说，我给你送来了瓜。焦华别提多高兴了，接过瓜就笑醒了。醒来之后，明白自己只是做了个梦，他不仅感觉到失望，但是没想到他手里真的拿了一个新鲜的瓜。他的父亲食用后，精神一下子就好了很多，慢慢地病竟然痊愈了。

后来，他的纯孝事迹被西秦王乞伏乾归知道了，就提出把自己的女儿许配给她，没想到焦华却说王姬身份高贵，自己没有能力让她过上好的生活，没有资格娶如此尊贵的小姐，而婉拒了这门亲事。

焦华说的话一半是事实，一半是托词，他只是觉得孝顺父母是自己应该做的事情，而不是自己攀龙附凤的工具，因此才婉拒了这门亲事。

乞伏乾归自然也明白焦华的意思，他不但没有生气，反而让他担任了尚书民部郎一职。

热爱学习、热爱工作、敬业爱人，所有这些高尚的品格正是从"孝"这一个小小的点上成长起来的。当我们再去追求那些高尚的美德的时候，先看一看自己是否能够做到孝，是否拥有一颗孝心吧。

孝是对亲情责任的承担

"士不可以不弘毅""天下兴亡匹夫有责""穷则独善其身，达则兼济天下"这些千古名言，其核心词汇就是"承担"和"责任"。人在这天地之间，不仅要负担起培养自己的责任、也要负担起天下兴亡的责任。勇于承担，在儒家而言，就是在强调个人对他人和社会的责任，每个人都担起弘扬社会正气的责任，人人对自己负责，何患个人良知与社会风气的双重堕落？

孝，可以理解为人子之责任的一种担当。负担起父母晚年的生活，既要养其身，更要养其志。这种承担意味着我们必须拿出耐心和诚意面对日常生活的琐碎，面对现实生活中各种经济压力和物质要求，有时候也要牺牲自己的想法，牺牲青春潇洒的快乐。这种承担只有在别人的口中才会变成荣誉和美德，于自己只是各种要一点一滴完成的小事。

《论语》中有言："父在，观其志；父没，观其行；三年无改于父之道，可谓孝矣。"一个人听从父亲的教诲，将父亲的遗愿继承和实现，被认为是真正的孝子。

太史公司马迁之所以在遭受耻辱的宫刑之后苟且偷生，就是因为他想要实现父亲秉笔直书历史的愿望。历史上有名的学问家父子有很多，例如刘向刘歆父子，琅琊颜氏一门，清代王念孙王引之父子等，他们不仅成为文化史上的风景，更装点了父子同心向学的传统家庭意境画，让人想到那些诗意、典雅的文化世家的景象。

很多人觉得，把父母的追求当成自己的追求，等于承认自己只是父母生活的附庸，放弃了自己人生的选择权。有一些父母过于渴望孩子走上自己的人生道路，采用强制的方式来给孩子安排人生，也引发了孩子的反感情绪。

但子承父业，其实是有一定道理的。人生苦短，我们的视听都有限，而在一个有积累的父亲的影响下长大的孩子，他在无形之中就比别人多了一份沉淀和底子，比起那些毫无积累的人来说，更加容易做出一番成就来。这种文化上的继承，即是对自己出生时责任的承担。

孝，是一种责任。父母养育子女，为子女的成长付出了大量的心血和劳动，做子女的理应孝敬父母，回报他们的养育之恩。这不仅是子女的道德义务，也是子女的法律责任。

一个幸福美满的家庭是爱与责任的完美融合。只有爱的家庭是不稳定、不牢固的，只有责任的家庭是不完满、不快乐的，只有同时拥有了爱与责任，家庭才会永远和睦。

有人说过："婚姻家庭很像一个大行囊，有了它，走遍天下方便舒适，尽管有时它的体积和重量会让你感觉是累赘，但你选择了旅行就必须背着它。这就是你要从行囊中获得最大限度的满足而应尽的义务，要获得的满足越多，背负的体积和重量就越大。生命的旅途，你选定组成了一个婚姻家庭，就必须背负责任的约束：诚实信任、平等互爱、理解包容，还要教养孩子、善待双方家人特别是双方老人，缺一不可！"

儿女是父母身上掉下来的肉。从十月怀胎到忍痛分娩，从蹒跚学步到成家立业，其间父母付出了多少心血不言而喻。作为儿女，不管是贫穷富贵，赡养老人都是天经地义、不容推卸的责任。

孝，是一种责任，是每个人必须遵守的责任。父母把我们拉扯大，事事为我们想着，好吃的东西留给我们吃，挣来的钱先花在我们身上。难道我们不应该对父母好一点吗？

有情有义是孝的推广

如果把"孝"当成是亲人之间的羁绊和承诺，那么"义"就是从亲情推而广之的期许和担当。"孝"要求子女不计成本也不求回报地去对待父母，这种毫无私心的情感是一种高尚的美德，它也会反过来帮助我们完善自己的人格，让我们在与普通人的交往中多一分宽容和大度，带给我们意想不到的收获。

中国有句古话，君子和而不同，小人同而不和。君子之间可以相互持有自己的意见，同时相互尊重成为好朋友，他们并没有想通过结交朋友为自己谋利益，也不想为此放弃自己的立场。而小人就不同了，他们总是习惯于从对方身上取得最大的利益，所以会在意自己被谁利用得多一点。在这些人身上，看不到友谊的光辉，更不可能得到"义"的回应。

电视剧《士兵突击》曾一度得到观众的热捧，这是一个没有女主角的戏，一帮男儿可以得到男女老少不同层次的观众一致认可，不得不说那是因为其中蕴含了太多我们认为美好，而这个世界又实在太缺少的情感。生活中优秀的人太多，而能够和许三多一样简单、真挚的人太少。还记得这样一段情节：

一条路让团长把许三多调离了红三连五班，但许三多已经把五班当作了家，他不愿意离开家，为此指导员很生气。当班长老马把他送到连部的时候，指导员却说："带了上千号的兵了，我最信一种有情有义的兵，你小子有情义，不枉你班长对你好。虽然你这样在部队里是不行的，可我现在忽然有点看好你了。"

正像指导员所说的，许三多是个有情有义的人，他珍惜身边的每一个人，珍惜他生活过的每一个地方。他把五班当成了家，即使有调到团部的好机会他也不愿离开；他把班长史今当成了精神的依靠，为了留住班长他玩了命训练，班长走时他不顾军容军纪大哭大闹；他把钢七连"不抛弃，不放弃"的精神铭记于心，即使连队解散了，他依然坚守着钢七连的精神；他把伍六一当成朋友，老 A 选拔赛上，在伍六一腿受伤的情况下，宁愿背着他跑，宁愿放弃进入老 A 的机会，也不抛弃战友独自冲刺；原来的连长高城推荐成才再次参加老 A 的集训，袁朗认为成才仍然不够资格进入老 A，想将他退回，而许三多见到了成才的进步，据理力争，为成才争取到了一个机会：在"Silence"的行动中，从 14 米高空落下的许三多受了重伤，但他清醒之后，拒绝了救护的要求，凭着毅力和坚持，来到了师侦营的指挥中枢，配合自己的战友，完成了他们本不可能完成的任务，也赢得了所有人由衷的敬佩……

有情有义的许三多把钢七连"不抛弃，不放弃"的精神演绎到了极致，让每个人为之感动、为之震撼。就像成才所说的，许三多是一棵树，有枝子，有叶子，所以他能够长成参天大树。而成才自己则是一根电线杆，枝枝蔓蔓都被他自己砍光了。现在，我们不妨反思一下自己，你是一棵树，还是一根电线杆？当我们渴望通过各种证书和关系来证明自己的时候，是否忽略了培养自己身上的"义气"？有时候，敢去承担的义气，比一张学历证书更具有号召力。

在青岛港前湾集装箱码头桥吊队的工人们眼里，他们的队长许振超就是一位老大哥，只要别人有困难，他都会无私帮助。在家属眼里，许振超是自己的亲人，只要有困难，就可以找他。

青岛港前湾集装箱码头桥吊队有个惯例，只要工友有困难，许振超总是发动大家捐款。一位工友的妻子得了尿毒症，许振超组织全队捐款 4000 多元，而他自己一下就掏出了 2000 元。几年来，他已经捐款了上万元。他常说，只要在这个集体里工作过，全是自家人，人走茶不凉。他至今还与已经离开桥吊队的农民工保持联系，听说有人生活出现困难，他总忘不了捎去一二百元。

许振超为工人们配备了"两卡一册"。"爱心卡"是给家属的，写着"有事找振超"。"安全卡"是专门给职工的，上面记录着一些安全隐患。而"小册子"记录着每个工人的家庭情况，工人结婚他送去祝福，工人亲属生病他去探望，就像对待家人一样，他毫不吝惜地奉献着自己的爱心。

正是有了这样的"老大哥"，才有了一个温馨如家的青岛港前湾集装箱码头桥吊队。在许振超的带领下，2005 年以来，"振超团队"不断涌现出优秀科技人才，获得包括 2006 年马士基世界码头操作龙虎榜冠军在内的近百项荣誉。青岛港集团董事局主席、总裁常德传说："为什么会有振超效率？许振超对下面的一帮子人能够领起来。在许振超的带动下，他的绝活，80% 以上的人都已能熟练掌握，许多工人还掌握了新的绝活。世界纪录不断被刷新，已不仅是许振超一个人的力量，更是许振超带动下的团队的力量。"

2007 年 5 月，"振超团队"连续 6 次打破集装箱装卸作业世界纪录。2007 年上半年，青岛港集装箱完成吞吐量 460 多万标准箱，许振超正带领着"振超团队"向全年 900 万标准箱的目标前进。

如果我们把每一次"合作"都看成是"利用"和"博弈"，把每一场相逢都理解为关系和人脉，我们失去的不仅仅是可爱的生活，还有人生的快意和豪情。义气，能让"伙伴"不会变成钩心斗角的"对手"，让落到肩头的责任变成一种荣誉和使命。一个有情有义的人运气永远不会太差，他的生活中容易出现贵人，那些普通人也会围绕在他周围成为一股强大的力量。

提高行孝的经济实力

如果要问，"孝"这种情感可以让你得到什么，那就是明白责任的含义，理解担当的分量，多一份人性中的义气。但这些都是更深层次的获得，孝对于每一个普通人最基本的教育，就是让你明白，你必须可以负担起自己的生活。

有一位外科医生说，每当他看到那些在手术室外徘徊痛苦的子女，因为高昂的手术费用而一筹莫展的时候，他就觉得，没有解决基本的生活问题的子女，算不上孝。在这样的关键时刻，可以在手术单上签字就是一种实实在在的孝，如果每个人都等到灾难临头的时候才明白这一点，就实在太晚了。

孔子说，父母之年不可不知，一则以喜一则以惧。这其中的"惧"，就是说应该对父母年老之后的种种情况有所设想，万一遇到疾病或者是更严重的情况，要有所准备。不能让父母的生命因为交不出手术费用而命悬一线，也不能让父母害怕自己成为家庭的累赘而不敢求医问药。说得更加直白一点，就是要强大自己的经济实力，要通过自己的双手创造财富。如果一个人把"孝"放在心上，他的每一天都应该是充实而努力的。

有的人说，我出身普通，父母也没有给我提供一个很好的平台，现在的社会竞争这么激烈，岂是勤奋就可以改变命运的？这样想的人只是在给自己找借口，要知道，我们每个人都不能拿自己和别人比较，重要的是拿自己和昨天比较。

勤奋刻苦是成功的点金石，一个勤奋的人，即使一开始没有表现出惊人的天赋和过人的才华，但是只要他能够踏踏实实、坚持不懈，最终将比那些浅尝辄止、反复无常的天才取得更大的成绩。从某种意义上说，天才离不开勤奋就像勤奋离不开天才一样。

　　从前有一个农夫，他辛辛苦苦劳作了一辈子，终于换来了富足的生活，可是，这时的他已经老态龙钟了。他感觉自己将不久于人世，便想给孩子们留下几句话，想让他们也和自己一样辛勤地劳作。

　　一天晚上，他把三个儿子叫到身边，对他们说："我首先要告诉你们，我死了以后，这间房子和田地当然都是你们的，你们可以平分。另外，我还有一个秘密也要让你们知道，那就是我还有一罐财宝埋在田地里面，这些财宝足以让你们一辈子吃穿不愁。有一天我会告诉你们那些财宝埋藏的具体地点。"老农夫说了一大通，儿子们听着，眼睛都发亮了。

　　可是，老农夫后来并没有再提起这件事情。更让儿子们揪心的是，老父亲还没有来得及告诉他们财宝藏在何处，就突然离开了人世，这多少让儿子们感到些许遗憾。

　　儿子们照着父亲的遗言平分了田地，都希望那罐财宝能埋在自己所分的田地里。因为父亲确实说过财宝埋在祖传的田地里，于是，他们三个人分头挖掘自己的田地。他们整天早出晚归地翻耕，但除了几块破瓦片，什么财宝都没有找到。一年过去了，那罐财宝仍然没有找到，不过田里的收成比以往任何一年都要好——他们终于领悟了父亲临死前所说的话语：辛勤劳动就能创造财富。原来，"辛勤劳动"就是父亲留给他们的最重要的财宝。

　　当然，我们对勤奋的理解也不能简单地停留在日出而作日落而息、黎明即起洒扫庭院的基础上。我们不仅要勤于动手，更要勤于动脑。而且现在财富和机遇都偏向脑力劳动者，如果你没有动脑筋思考如何改变自己的生活条件，没有思考致富，那也不能算是一个真正勤劳的人。其实，总结很多财富大亨的致富经验，你会发现原来大部分人成功并不是靠的简单的重复，而是不断审视自己，不断调整路线。

李嘉诚这个名字对年轻人来说虽然耳熟，但是可能很多人并不知道他的身份。他拥有众多国家的荣誉头衔，当然也有很多资产，但是最重要的是，他的影响力——他从香港开始发展，成为今天亚洲最有影响力的富人，也是全球的风云人物。他被称为华人中的比尔·盖茨，是中国企业家的偶像。他可以和国家领导人对话，对整个中国的经济发展做出了巨大贡献。这样一位戴着黑框眼镜，笑容可掬，又似乎高高在上的老人，也曾是一个追梦少年，正是一步一步地调整，让他慢慢走到今天。

1928 年在中国历史上是不安的一年，第一次国共合作结束了，两党从战友变成了敌人，各地有势力的军阀各自为政，全国没有统一的政府组织；在这一年，武汉大学成立，清华大学正名；起义和工人运动此起彼伏……在这样的背景下，李嘉诚出生了。

李家可以说是书香世家，家族的治学风气甚浓，父亲是一位小学老师，平时培养儿子读书习字。虽然世事动荡，李嘉诚在家人的照顾下还是很快乐。

然而安宁祥和很快被摧毁了。1939 年，日本的飞机整日整夜对潮州地区狂轰滥炸，潮州城一片废墟。李氏一家在流弹硝烟中，步行十几天辗转到香港避难。一家人寄居在舅父家里。祸不单行，这时候李嘉诚的父亲李云经因劳累过度不幸染上肺病，家人的生活更加拮据了。两年以后，作为全家支柱的父亲还是撒手归西了。14 岁的李嘉诚从此结束他的学业出来谋生，他感到自己是母亲和弟妹们的希望。

他先在舅父庄静庵的中南钟表公司当泡茶扫地的小学徒。他每天总是第一个到达公司和最后一个离开公司。本来漂泊异乡、寄人篱下的打工糊口已经非常辛苦，他还依然坚持不懈的学习。他除了《三国志》与《水浒传》，不看小说，不看休闲读物。晚上收工了，他在昏黄的灯光下看着一本旧辞海，一本老版的教科书，自己摸索教学，有模有样地给自己上课。

很快过去了三年，他"跳槽"到一家五金制造厂以及塑胶带制造公司当杂役。有一天，老板需要人帮他写信，刚好工厂文书请病假，老板就问："哪个人比较会写信、字写得好一点？"四五个职员都指向李嘉诚："叫他写，他每天都念书写字。"李嘉诚立即动手写了好几封信。信寄出去之后，老板的朋友非常欣赏，问他："你这位先生是什么时候请的？比原来的要好。"这让老板对李嘉诚刮目相待，很快就把他从做杂役的小工，提升为货仓管理员。李嘉诚终于有力量能让母亲和妹妹过上安稳的生活了。

李嘉诚在货仓管理员的位置上并没有待多长时间，便转为走街串巷的推销员，为了省钱，他很少坐车，"我17岁就开始做批发的推销员，就更加体会到挣钱的不易、生活的艰辛了。人家做八个小时，我就做16个小时。公司内的推销员一共有七个，都是年龄大过我而且经验丰富的推销员。但由于我勤奋，结果我推销的成绩，是除我之外的第一名的七倍。这样，18岁我就做了部门经理，两年后，又被提升当总经理。"

李嘉诚不仅仅勤于奔走，更加勤于思考。从他开始创业至今，社会环境发生了巨大的变化，很多当时和他一起的公司都纷纷倒闭，也有很多当时比他要更有经验和资本的企业最终破产。他能够走到今天，不得不说是有眼光、有判断力的结果。但归根结底，还是他对家庭的责任心在不断推动他前进。

研读任何一个成功人士的传记，你会发现他们身上共同的特点就是"智慧"，这种智慧不是天生的，只有努力改变自己的认知世界，努力向周围优秀的人学习，才能随着年纪增长而变得智慧起来。

用勤奋来提高自己的经济能力，用经济能力来保证行孝的物质基础，让父母过上更富足的生活。从孝的角度出发，你也有足够的理由让自己生活得很好。

强大之前，舍得吃苦

现代有些人的大毛病，就是只会享福，不愿吃苦，而且是享父母的福，然而他们的结局往往是悲剧，不仅自己受苦，还让父母跟着受累。

一般做父母的，常常以为年纪大了，应该享福，然而如果子女却没有让父母享福的能力。父母就享不到福，便叹命苦，便悲福薄。所以，作为儿女在自己强大之前，在自己能让父母享福之前，自己先要舍得吃苦。

有人问，我也想自己很有钱来孝顺父母，也想对他们的要求有求必应，也想给他们提供最好的生活条件，但是我的能力在这里，我的机遇也不好，父母又没有给我留下什么值得依赖的资源和平台，你让我怎么去强大自己的经济实力呢？

确实，很多人都想致富，金钱可以解决生活中很多的矛盾，尤其是亲戚之间的一些不愉快，但是不是每个人都要坐等运气和父母留下来的财产来致富呢？是不是所有的不如意都可以用"运气不好"来总结呢？这里，我们给所有渴望给父母提供很好的生活条件的人一个忠告——要舍得吃亏吃苦，才能改变命运。

子曰："爱之，能勿劳乎？忠焉，能勿诲乎？"

孔子说：既然爱他们，怎能不加以勤勉？既然忠于他们，怎能不给予教诲引导？

这句话既是讲教育，也是讲个人修养。而"劳"并不是一定要让每个人都从事"田间劳作"等体力劳动，而是要让他知道做学问和为人生的艰难困苦。因为只有吃得了苦，才能学到真本事、真学问。真正爱一个人，就应该让他学到真本事，去吃一点苦、受一点挫。而且，能吃苦的人更容易受到别人的青睐。

中国功夫的代言人李小龙13岁时有幸跟随叶问大师学习咏春拳，他的潜能被最大地发挥了出来。叶问注重对弟子的启发，让他们自己去思考、改进，而他之所以肯收李小龙做弟子，就是看到了他的悟性。

任何成功都不是一蹴而就的，都有一个时间和过程的积累，李小龙也是一样。为了人格，为了尊严，为了提升自己的实力，他坚持每天跑十公里，坚持每天练臂力，坚持每天写心得笔记，这些从未间断过。

李小龙觉得自己在香港的一切都来得太容易，很大程度上靠的都是父亲的人脉，他想走一条自己的路。19岁的他，带着100美元来到了美国，这是一条全新的路，要靠他自己从最底层做起。

在西雅图的日子，李小龙过的是半工半读的生活，和在香港的学习生活对比，现在的他校外生活异常艰苦，校内却是一名出色的学生，成绩也很不一般。学好知识的同时，他没有忘记自己的功夫梦想，习武从没间断过，有训练记录表明他练习踢达到每天一千多次！他的二指俯卧撑令观看的人瞠目结舌。

李小龙通过拼搏、奋斗开始了自己的事业，创立了"振藩国术馆"，也走上了自己梦想已久的影视之路，但他因为受伤差点不能再练武了。医生告诉他在床上休息，忘掉功夫，不能再练武了。对于一个曾经说过武术教会他一切的人来说，这是一个毁灭性的打击。即便他不能使用自己的身体了，却可以使用自己的头脑，在六个月休息的时间里，他记录了所有对他所深爱的武术的思考和一些技艺，共写满了八本笔记。六个月后，他又开始了训练，开始了教学工作。以后背痛时常困扰着他，但他在电影中的动作比任何一个强壮的人都要敏捷、到位，让人无法想到他是一个有背伤的人。

成功并不会错过默默无闻的人，有的时候，人的体力和意志都承受着极限的考验。在人的一生中，无论工作或生活，都有可能出现极限环境，或者可能说是极限困境。这时候就需要你能吃更多的苦头，咬牙挺过，成功便触手可及。

我们不怕享不到福，只怕吃不到苦。享福、吃苦，都是有代价。以吃苦始者，多以享福终；吃一己之苦者，享一己之福；吃众人之苦者，享众人之福；真正会享福者，先要备尝艰苦，而后苦尽甘来，始有滋味。只有这样，我们才能让自己强大，让父母享福。

爱惜名节，不让父母蒙羞

有一位哲人说，每个人都应努力让自己与自己的财富和名誉相称。这句话道明了财富和名誉带给人的另一种压力——如果你的意志和见识与你的财富和名誉不相称，它们会成为你的负担，而不是众人眼中所谓的"光环"。

有一种孝顺是"惜名节，不让父母蒙羞"，也就是说自己高风亮节，父母也会跟着骄傲。这不仅让自己的"光环"放大，更让父母的"光环"放大。对于父母而言，这是精神上的孝顺。

据记载，有一个文人留朋友在家里赏月，但是月亮迟迟不出，朋友要走，这个人就说，等看了"少焉"再走不迟。朋友很惊讶，不知道他所说的"少焉"是什么，这人扬扬得意地说："怎么你连东坡的文章都忘了，《赤壁赋》里不是说'少焉月出于东山之上'吗?"这人以为"少焉"是月亮的别称，还假装自己很懂古文，不知朋友把这个典故记下来让人们笑了他几百年。古往今来，那些伪装学问高深的人一直被人们所取笑；那些粉饰自己道德的人则为人不齿。没有一番决心和定力，保持美誉实非易事。

在古代官场，海瑞能够一直保持着自己的清廉正直，可以说是一个十分有担当的好官员。

海瑞出生于一个并不殷实的官僚家庭，四岁时父亲病逝，他和母亲相依为命，生活异常清苦。母亲勤俭持家，教子有方。在她的亲自督导下，海瑞自幼即诵读《大学》《中庸》等书，良好的家教与文化教育，使海瑞很早就有了报国爱民的思想。

海瑞

海瑞没有中进士，以举人出身而进入仕途，这使得他的升迁异常艰难。他开始被委任为福建一个县的儒学教授，到嘉靖三十七年（1558 年）升任浙江淳安知县的时候，他已经 45 岁了。官职虽小，海瑞仍然勤勤恳恳。此时，他的名声已经远近皆知。

淳安县虽小，却是往来三省的枢纽。各级官员多从此经过，接待费用往往高得惊人，给人民增加了很多负担。海瑞却不理这一套。

据说有一次总督胡宗宪的儿子路过淳安，随带大批人员和行李作威作福，并且凌辱驿丞。海瑞立即命令衙役拘捕这位公子押解至总督衙门，并且没收了他携带的大量钱财。然后发公文呈报总督，声称这个胡公子必是假冒，因为总督大人名望清高，不可能有这样的不肖之子。胡宗宪哭笑不得，也只好不加追究。

嘉靖三十九年（1560 年），钦差大臣鄢懋卿巡察各地食盐征收专卖情况，离开北京之前，他装模作样下令各地接待不可铺张浪费。当他要进入淳安时，接到海瑞写的一封禀帖，其中写道：淳安县决心按阁下的要求来做，公事公办。鄢懋卿接到禀帖以后，感到无可奈何，绕道而去。

连续触怒上司，使得海瑞的升迁机会更加渺茫。转机出现在嘉靖四十一年（1562年），严嵩倒台，胡宗宪和鄢懋卿也随即遭到免职，敢于和他们作对的海瑞因此声望大增，被提拔到朝廷做官。

嘉靖四十四年（1565年），已经升任户部主事的海瑞日益看清了明王朝的腐朽。

明世宗即位后，深居西苑，吃斋崇道，追求长生不老之术，不理朝政。督抚大臣争相奉上吉祥如意的符兆之物，礼官则专门为此上表祝贺。朝臣中，自从杨最、杨爵上书反对崇道而获罪后，再也没有谁敢评议崇道了。但在嘉靖四十五年（1566年），官职不大的海瑞却斗胆上了一个奏本，引起了不小的风波。

他在奏疏中说："君主是天下百姓和万物的主宰，责任十分重大。而您励精图治不久，就一心一意崇奉道教，耗费天下人力物力，大兴土木，这使国家法纪紊乱得不成样子。现在的天下，官吏贪暴横行，人民无法生活，水灾旱灾经常发生，各地盗贼此起彼伏，如何得了？"

海瑞还在奏疏中提道："尧、舜、禹、汤、文王和武王都是圣人，但都还是离开了人世，臣下也从没有听说有哪一个道士从汉、唐、宋以来活到现在。现在，朝中大臣因为害怕而不讲实话，我对这种现象十分愤恨，所以冒死上奏，愿为皇上尽点微力，只希望皇上能听进去。"

世宗看了海瑞的上疏，十分愤怒，将奏疏丢在地下，对左右的人说："赶快去逮捕他，不要让他逃走了！"宦官黄锦在旁说："听说他上疏时，自己知道会触怒皇上被处死，就买了一副棺材，与妻子诀别，在朝中等着皇上降罪。"世宗听了无话可说。过了一会，世宗又将奏疏取来再看，一连看了几遍，说道："此人可以与商朝的忠臣比干相比，但我不是纣王。"他下令将海瑞逮捕起来关在锦衣卫狱中，追究他的指使人。不久又把他交给刑部，刑部拟罪是处死，报给世宗，但世宗没有批示下来。后来，户部司务官何以尚猜想世宗并不想杀海瑞，于是上疏请求将海瑞释放。世宗大怒，下令锦衣卫将何以尚打了一百棍，关在监狱中，日夜拷问。两个月后，世宗死了，穆宗即位，才将海瑞释放，官复原职。

以后在不长的时期内，他连连升迁，但多为朝廷内的闲职。经过他的一再要求，隆庆三年（1569年）夏天，海瑞被任命为南直隶（今江苏一带）巡抚，驻扎苏州。他还没有到任，就引起了当地的轰动。贪官污吏很多自动离职或请求他调。缙绅人家的家门本来是漆成红色的，赶紧改漆成黑色以求韬光养晦，由此可见海瑞的声威。而海瑞也没有让当地人民失望，他一心一意兴利除害，请求整修吴淞江、白茆河，通流入海，百姓得到了兴修水利的好处。海瑞还组织人清查土地，简化赋税制度，减轻百姓负担。

徐阶是海瑞的老上司，在海瑞下狱时救过海瑞的命。此时，徐阶已经告老还乡，正在海瑞管辖范围之内。他的家产极其庞大，为小户百姓所痛恨。但海瑞不为个人恩怨所左右，命令徐阶依法退田，最低限度要退田一半，徐阶被迫接受。

由于海瑞推行政令气势猛烈，不徇私情，触动了太多人的利益。于是，仅仅上任八个月后，他就在各级官吏的指责中伤中倒下了。隆庆四年（1570年），海瑞被迫辞职回乡。

万历十三年（1585年），已经年过古稀的海瑞又被重新起用，任南京吏部右侍郎。长年的闲居没有磨去他的锋芒，一上任他就向万历皇帝上疏，指出当今吏治败坏的原因在于处罚太轻，并举出当年明太祖在位时贪污在80贯以上的官员都要处以极刑的例子。接着，海瑞又遭到猛烈攻击，从此被闲置，直到两年后去世。

海瑞死后，人们清点他的遗物只发现了几两碎银和几件衣服，连安葬的费用都是同僚凑钱出的。海瑞的灵柩用船运回家乡时，穿戴白衣白帽的人站满了两岸，祭奠哭拜的人百里不绝。

海瑞上书皇帝直言的典故，激励着后人说实话，不屈权威。后来，《海瑞罢官》被改变成历史剧上演，而海瑞终成一代清官的典范。自他之后的官场，莫不以他为榜样，而海瑞故乡的人莫不以他为荣。然后放眼当今社会，能够和他那样用自己的行动给家族增添光彩的人实在太少，而令家人担惊受怕，让父母寝食难安的则太多。

实现儿女的抱负也是父母的愿望

有人问，为什么在一本谈论"孝"的书中要谈论"吃苦""改变"这些话题，那是因为，生活太现实，而我们在达成"孝"的愿望之前有太多的问题要解决。不是说光有一颗孝心就可以真正满足父母的生活要求和对子女的期望了。比起让儿女承欢膝下，多数父母愿意让孩子去远方实现自己的抱负，在一生中有所作为，这样做父母的才更加有荣耀感。

中国古代科学技术史上曾经出现过群星灿烂的阶段，就是在明朝后期。伟大的地理学家、探险家徐霞客就是这个时期的代表。徐霞客名弘祖，从这个名字可以看出父母对他的期待。他从小聪明好学，特别喜欢读历史、地理、游记之类的书籍。

19岁那年，徐霞客的父亲去世，那时他本已拟订了离家游历的计划，但想到母亲年纪大了，家里没人照料，就没敢提这件事。

知儿莫过母。母亲看出了他的心思，就对他说："男儿志在四方，哪能为我留在家里！"母亲的支持，坚定了徐霞客远游的决心。

随后，73岁高龄的徐母邀儿子一块儿游览了荆溪南边的张公洞和善卷洞。洞内漆黑，且遍布了大大小小的石块，他们母子仅靠火把照明，硬是仔仔细细地看了个明白，其艰难自是可想而知，母亲这样做，无非是对徐霞客远游前进行的一番鼓励和鞭策。

徐霞客有了勇气和力量，便辞别母亲游历他乡了。此行，他先后游历了太湖、洞庭湖、天台山、雁荡山、泰山、武夷山和北方的五台山、恒山等名胜，并且记录下了各地的奇风异俗和游历中的惊险情景。

几年后，徐母仙逝，徐霞客开始把他的全部精力扑在游历考察事业上。他跋山涉水，到过许多人迹罕至的地方，攀登悬崖峭壁，考察奇峰异洞。

在湖南茶陵，徐霞客听说这里有个深不可测的麻叶洞，便决心去探访。可当地人说洞里有神龙和妖精，没有法术的人不能进去。刚走到洞口，向导得知徐霞客不会法术，就吓得跑了出去。徐霞客毫不动摇，独自手持火把进洞探险。当他游完岩洞出来的时候，等候在洞外的当地群众纷纷向他鞠躬跪拜，把他看成是有大法术的神人。

徐霞客白天进行实地考察，晚上就借着篝火记录当天的见闻。30多年里，他走遍祖国南北，对这些地方的地理、地质、地貌、水文、气候、植物做了深入细致的调查研究，并用日记体裁进行详细、科学的记录，也就是我们今天看到的《徐霞客游记》。

"老者安之"，什么叫"安"？让自己的老人外在可以安身，内在可以安心。什么叫安身呢？儿女孝顺，让父母老有所养，生活环境挺好。什么叫安心呢？儿女善良正直，有出息，给社会做事，父母骄傲而满足。看似简单，实际上，我们问问自己，这些能够轻易说自己已做到了吗？

《论语》里，学生问老师："什么叫孝？"老师回答两个字——"无违"，就是你别违背自己的老人。所以，我们实现抱负，让父母有一个安身安心之地，就是对父母最好的孝顺。这也是"无违"，不违背父母的愿望。

让父母了解自己的进取心

"父母在，不远游，游必有方。"这句话说，孝顺的人最好是守护在父母的身边，即使外出，也应该让父母知道自己在哪里，及时报平安以免父母担心。但是，从另外一个角度来讲，也可以看成是在告诫天下的子女，尤其是那些外出的子女，如果你选择了离开父母去别的地方发展，心中也要有方向，要有一个目标，不然，就是在浪费自己的生命，还不如回家陪在父母的身边。

现代社会，越来越多的人迫不及待离开家乡到大城市去寻找机会。的确，大城市更加适合有理想的年轻人去闯荡，城市的每个角落里都可能有你的贵人，在城市得到的机会可能是留在家乡永远想不到的。父母非常支持孩子去外面看一看，总是说，你好好地发展就好了，不要担心我们。

很多年轻人，都是在父母的这种理解和期待中来到城市的。每个人背上行囊远走他乡的时候，也是雄心勃勃，希望有朝一日衣锦还乡。可是，很多人来到城市，发现这里有看不够的繁华，有听不完的传奇故事，渐渐就开始迷失了。一方面惊叹那些叱咤风云的人物的经历，一方面也感慨自身的渺小。这时候，只有那种保有进取心的人，才能真正实现自己前往城市的梦想。

在每个人的成长过程中，总有一种神秘的力量在推动着我们追求更高的理想，这种力量，就是进取心。进取心是一个人向上的动力，人生在世就应当努力进取，只有这样，生命的价值才能够不断地升华。进取心代表了一个人的发展方向和他所能达到的人生高度。人一旦养成一种不断自我激励，始终向着更高目标前进的习惯，进取心就会成为一种强大的自我激励力量，它会使我们的人生变得更加崇高。也许我们现在还和别人存在一定差距，但是只要我们有一颗进取心，不甘于落后，总能达到心中的目标。

现在很多人觉得好的机遇不会被自己获得，因为自己没有高贵的出身，没有足够的金钱，也没有过人的本领。可是，在机遇面前，人并无贫贱富贵之分，更多的，是需要自己的努力和争取。

汉代人王充的祖父、父亲都是军人出身，王充的父亲生性刚直，疾恶如仇，喜欢打抱不平，因此被人迫害，屡屡搬家，仕途上也不得意。

有一天，王充的母亲对王充的父亲说："你何苦与他们争斗呢，他们都是有势力的豪门望族，我们又是小户人家，怎能是他们的对手呢？"

王充的父亲愤怒地说："正是这些豪门大族，仗着自己有势力，欺压贫苦的老百姓，自己腐朽无能，却把持着高位，我只要活着，就看不惯他们这种行为。"

说完，他叫来了少年王充，说道："孩儿，你要记住，虽然咱家不是什么富贵人家，但你一定不要自暴自弃。"

王充跪下说："孩儿知道。凤凰不是辈辈有，麒麟不是代代出，圣贤不会遗传，珍宝不会常有。所以我决不自卑，一定要和那些大族子弟比个高低，为我们寒门争口气。"

王充认为：王侯将相和平民百姓，都是胎生奶大的人，都吃五谷杂粮，难道就真的不一样吗？难道就真的有天生的贵种吗？作为一个普通人，为什么不能取得和他们平等的地位，而要处处仰人鼻息地生活呢？再说，普通人家，难道就没有出类拔萃的人才吗？所以，王充才发出了"鸟无世凤皇（凰），兽无种麒麟，人无祖圣贤，物无常嘉珍"的呐喊。而且，他也确实做到了对父亲所说的话，著成了中国历史上一部不朽的无神论著作《论衡》，向孔孟的权威发出了挑战，在历史上起了划时代的作用，也证明了他自己的志向。

自信是对父母恩情的一种肯定

哀哀父母，生我劬劳。每当读到《诗经》中的这句，不少人都会眼眶湿润。父母生我养我，从来没有半点怨言，倘若我们不自珍自重，对自己没有一点信心，不仅是自己的悲哀，也是对父母养育之恩的一种亵渎。孝子不一定个个都是达官贵人，也不一定个个都能实现心中的报复，但有一点，每一个孩子都应该对自己有一点信心。

儒学大家牟宗三先生说，一个人要有"与精神相适应的底气"。这种底气，就是自信。自信心是这样一种东西——越是需要它的人，往往越是缺少它。而越是成功的人，则越是拥有自信心。的确，已有的成就可以帮助我们建立信心，但当我们一无所有的时候，是不是就要悲观自怜呢？

街道小护士、自学大专文凭、勤杂工；IBM 华南公司总经理、微软（中国）公司总经理、TCL 集团副总裁、中国企业家优秀代表，很难想象，反差巨大的这些字眼会同时出现在一个人的身上。然而，事实上这所有的字眼堆砌起来，也只能勾画出这个女人无数特征的一角，在她的身上，我们看到更多的是一位女性顽强不屈的拼搏精神和对改变现实的那份巨大勇气。

这个人，就是被中国经理人尊称为"打工皇后"的吴士宏。

吴士宏的一生颇具传奇色彩，说起她进入 IBM，还有一段冒险的经历。当时还是个小护士的吴士宏，抱着个半导体学了一年半许国璋英语，就壮起胆子到 IBM 来应聘。

那已经是 20 多年前的事情了。1985 年，看着长城饭店那扇透明的玻璃门，吴士宏几次生出退回去的念头，后来好不容易鼓起勇气推开了那扇门，没有想到笔试和一次口试她竟然都顺利通过了。

面试进行得也很顺利，就在快要结束的时候，主考官看着吴士宏说："你会打字吗？"

"会！"吴士宏条件反射般地说。

"那么你一分钟能打多少个？"

"您的要求是多少？"

主考官说了一个数字，吴士宏发现现场并没有打字机，于是想都没想就承诺下来，果然考官说下次再考打字。

实际上，吴士宏从未摸过打字机。面试结束，她飞也似的跑了回去，找亲朋好友借了钱买了一台打字机，没日没夜地敲打了一个星期，双手疲乏得连吃饭都拿不住筷子了，但她竟奇迹般地达到了考官说的那个专业水准。虽然后来公司并没有考她的打字水平，但吴士宏的传奇从此开始。

有人说，传奇是机遇演绎出来的，但是，如果没有把握机遇的那份勇气和自信，传奇又从何而来呢？

自信是一种信念的积累，生而为人，不是天生就具有自信的精神状态，自信是翻滚波澜后的淡定，是花谢花开的从容，亦是山高水长的厚重。正因如此，更多时候，它亦是一种心理状态的积极反应。这还是儒家"君子上达"的思想体现。"君子上达"达到的是一种对自我的明确认知，继而产生积极肯定。

自信之人，不悲观，不厌世，懂得收放，恬静中见波涛汹涌，凝神中显稳练豪阔，因自我信任，所以不以外在的强硬来突显自己；而那些自卑脆弱之人，往往习惯将外在的动静弄得极大，仿佛如猩猩捶胸，让别人以为力大无比，实际上恰好暴露了内心的无所依靠。道家讲动静之间唯见真章，说的是攻守之间的处世智慧，儒家言泰山崩于前而色不动，说的是自身力量的强大。

自信是一种过程，是一种内在的饱满，他不依靠别人的赞美来填充自己的生活，也无须过多的自满来掩饰自己的瑕疵，因为自信从来是一种直面的姿态，持久地贯穿于人的一生，不惧风雨，不畏险途，不见颓唐，步履轻盈，却是力量十足。

有一匹马，胆小怕事，认为自己什么事情都做不好，因此显得十分的自卑，有时候见到小兔子、小老鼠都不敢从它们身边走过。森林里的其他动物谁都可以欺负它，拿它来取乐，于是，这匹马越来越觉得自己没用，整天唉声叹气。

一天，这匹马来到一条河边喝水，正在它喝得正欢的时候，在它的身后出现了几只唧唧乱叫的猴子，它们也是来喝水的，但是这些猴子觉得马碍事，要把它赶走，猴子只有三只，而且都很瘦，要是真理论起来，根本就不是马的对手，但是这匹马没说什么，只是默默低着头离开，去寻找新的水源。那些猴子在后面大声地笑，说着一些令马感到伤心的难听话。

很快马找到了一条小溪流，这条溪流清澈见底，让它感到很开心，它低头喝了几口，但似乎是祸不单行，此刻，一只饥肠辘辘的老虎正悄悄地出现在马儿的不远处。老虎狂吼了一声，然后向马扑去，这匹马虽然吓得浑身发抖，但出于本能，它还是用蹄子踢了这个庞然大物。也许老虎太饿了，它在不小心的情况下被踢倒后，竟然倒地不起。马惊呆了，它怎么也没想到会是这样的结局。

消息一下子在整个森林传开了。大家都来到这匹马的身边，用敬佩的眼神看着它："能打败大老虎，真是个英雄！"马环顾周围的动物们，又壮起胆子看着躺倒在地上的老虎，这才相信自己真的不简单。

在我们身上，潜藏着很多不被自己了解的神奇力量，倘若马没有在危难时刻奋力一搏，或许它永远都无从知晓自己"真的不简单"，认识到这一点后，相信这匹马今后不会再自卑下去，而是会拥有崭新的自信人生。

自信是水之源，人之骨。它支撑我们的身体，让我们直起腰，抬起头，"顶天立地而为一真人。"

每个人都有自身独具的天赋，但很少能传承于生命旅程，因为不自信。因为不自信，常常扼杀自己的才能；因为不自信，常常熄灭希望之烛。因为不自信，往往会让父母失望；因为不自信，所以不会成功，不能让父母过上好的生活。因为不自信，导致生活困苦，父母受累。

自信是成功的邮差，是我们孝顺父母最大的动力，所以为了自己，为了父母，自信起来吧！